U0181507

图说长江流域珍稀保护动物

TUSHUO CHANGJIANG LIUYU
ZHENXI BAOHU DONGWU

熊 文 李辰亮 —— 编著

图书在版编目(CIP)数据

图说长江流域珍稀保护动物 / 熊文，李辰亮编著.
—武汉：长江出版社，2020.5
ISBN 978-7-5492-6583-1

Ⅰ.①图… Ⅱ.①熊… ②李… Ⅲ.①长江流域－珍稀动物－图解 Ⅳ.①Q958.52-64

中国版本图书馆CIP数据核字(2020)第167253号

图说长江流域珍稀保护动物　　熊文 李辰亮 编著

出版策划：赵冕 张琼
责任编辑：梁琰
装帧设计：汪雪
出版发行：长江出版社
地　　址：武汉市解放大道1863号　　邮　　编：430010
网　　址：http://www.cjpress.com.cn
电　　话：(027)82926557(总编室)
　　　　　(027)82926806(市场营销部)
经　　销：各地新华书店
印　　刷：武汉市金港彩印有限公司
规　　格：787mm×1092mm　1/16　29.25印张　477千字
版　　次：2020年5月第1版　2021年1月第1次印刷
ISBN 978-7-5492-6583-1
定　　价：190.00元

编委会

前言

长江发源于青藏高原的唐古拉山主峰各拉丹冬雪山西南侧，干流自西向东，流经青海、西藏、四川、云南、重庆、湖北、湖南、江西、安徽、江苏、上海11省（自治区、直辖市），于上海市崇明岛入东海。全长6300余km，总落差5400余m。支流布及甘肃、陕西、河南、贵州、广东、广西、福建、浙江8省（自治区）。流域面积约180万km^2，占全国国土面积的18.75%。

长江水系庞大，支流湖泊众多，其中流域面积8万km^2以上的支流有雅砻江、岷江、嘉陵江、乌江、沅江、湘江、汉江、赣江等8条，支流流域面积以嘉陵江为最大，流量以岷江最大，长度以汉江最长。拥有洞庭湖、鄱阳湖、巢湖、太湖等4大淡水湖泊，以鄱阳湖面积最大。长江江源为沱沱河，与南支当曲汇合后为通天河，继与北支楚玛尔河相汇，于玉树县接纳巴塘后称金沙江，在四川宜宾附近岷江汇入后始称长江。长江在宜宾至宜昌间又称川江；从枝城到城陵矶段又称荆江；江苏镇江以下又名扬子江，国际上通用英文译名Yangtze River。长江自江源至宜昌通称上游，长约4500km，集水面积约100万 km^2；宜昌至湖口通称中游，长约950 km，集水面积约68万km^2；湖口至入海口为下游，长约930km，集水面积约12万km^2。长江流域多年平均水资源总量9960亿m^3，占全国水资源总量的35.1%，其中地表水资源量9857.4亿m^3，占长江水资源总量的99%。

长江流域的地貌类型复杂多样，高原、山地和丘陵盆地占 84.7%，平原面积仅占 11.3%，河流、湖泊等约占 4%。流域西部以唐古拉山、达马拉山、芒康山、云岭与澜沧江为界，北以昆仑山、巴颜喀拉山、秦岭、伏牛山、大别山与柴达木盆地内陆水系、黄河、淮河流域相接，南以乌蒙山、苗岭、南岭、武夷山、天目山与珠江流域和闽、浙诸水系相隔，东邻东海。流域内地势西高东低，总落差约 5400m，呈现三个巨大阶梯：青南、川西高原和横断山区为第一级阶梯，一般高程 3500~5000m；云贵高原、秦巴山地、四川盆地和鄂黔山地为第二级阶梯，一般高程 500~2000m；淮阳低山丘陵、长江中下游平原和江南低山丘陵组成第三级阶梯，除部分山峰高程接近或超过1000m外，一般在 500m 以下；第三阶梯中长江中下游平原地区包括江汉平原、洞庭湖平原、鄱阳湖平原（或称赣抚平原）、长江三角洲平原，地面高程在50m以下，其间湖泊水网众多，仅个别孤山较高，但高程不超过 300m。一、二级阶梯过渡带由陇南、川滇高海拔山脉构成，一般高程 2000~3500m，地形起伏大。二、三级阶梯过渡带由南阳盆地、江汉平原、洞庭湖平原西缘的岗地和丘陵构成，一般高程 200~500m，地形较缓。

长江流域位于东亚季风区，具有显著的季风气候特征。辽阔的地域、复杂的地貌又决定了长江流域具有多样的地区气候特征。长江中下游地区，冬冷夏热，四季分明，雨热同季，季风气候十分明显。上游地区，北有秦岭、大巴山，冬季风入侵的强度比中下游地区弱，南有云贵高原，东南季风不易到达，季风气候不如中下游明显。根据中国气候区划，我国有 10 个气候带，长江流域占有 4 个，即南温带、北亚热带、中亚热带和高原气候区。流域东西高差达数千米，高原、盆地、河谷、平原等地貌多样，导致气候多种多样。长江流域多年平均年降水量为 1087mm，年降水量的地区分布很不均匀，总的趋势是由东南向西北递减，山区多于平原，迎风坡多于背风坡。江源地区地势高、水汽少，年降水量小于 400mm；流域大部分地区年降水量在 800~1600mm。年降水量大于 1600mm 的地区主要分布在四川盆地西部边缘和江西、湖南部分地区。年降水量超过 2000mm 的地区均分布在山区，范围较小。受地形的影响，年平均气温各地差异很大。长江中下游年平均气温受纬度的影响明显，由南部的19℃逐步向北递减至15℃。长江上游，纬度对气温的影响已不明显，年平均气温随海拔高度的变化很大。受季风的影响，长江流域冬夏气温差异较大，尤其在长江中下游更为显著，长江中下游1月气温最低，为2℃~8℃，7月最热达28℃~30℃。长江上游1月气温最低，地区差异很大。长江流域年平均气温在近50年期间呈显著的增加趋势，其平均递增率为0.1~0.2℃/10a；其中，长江流域大部地区普遍升温，金沙江上游和长江中下游北部地区升温明显，长江上游的嘉陵江部分地区却出现降温现象。长江中下游地区冬季盛行偏北风，夏季盛行东南风和南风。云贵高原冬季盛行东北风，夏季盛行偏南风。四川盆地和横断山脉地区，由于地势复杂，风向受地形的影响，季节性变化不明显。近地面风力的分布受气压场和地形的影响，总的趋势是：沿海、高原和平原地区风大，盆地和丘陵地区风小。

长江流域地跨南温带、北亚热带、中亚热带和高原气候区等四个气候带，地貌类型复杂，山水林田湖浑然一体，是我国重要的生态宝库。长江流域生态系统类型多样，川西河谷森林生态系统、南方亚热带常绿阔叶林森林生态系统、长江中下游湿地生态系统等是具有全球重大意义的生物多样性优先保护区域。长江流域森林覆盖率达41.3%，在中国自然植被区划中主要属于亚热带常绿阔叶林区，并包括青藏高原植被区的一部分。植被类型以常绿阔叶林为主，兼有湿地、草甸、高寒草原和亚热带山地植被垂直带的各种类型，丰富多样的植物类型为各类野生动物的繁衍生息提供了丰富的栖息环境。长江流域地貌复杂多样，多级阶梯状的地形分布，造成大气活动极为复杂、雨量分布差异较大，使得流域内动物资源非常丰富，种类繁多，是我国珍稀濒危野生动物集中分布区域，是金丝猴、雪豹、大熊猫、朱鹮、大鲵、白鳖豚、中华鲟等珍稀濒危动物的主要分布区，还是各类重要水生动物的主要栖息繁殖地。

根据前期大量研究成果和权威文献资料记载，长江流域内记录兽类283种，隶属于11目36科135属。其中Ⅰ级保护动物18种，Ⅱ级保护动物34种，被列入《中国物种红色名录》内的受威胁物种有154种；长江流域内记录鸟类769种，隶属20目66科291属。其中拥有中国特有鸟及主要分布鸟类72种，国家Ⅰ级重点保护动物26种，国家Ⅱ级重点保护动物92种；长江流域内记录爬行动物173种，隶属于3目18科68属，特有种和濒危物种分别有24种和54种，国家Ⅰ级重点保护动物5种，国家Ⅱ级重点保护动物8种；长江流域内记录两栖类186种，隶属于2目10科31属，特有种和受威胁物种分别有49种和69种，国家Ⅰ级重点保护动物1种，国家Ⅱ级重点保护动物10种。据统计，长江流域鱼类423种，隶属于18目41科173属，有9种被列入国家重点保护动物名录，其中国家Ⅰ保护物种3种：中华鲟、达氏鲟、白鲟，国家Ⅱ级保护物种6种：川陕哲罗鲑、秦岭细鳞鲑、花鳗鲡、滇池金线鲃、胭脂鱼、松江鲈鱼。列入《中国物种红色名录》（汪松和解焱，2004）近危等级以上的鱼类有69种，占整个长江流域鱼类物种数的18.25%。

《图说长江流域珍稀保护动物》按照动物进化分类学历史演化过程，按纲进行分类，分为鱼类、两栖类、爬行类、鸟类、兽类、无脊椎动物6部分进行编写。鱼类部分中黄石爬鮡和青石爬鮡合并为青石爬鮡，按合并后的青石爬鮡记录。科目名称主要参考《中国脊椎动物红色名录》（2016），部分科目名称根据最新研究稍有修改。目及科的排列顺序，按照《中国脊椎动物红色名录》（2016）中的顺序排列，同科物种，按属名首字母顺序排序，同属物种，按种名首字母顺序进行排序。其中，国家保护等级根据《国家重点保护野生动物名录（第一批）》（1989年）确定，由于《国家重点保护野生动物名录（第一批）》至今未更新正式版本，部分新增重点保护动物根据最新文献资料加以补充。Ⅰ和Ⅱ分别代表国家Ⅰ级和Ⅱ级重点保护野生动物。CITES收录情况中，Ⅰ、Ⅱ、Ⅲ分别代表CITES附录Ⅰ、CITES附录Ⅱ及CITES附录Ⅲ收录的物种；脊椎动物部分濒危等级依据《中国脊椎动物红色名录》（2016年）确定。如果《中国脊椎动物红色名录》无此物种评价数据，则以IUCN为准。濒危等级：DD为数据缺乏，LC为无危，NT为近危，VU为易危，EN为濒危，CR为极危，RE为区域灭绝，EW为野外灭绝，EX为灭绝。

随着长江流域经济社会的发展，流域整体性保护不足，生态系统破碎化，生态系统服务功能呈退化趋势。近四十年来，长江流域生态系统格局变化剧烈，城镇面积增加显著，农田、森林、草地等生态系统面积减少，河流、湖泊、湿地萎缩，枯水期提前。长江岸线开发存在乱占滥用、占而不用、多占少用、粗放利用等问题，导致珍稀动物栖息地遭到破坏。长江流域废污水排放量大，干流近岸水域污染未能得到遏制，部分支流水质污染严重，部分河流湖泊水体富营养化时有发生，水生态系统遭到破坏，再加上生物资源不合理开发利用，直接导致长江流域生物多样性指数持续下降，保护长江流域珍稀濒危动物迫在眉睫。《图说长江流域珍稀保护动物》通过图文结合方式从动物物种形态特征、分布与生境、保护等级与保护意义进行解读，旨在提高长江珍稀保护动物认知度，提升长江珍稀保护动物保护意识，增强长江珍稀动物保护的自觉性，做构建和谐长江、维护健康长江、建设美丽长江的践行者。

本书在编写过程中，承蒙武汉大学、华中师范大学、南京大学、湖北工业大学、中国科学院武汉分院有关研究所、行业主管部门有关专家学者以及诸多年轻学者及爱好者的指导与帮助，在此一并致谢。

本书虽经多次修改与完善，文字内容也多次校核，但不足之处在所难免，望读者不吝指正。

编者

2020 年 9 月

目录

第一部分
鱼类

第五部分

兽类（哺乳动物）

第一部分

鱼类

长江流域湖泊、支流水系众多，形成了多样的生境，其鱼类物种丰富、资源波动大、特有性高、经济物种多、分布区域差异大，是我国淡水渔业摇篮、鱼类基因的宝库、经济鱼类的原种基地、生物多样性的典型代表（曹文宣，2013）。截止到2011年（丁宝清，2011），长江流域共记录到鱼类423种，接近我国淡水鱼总数的1/3，其中淡水鱼348种，洄游鱼类11种，河口鱼类64种。就鱼类资源数量而言，长江水系一直位居我国各水系之首。据统计，长江流域鱼类隶属于18目41科173属。鲤形目276种，占全流域鱼类总数的65.2%；其次为鲈形目，共52种，占全流域鱼类总数的12.3%。于晓东（2005年）研究指出，长江流域在中国特有鱼类256种，其中长江流域特有种162种，分别占长江流域鱼类总数的70.10%和42.86%。长江流域的鱼类有9种被列入国家重点保护动物名录，其中国家Ⅰ级保护物种3种：中华鲟、达氏鲟、白鲟，国家Ⅱ级保护物种6种：川陕哲罗鲑、秦岭细鳞鲑、花鳗鲡、滇池金线鲃、胭脂鱼、松江鲈鱼。列入《中国物种红色名录》（汪松和解焱，2004）近危等级以上的鱼类有69种，占整个长江流域鱼类总数的18.25%。因此，长江流域对我国鱼类生物多样性以及珍稀、濒危鱼类保护种具有举足轻重的地位。其中，长江上游干流区域、金沙江下游区域、岷江、沱江、嘉陵江和中游干流区域内的受威胁数量最多，是当前长江流域鱼类保护的重点区域。从20世纪50年代以来，长江鱼类种群数量逐年下降，种群结构小型化、低龄化现象持续加重。由于水利工程建设，阻断鱼类洄游路线，产卵场所进一步缩小，中华鲟、达氏鲟野外自然产卵越来越难观测到；白鲟、鲥鱼已多年未见，濒临灭绝。自20世纪90年代以来，濒危物种的数量明显增加，长江流域濒危鱼类保护工作亟待加强。

本书主要根据《中国物种红色名录》和《国家重点保护野生动物名录》并结合物种的分布，选择其中分布在长江流域的EN等级以上的物种、国家重点保护野生动物以及中国（含长江流域或局部区域）特有物种进行统计；濒危等级评估较低，但其分布较为狭窄，其栖息地在历史上受人为破坏严重以及过度捕杀等影响，亟需加大保护力度的部分物种也收录其中。本书选编的长江流域珍稀保护鱼类共44种，按濒危等级分，CR：11种；EN：16种；VU：8种；NT：1种；LC：4种；DD：4种。44种鱼类中有国家Ⅰ级保护鱼类3种，Ⅱ级保护鱼类6种有中国特有种37种（含长江流域特有种27种）。

鲟形目 ACIPENSERIFORMES
鲟科 Acipenseridae

达氏鲟

Acipenser dabryanus Duméril,1869

濒危等级：极危（CR）

长江流域分布 / 长江流域记录分布

本种分布于长江中上游的干支流，见于重庆（合川、开县），四川（南充），湖北（宜昌、荆州）等地。

形态特征

雄鱼体长750~1050mm，体重4.5~12.5kg；雌鱼体长930~1080mm，体重9.0~15.1kg。身体呈梭形，胸鳍前平扁，后部侧扁。体背部和侧板以上为灰黑色或灰褐色，侧骨板至腹骨板之间为乳白色，腹部黄白色或乳白色。

头呈楔形。吻端尖细，稍向上翘。鼻孔大，位眼前方。眼小，均位头侧中央部。口下位，横裂，能伸缩，上下唇具有许多细小突起。鳃裂大。鳃耙多且排列紧密，薄片状。背鳍1个，后位，起点在腹鳍之后，近于尾鳍。臀鳍起点稍后于背鳍。胸鳍位低，位鳃孔后下方。腹鳍后缘凹形、尾鳍歪形，上叶特别发达。幼鱼皮肤粗糙，成体皮肤出现不同程度的光滑面。

物种习性

达氏鲟喜群集于水流缓慢、泥沙底质、富有腐殖质及底栖动物的近岸浅水河段活动，为纯淡水定居性鱼类。春季3—4月、冬季11—12月产卵，但以春季为主，卵径2.2~2.8mm。

达氏鲟在不同生长发育阶段，食物的种类有一定的变化。体长在100mm以下的个体，主要以水生寡毛类昆虫幼虫和浮游动物为食；体长100~200mm时则以水生寡毛类和小型的底栖鱼类为主要食物；体长在200mm以上时，食物的种类增多，以蜻蜓幼虫、摇蚊幼虫和水生寡毛类为主要食物，另外，也取食各种水生维管束植物。

保护意义

达氏鲟为国家Ⅰ级重点保护野生动物，是长江特有种，故又名长江鲟。野外种群尚无准确估计，能进行人工繁殖，系产于长江上游的大型经济鱼类，天然产量不大，而在产区的渔业中尚占有一定位置，近几十年来数量大减。野外个体数量稀少，更因其个体较大，生长周期长，性成熟偏迟，能达性成熟的个体少，而雌性更少。故在生产“鲟鱼籽”的错误指导下过度捕捞，致使种群资源急剧减少，一旦资源破坏则难以恢复。

20世纪70年代，其捕获量为5000kg。1982年后，仅捕获数十尾，1998年葛洲坝建成以来，其捕捞记录的报告就越来越少。到1999年，达氏鲟资源量被估不足1000尾。

现阶段达氏鲟野外分布范围又逐渐缩小，国家严禁捕捞，该物种亟须保护。

鲟形目 ACIPENSERIFORMES
鲟科 Acipenseridae

中华鲟

Acipenser sinensis Gray,1835

濒危等级：极危（CR）

长江流域分布 / 长江流域记录分布

本种分布于长江干流，可达金沙江下游，以及入海河口，见于湖北（宜昌）、四川（宜宾、屏山）、上海等地。

形态特征

雄鱼体长1700~2400mm，体重为40~125kg；雌鱼体长1700~2400mm，体重为172~300kg。体长形，两端尖细，背部狭，腹部平直。侧骨板青灰、灰褐或灰黄色，腹部为乳白色。各鳍呈灰色浅边。

头呈长三角形。吻尖长。鼻孔大，两鼻孔位眼前方。口下位，横裂，凸出，能伸缩。唇不发达，有细小乳突。口吻部中央有2对须，呈弓形排列，其长短于须基距口前缘的1/2，外侧须不达口角。鳃裂大，假鳃发达。鳃耙稀疏，短粗棒状。背鳍1个，后位。腹鳍小，长方形，位体中央后下方，近于臀鳍。胸鳍发达，椭圆形，位低。尾鳍歪形，上叶特别发达，尾鳍上缘有1纵行棘状鳞。幼鱼体表光滑，成鱼体表粗糙。

物种习性

栖息于大江和近海中，为底性、洄游或半洄游性鱼类。5—6月群集于河口，秋季上溯到江的上游。常见个体50~300kg，最大个体可达600kg。生长较快，但性成熟较晚。生命周期较长，最长寿命可达40龄。

9—11月份至江上游产卵。在长江比较集中的产卵场是在金沙江的宜宾—屏山地段。属一次排卵类型。产黏着性沉性卵，卵黏在石砾上孵化。产卵后亲鱼多数迅速离开产卵场至下游和河口区栖息。孵化发育的幼鲟渐次降河，向长江口游去，次年9月后幼鲟入海育肥生长。

中华鲟以摇蚊和水生昆虫幼虫、软体动物、小鱼等为主要食物。

保护意义

中华鲟为国家Ⅰ级重点保护野生动物。是一种相当原始的硬骨鱼类，被称为水中活化石。其个体较大，生长周期长，性成熟年龄迟，资源遭到破坏后不易恢复。受水利工程建设的影响，中华鲟的洄游路线被阻隔，亲鱼不能到达上游产卵场。加之水文条件变化，产卵场破坏，人为过度捕捞造成野外种群骤减。中华鲟在分类上占有极其重要的地位，在研究生物进化、地质、地貌、海侵、海退等地球历史变迁方面具有重要的科学价值和难以估量的生态、社会、经济价值。

1981年葛洲坝截流前，中华鲟年平均捕获量550尾。1983年和1984年调查结果显示，中华鲟资源量约5000尾。

20世纪90年代宜昌江段中华鲟监测结果：1990—1994年，分别为90尾、90尾、60尾、100尾、88尾，1996年76尾。洄游产卵的中华鲟一度从2000余尾下降至500余尾。2005—2007年的研究显示，其自然产卵群仅为200~300尾。

鲟形目 ACIPENSERIFORME
匙吻鲟科 Polyodontidae

白鲟

Psephurus gladius (Martens,1862)

濒危等级：极危（CR）

长江流域分布 / 长江流域记录分布

本种分布于长江干流金沙江以下至入海河口，见于四川（泸州、宜宾、江安）、南京、湖北、上海等地。

形态特征

体长为2000~3000mm，最大的体长据说可达7500mm，体重200~300kg。白鲟身体呈长梭形，前部平扁，中部粗壮，后部稍侧扁。侧线位于体侧中位，近直线形，后端至尾鳍上叶。背部和尾鳍深灰或浅灰色，各鳍及腹部白色。

头长为体长一半以上，并布有梅花状的陷器。吻延长呈圆锥状，前端平扁而窄，基部宽大肥厚。吻的两侧为柔软的皮膜。眼极小，圆形，侧位。口下位，口裂大，弧形，两颌有尖细小齿。吻的腹面有1对短须。鳃孔大，颊部相连。鳃盖膜延长呈三角形。鳃耙较粗壮，排列紧密。背鳍位体后方，近于尾鳍基。背鳍和臀鳍基部肌肉皆发达。臀鳍位于背鳍下方。胸鳍发达，后端不达腹鳍。尾鳍歪形，上叶长于下叶。体表无鳞，或仅有退化的鳞痕。尾鳍上叶有8个棘状硬鳞。

物种习性

白鲟为海、淡水洄游性鱼类，栖息于长江流域中下游，也可在河口咸水及淡水水域生活。性成熟迟，白鲟性成熟年龄雌鱼为7~8龄，雄鱼为5龄左右。生殖季节在3—4月，产卵场分布于长江上游，一般为水深10m以内、底质多为岩石或鹅卵石的河段，在卵石底质的河床上产卵。成熟卵呈灰黑色，卵随水漂流发育，幼鱼至长江口肥育生长。雌雄鱼在成熟前生长无明显差异，性成熟后，雌鱼长度及重量大于相同年龄的雄鱼。

白鲟为肉食性鱼类，成鱼和幼鱼均以其他鱼类为主食，亦食少量的虾、蟹等动物。

保护意义

白鲟为国家Ⅰ级重点保护野生动物，为中国特有种。白鲟是一种罕见而具有特殊经济价值的鱼类，是世界上最大的淡水鱼，与白鱀豚、中华鲟同处濒危状态。1996年被列为IUCN红色目录下的极危物种，并被列入CITES附录II加以保护。1981年前，长江中上游捕获量为每年500尾左右，1981—1993年，从葛洲坝下游收集白鲟114尾。1991—1993年，每年不到3尾。2003年时我国白鲟资源已经不足400尾。由于水利工程建设、水体污染、渔业过度捕捞、航运发展等因素，白鲟生存环境日益恶化，面临严重威胁。2003年后，至今未见野生白鲟个体。

鳗鲡目 ANGUILLIFORMES
鳗鲡科 Anguillidae

花鳗鲡

Anguilla marmorata Quoy and Gaimard,1824

濒危等级：濒危（EN）

长江流域分布 / 长江流域记录分布

本种分布于长江下游地区，见于云南、福建、浙江等省份的河口、沼泽、河溪、湖塘、水库内等地。

形态特征

体长通常 331~615mm，体重 250g 左右，最重可达 30kg 以上。身体前部粗圆筒形，尾部侧扁，头圆锥形。侧线完全，侧线孔明显。体背侧及鳍满布棕褐色斑，体斑间隙及胸鳍边缘黄色，腹侧白或蓝灰色，腹部乳白色。

吻平扁，下颌稍突出，唇褶宽厚，鳃孔小。鳞细小，排列呈席纹形鳞群，鳞群互相垂直交叉，隐埋于皮下。背鳍低而长，始点距鳃孔较近，终点距肛门近。

物种习性

花鳗鲡在生长、肥育期间，栖息于江河、水库或山涧溪谷等环境中，尤以水库中为多。适宜生长的水温为 12℃ ~35℃，最适水温为 25℃ ~30℃。白天通常隐匿于洞穴之中，夜晚才出来活动、捕食。性情凶猛，可以较长时间离开水中，并在岸边浅滩活动，还能到水外湿草地和雨后的竹林及灌木丛内觅食。

花鳗鲡为典型的降河性洄游鱼类，性成熟后便由江河的上、中游移向下游，群集于河口处入海，到远洋中去产卵繁殖，幼体返回大陆淡水江河溪流中发育成长。孵化的幼体呈透明的柳叶状，慢慢向大陆浮游，在进入河口前变成白色透明鳗苗。

花鳗鲡主要捕食鱼、虾、蟹、蛙及其他小动物，也食落入水中的大型动物尸体。

保护意义

花鳗鲡为国家Ⅱ级重点保护野生动物，分布于我国南方。由于工业有毒污水对河流的严重污染和过度捕捞，以及毒、电鱼法对鱼类资源的毁灭性破坏，拦河建坝修水库及水电站等阻断了花鳗鲡在我国的正常洄游通道等因素，致使我国花鳗鲡的资源量急剧下降，自然水体已难见其踪迹，但在世界上其他部分区域仍然常见。

鲱形目 CLUPIFORMES
鲱科 Clupeidae

鲥

Tenualosa reevesii (Richardson,1846)

濒危等级：极危（CR）

长江流域分布 / 长江流域记录分布

本种分布于长江中下游地区的干流、支流及湖泊，江西鄱阳湖水系、湖口，湖南洞庭湖水系，湖北阳逻、富池，安徽铜陵、芜湖，江苏江阴等地。

形态特征

体长 400~500mm，体重 1~1.5kg，最大可达 4kg。无侧线。鲥鱼体长而侧扁，体被锯齿状的圆鳞。全身呈银白色，背侧苍黑色。

鳃耙细长且密。鳞片大且薄。吻尖，口大，端位，呈一斜裂。眼位于头的前部两侧，脂眼睑发达，遮盖眼的一半，背鳍和臀鳍基部有很低的鳞鞘，胸鳍和腹鳍各具一列长腋鳞，尾鳍略与头长等长。

物种习性

鲥为江海洄游性鱼类，平时分散栖息于近海中上层。生殖洄游期间停止摄食或很少摄食，春末夏初（4—6 月）作溯河生殖洄游，产卵后亲鱼返回大海，幼鱼则进入支流或湖泊中索饵，秋后入海育肥，直至性成熟。性成熟年龄一般为 3 龄左右，最大个体可达 8 龄以上。鲥性急，游动、摄食速度颇为迅速。

鲥为滤食性鱼类，主要以浮游生物如剑水蚤、基合蚤、轮虫、桡足类等为食，有时还见食大量硅藻和其他有机碎屑等。

保护意义

鲥自古以来被列为中国的名贵鱼类，早在明朝已有鲥的记载。鲥与河豚、刀鲚名，并称“长江三鲜”，《本草纲目》注称：“初夏时有，余月即无，故名鲥”“鲥甘平，补虚劳”。因此大规模被人类捕捉。

随着社会、经济的高速发展，水利建设切断了鲥的产卵和索饵洄游通道，加上捕捞过度和水体环境污染，鲥赖以生存和繁衍的生态环境遭到严重破坏。鲥天然资源急剧减少。目前，长江、钱塘江、珠江的鲥已经基本绝迹，国内已多年未发现鲥，在越南可能还有幸存种群。

鲱形目 CLUPIFORMES
鳀科 Engraulidae

刀鲚

Coilia nasus Temminck and Schlegel,1846

濒危等级：无危（LC）

长江流域分布 / 长江流域记录分布

本种分布于长江口至洞庭湖地区的干流、支流及湖泊，湖南、湖北、江西、安徽、江苏等地。

形态特征

一般体长180~250mm，体重10~20g。体侧扁而长，前部高，向后渐低。无侧线。体银白色。背侧颜色较深呈青色、金黄色或青黄色，腹部色较浅，尾鳍灰色。

头短小，侧扁而尖。吻钝圆，突出，口大，下位。眼较小，近于吻端。鼻孔每侧2个，距吻端近。胸鳍位稍低，上缘有6游离鳍条，延长为丝状。腹鳍小，起点距鳃孔较距臀鳍起点为近。背鳍位于体前半部中间，起点稍后于腹鳍，臀鳍基部与尾鳍下叶相连。尾鳍不对称，上叶长于下叶。肛门靠近臀鳍前方。

物种习性

刀鲚的洄游性种群为重要经济鱼类。每年2月下旬至3月初由海洋进入江河及其支流或湖泊中产卵。当年孵出的幼鱼顺流而下，在河口或咸淡水中生活，次年入海生长和肥育。3龄鱼体性成熟，5月下旬常在流速缓慢的淡水河湾处产卵。另有陆封种群长期定居淡水，体型较洄游型小，数量更多。

刀鲚多以桡足类、枝角类、轮虫等浮游动物为主要食物，此外也食小鱼的幼鱼；摄食的种类常与栖息地及鱼体大小有关。

保护意义

刀鲚是一种具有多种生活史类型的中小型鱼类，溯江洄游的刀鲚也是目前长江下游最重要的经济鱼类之一。同时刀鲚也是我国的一种名贵鱼类，位居“长江三鲜”之首，由于近年来过度捕捞、水体污染和生境破坏等原因，虽然受到《长江刀鲚凤鲚专项管理暂行规定》、海洋伏季休渔政策等制度的保护，但刀鲚资源现状仍日渐堪忧。

鲤形目 CYPRINIFORMES
鲤科 Cyprinidae

寡鳞鱊

Acheilognathus hypselonotus (Bleeker,1871)

濒危等级：无危（LC）

长江流域分布 / 长江流域记录分布

本种分布于湖南洞庭湖。

形态特征

体长 60~165mm，体重约 50g。体侧扁而高，近卵圆形。背部在头后向上有明显转折，侧线完全。体银白色，背部灰黑。雄鱼臀鳍外缘为狭窄的黑边。

头短，头长约等于头高。吻钝，口端位，无须。下咽齿 1 行，齿面有锯纹。眼侧上位，与鳃角上孔约在同一水平线上。侧线中段略弯向腹面。胸鳍稍尖，末端超过腹鳍起点。腹鳍起点在背鳍起点之前。背、臀鳍基部较长，末根不分支鳍条为较粗壮的硬刺。生殖时期雄鱼吻部有珠星，雌鱼产卵管延长。

物种习性

长江中下游水体中生活的小型鱼类，其研究资料较为缺乏，推测其可能喜欢水草较为茂盛的缓流或湖泊。雌鱼繁殖期具长的产卵管，将卵产在淡水双壳类内并由雄鱼授精。

寡鳞鱊食着生藻类、水生高等植物、浮游动物、水生昆虫和有机碎屑等。

保护意义

寡鳞鱊是长江流域的特有种，虽分布广泛但数量稀少。21 世纪以来仅 2018 年在湖南岳阳有确切的目击记录，数量亦极少。近年来，许多调查可能将大鳍鱊的大个体误定为寡鳞鱊，其具体种群状况仍需深入调查。此种的基础研究亦缺乏，其详细的基础生物学资料亟待探究。

鲤形目 CYPRINIFORMES
鲤科 Cyprinidae

西昌白鱼

Anabarilius liui Chang,1944

濒危等级：濒危（EN）

长江流域分布 / 长江流域记录分布

本种分布于长江上游的支流，分布记录于四川西昌邛海、云南螳螂川等地。

形态特征

体长 120~300mm。体细长，侧扁，腹部圆。背部灰黑色，腹部灰白，部分个体体侧具少量黑色斑点。侧线完全，胸鳍上方急剧向下弯折。背鳍和尾鳍浅灰黑色，胸鳍和腹鳍白色，臀鳍灰白色，各鳍均无斑纹。

肛门紧靠臀鳍起点。吻稍尖。口端位，上下颌等长，口裂略斜，后端伸达鼻孔后缘的正下方或稍后。下颌前端中央的小突起与上颌中部的凹陷相吻合。眼侧上位，眼径小于吻长及眼间距。胸鳍末端尖，远不达腹鳍起点。背鳍末根不分枝，至吻端的距离约等于或略小于至尾鳍基部的距离。腹鳍起点距臀鳍起点较距胸鳍起点为近，末端稍钝，远不及肛门。臀鳍起点与背鳍后缘相对或稍后，其基部长略小于尾柄长。尾鳍叉形，末端尖。鳞片中等大小，腹鳍基部有细长腋鳞。

物种习性

水体中上层鱼类，喜在水面宽阔的地带活动。11 月至次年 3 月为其繁殖期。繁殖期成群活动，在水流较平缓、河床为沙砾石质的河湾处产卵繁殖。

西昌白鱼主要以水生昆虫和落水的陆生昆虫为食。

保护意义

西昌白鱼为长江特有种，是白鱼属一种可能已经因水污染灭绝的鱼种。曾经是螳螂川主要捕捞对象的它已经多年未被捕获。1974—1982 年间，未采到一尾标本。20 世纪 80 年代曾 2 次在原产地考察，也未获得标本。发现任何活体都对它的种群延续具有很重要的意义。

鲤形目 CYPRINIFORMES
鲤科 Cyprinidae

圆口铜鱼

Coreius guichenoti (Sauvage and Dabry,1874)

濒危等级：极危（CR）

长江流域分布 / 长江流域记录分布

本种分布于长江中上游干、支流和金沙江下游以及岷江、嘉陵江、沱江、乌江等地。

形态特征

体长 120~340mm，体重可达 3500g。头后背部显著隆起，前部圆筒状，后部稍侧扁，尾柄宽长。侧线完全，极平直。体黄铜色，体侧有时呈肉红色，腹部白色带黄。背鳍灰黑色亦略带黄色。胸鳍肉红色，基部黄色，腹鳍、臀鳍黄色。尾鳍金黄，边缘黑色。

头小，较平扁。吻宽圆。口下位，口裂大，呈弧形。唇厚粗糙。口角具较长的游离膜质片。唇后沟间距较宽。具须 1 对，极粗长，后伸达胸鳍基部。眼甚小，距吻端较至鳃盖后缘为近。鼻孔大，靠近眼前缘，其孔径大于眼径。鳞较小，胸鳍基部区覆盖多数不规则排列的小鳞片，腹鳍和尾鳍基部同样覆有若干小鳞。背、臀鳍基部具鳞鞘。背鳍较短，无硬刺。胸鳍宽大。肛门靠近臀鳍。尾鳍宽阔，分叉，上下叶末端尖，上叶较长。

物种习性

下层鱼类，栖息于水流湍急的江河，常在多岩礁的深潭中集群活动。产卵期从 4 月下旬到 7 月上旬，产漂流性卵。其摄食活动与水温有密切关系，春秋摄食强烈，冬季减弱，昼夜均摄食，但白昼摄食率低于夜间。

圆口铜鱼食性杂，以水生昆虫、软体动物、植物碎片、鱼卵、鱼苗等为食。

保护意义

圆口铜鱼为长江流域特有种。是金沙江中下游许多干支流江段的重要渔获对象，其产卵场目前仅分布在宜宾以上的金沙江干流和支流雅砻江部分江段。由于金沙江中下游水电开发，导致的水文改变、生境阻隔、水温“滞冷”或“滞热”效应等因素，金沙江中下游许多江段的鱼类资源已受到明显影响。三峡截流前圆口铜鱼既能够通过葛洲坝下行补充葛洲坝下游的种群数量，亦能够上行通过葛洲坝洄游至坝上江段，而三峡工程修建后，圆口铜鱼的上行和下行作用均明显减弱。三峡截流后 2005—2007 年宜昌江段圆口铜鱼的平均资源量较截流前的 1998—2001 年低。保护圆口铜鱼的自然种群规模，不仅是保护该区域河流食物网结构中重要的组成部分，而且也可以为人工繁殖群体提供优质的基因流。

鲤形目 CYPRINIFORMES
鲤科 Cyprinidae

拟尖头鲌

Culter oxycephaloides Kreyenberg and Pappenheim, 1908

濒危等级：无危（LC）

长江流域分布 / 长江流域记录分布

本种分布于长江水系中游，见于湘江—洞庭湖水系和湖北南部的各大湖泊中。

形态特征

体长253~660mm，体重100~4000g。体长形，侧扁，较高。侧线完全，头后背部显著隆起。体色银白，背部青灰。

头小而尖，较侧扁。头后背部向上隆起。侧线基本平直。胸鳍稍尖，向后不及腹鳍起点，背鳍起点约与腹鳍基部后端相对。背鳍末根不分支鳍条粗壮，大个体雄性胸鳍和背鳍的末根不分支鳍条略成波浪状。臀鳍较长，尾鳍叉形，下叶较上叶长。各鳍粉红色至淡黄色，尾鳍橘红色，边缘灰黑。体色为闪亮的银色，在阳光下可观察到虹彩。

物种习性

栖息于淡水湖泊和江河中，栖息于水的中层。最小性成熟年龄5龄，繁殖期4—7月，在砾石底质的、水深较浅的流水江段产漂流性卵。

拟尖头鲌为肉食性鱼类，主要捕食虾类、小鱼和水生昆虫。

保护意义

拟尖头鲌为中国特有种，虽分布广泛，但其数量较少。拟尖头鲌肉质肥美，出肉率高，有一定的渔业开发价值。但其生长缓慢，绝对繁殖力相对较低，故种群容易受到捕捞的影响，许多原有的分布区已不多见。同时，拟尖头鲌大个体的肋骨形态特殊，有重要的科研价值。

鲤形目 CYPRINIFORMES
鲤科 Cyprinidae

稀有鮈鲫

Gobiocypris rarus Ye and Fu,1983

濒危等级：濒危（EN）

长江流域分布 / 长江流域记录分布

本种分布于成都平原及其西部边缘地区（涉及岷江中游、沱江上游、大渡河中下游和青衣江中下游），分布记录于四川省汉源县、石棉县、双流县、都江堰市、彭州市等地。

形态特征

体长38~85mm，体重0.1~4g。体小，细长，体高约等于头长，稍侧扁，腹部圆，不具腹棱。侧线不完全。体背灰色，腹部白色，体侧具一浅黄色纵纹，从鳃孔后至尾鳍基部一条较宽黑色条纹。尾鳍基部具黑斑。

头中等大，吻短，口小，端位无口须。眼靠近吻端，侧上位，眼径略小于吻长。胸鳍圆钝，不达腹鳍。背鳍短，无硬刺。腹鳍末端不及肛门。肛门紧挨臀鳍起点，臀鳍起点显著在背鳍之后。尾鳍浅分叉，上下叶等长，末端稍尖。

物种习性

栖息环境为半石、半泥沙的底质和多水草的小水体中，如稻田、沟渠、池塘、小河流等微流水环境。喜集群活动于小型水生无脊椎动物丰富的生境中。稀有鮈鲫属于连续产卵型鱼类，繁殖季节为3—11月，同一尾鱼每隔4天左右产卵一次，每次数百粒卵。卵黏性，卵膜径1.25~1.70mm，较斑马鱼、青鳉卵大。

主要以小型水生无脊椎动物为食。

保护意义

稀有鮈鲫为长江特有种。人工繁育的稀有鮈鲫，是一种非常重要的实验动物。有关稀有鮈鲫的研究论文将近60篇。其研究范围涉及鱼病学、遗传学、环境科学、胚胎学、生理生态学等领域。作为受试生物列入《国家环境保护局合格实验室准则（1996）》和《水和废水监测分析方法》，具有重要研究价值。

稀有鮈鲫的野生种群分布范围狭窄，其生境多为易受破坏的小水体。一定程度上受到农药和人为耕作的影响。应积极采取就地保护，恢复种群数量。

鲤形目 CYPRINIFORMES
鲤科 Cyprinidae

鯮

Luciobrama macrocephalus (Lacepede,1803)

濒危等级：极危（CR）

长江流域分布 / 长江流域记录分布

本种分布于长江干流及各支流中，分布记录于湖北（宜昌、汉口），湖南（洞庭湖），重庆（万州），四川（乐山、木洞），江西（南昌），安徽（铜陵、芜湖），江苏，上海等地。

形态特征

最大体重可超过 50kg。体细长，近圆筒状，尾柄粗壮。体背深灰，体侧及腹面银白，背鳍、尾鳍上叶灰色，其他鳍及尾鳍下叶红色。

头尖长，前部呈管状，稍平扁，眼后头部侧扁。口上位，下颌显著长于上颌。无须。眼小，位头之前上方，眼后头长远大于吻长。鳞片甚细小，侧线鳞 140~170 枚，侧线前段微下弯。背鳍位置极后；臀鳍起点与背鳍末端相对；胸、腹鳍均短小；尾鳍深叉头，下叶长。

物种习性

栖息于江河、湖泊等水体的开阔水面。300mm 以下的个体通常活动于水体中上层，较大个体多栖息在中下层。具有江湖半洄游的习性。雄体 4 冬龄、雌体 5 冬龄达性成熟。生殖季节为 4—7 月，成熟亲鱼上溯至江河水流较急的场所进行繁殖，产浮性卵。

鯮的仔鱼阶段食枝角类和鱼苗；成鱼主要以其他鱼类为食，常以其管筒状的长吻在石缝或水草丛中觅食小型鱼类。

保护意义

近年来由于过度捕捞、江湖阻隔以及食物资源短缺等因素，导致其种群数量显著减少。据称，仅越南疑似还有活体，国内已很难见其踪影，仅 2011 年在珠江进行鱼类资源调查时，发现一条幼体。因此，开展对鯮的保护、研究工作，迫在眉睫。

鲤形目 CYPRINIFORMES
鲤科 Cyprinidae

长体鲂

Megalobrama elongata Huang and Zhang,1986

濒危等级：数据缺乏（DD）

长江流域分布 / 长江流域记录分布

本种分布于长江上游，模式产地为四川宜宾。

形态特征

体较低，侧扁，背缘略呈菱形，腹部较平直，腹棱存在于腹鳍基与肛门之间，尾柄高约与尾柄长相等。尾鳍深叉，末端尖形。侧线较平直，约位于体侧中央，向后伸达尾鳍基。固定标本体呈灰褐色，鳞片边缘灰黑色，中间浅色，鳍呈灰黑色。

头小，头长小于体高。吻短，钝圆，吻长大于眼径。口小，端位，口裂稍斜，上下颌约等长，上颌骨不伸达眼的前缘；唇正常，无显著的角质。眼中大，位于头侧，眼后缘至吻端的距离稍短于眼后头长。眼间宽突，眼间距远大于眼径。上眶骨略呈新月形。鳃孔向前至前鳃盖骨后缘稍前的下方，鳃盖膜与颊部相连。鳞中大，背、腹部鳞较体侧为小。背鳍位于腹鳍基之后，起点距吻端较至尾鳍基稍远。臀鳍外缘微凹，起点至腹鳍起点的距离大干臀鳍基部长的 1/2。胸鳍末端尖形，伸达腹鳍起点。腹鳍位于背鳍起点之前，其长短于胸鳍，末端不达臀鳍起点。

物种习性

栖息于缓流水草间，常集群活动。长体鲂摄食水生植物和水生昆虫。

保护意义

长体鲂为长江特有种。曾经是重要食用鱼，现在基本被养殖种团头鲂取代。由于养殖个体少，野外资源破坏严重，人们对该物种知之甚少，亟须加强关注。

鲤形目 CYPRINIFORMES
鲤科 Cyprinidae

鳤

Ochetobius elongatus (Kner,1867)

濒危等级：极危（CR）

长江流域分布 / 长江流域记录分布

本种历史上分布于长江水系全境，现在仅见于长江的支流如汉江、赣江以及湘江中游。分布记录于广西、江西、湖南和湖北等地。

形态特征

体长 300~500mm，体重 300~2000g。体圆筒形，稍侧扁，细长，侧线完全。体背部青灰色，有蓝绿色光泽，体侧似有一暗色纵带。体侧至腹部渐变为银白色或黄白色。

头较长，吻短，略尖，眼中等大。口端位，斜裂。胸鳍较短小，远不及腹鳍。背鳍短，稍内凹，起点位于腹鳍起点稍后。臀鳍距腹鳍末端距离约与至尾鳍基部相等或稍长。尾鳍叉形。各鳍淡黄色，尾鳍末端黑色。

物种习性

喜好水流较急、砂石底质的河段。进行江河洄游，在长江流域夏季进入通江湖泊育肥，生殖季节时又回到干支流急流处产卵。产卵期 4—6 月，卵为漂流性。

鳤为肉食性鱼类，食浮游动物、水生昆虫、小鱼小虾等。

保护意义

鳤是鳤属的唯一种，尽管历史上分布广泛，但总体数量较少。其需要较为严格的水文条件才能繁殖，对其基础生物学研究还不充分。鳤肉质鲜美，有一定的经济价值，湖南衡阳曾进行过养殖，但未能延续人工种群。近年来目击记录不断减少，需要进一步研究和保护。

鲤形目 CYPRINIFORMES
鲤科 Cyprinidae

四川白甲鱼

Onychostoma angustistomata (Fang,1940)

濒危等级：濒危（EN）

长江流域分布 / 长江流域记录分布

本种分布于长江上游干支流，尤以金沙江、嘉陵江、岷江、大渡河和雅砻江中下游等水系为多，模式产地在宜宾。

形态特征

体长 30~200mm。体延长，侧扁，尾柄细长，腹部圆。侧线完全，平直。背部青灰色。腹部为黄白色，背鳍上部鳍膜有黑色条纹，尾鳍下叶红色或浅红色。

头短；吻圆钝，稍隆起，吻端有小的白色斑点，在眶前骨分界处有明显的斜沟。口宽，下位，横裂，口角稍向后弯。上颌后端达到鼻孔后缘的下方，下颌具有锐利的角质前缘。上唇薄而光滑，为吻皮所盖。须 2 对，吻须极短，颌须稍长。眼小，位于头侧上方。鼻孔稍靠近眼前缘。胸鳍末端后伸不达腹鳍起点。背鳍硬刺后缘具锯齿，末端柔软，背鳍外缘成凹形，背鳍起点为体的最高点。腹鳍起点位于背鳍起点之后。臀鳍较长，外缘平截。尾鳍深分叉，末端稍尖。鳞片中等，腹部鳞片比侧线鳞稍小。腹鳍基部具狭长的腋鳞。

物种习性

在自然水域为底栖性鱼类，喜生活于清澈且具有砾石的流水中。早春成群溯河而上，秋冬下退，至深水多乱石的江底越冬。常以具锐利的下颌角质边缘在岩石及其他物体上刮取食物。繁殖季节在 4—5 月，常在急流浅滩上产卵，具黏性，常附着在砾石上发育孵化。

四川白甲鱼的食物以着生藻类及沉积的腐殖物为主。

保护意义

四川白甲鱼为长江特有种。近年来，由于过度捕捞及水利设施建设以及环境污染等因素的影响，野生四川白甲鱼资源日益减少。金沙江石鼓以下干流江段规划实行梯级开发，使栖息于其中的四川白甲鱼面临绝境，亟须保护。

鲤形目 CYPRINIFORMES
鲤科 Cyprinidae

稀有白甲鱼

Onychosttoma rarum (Lin,1933)

濒危等级：易危（VU）

长江流域分布 / 长江流域记录分布

本种分布于长江中游支流，分布记录于湖南沅江水系至贵州东部，以及西江水系。

形态特征

体长可达300mm，常见体重250~1500g。体稍短，侧扁。侧线完全，向后伸达尾柄基部中央。背部青黑色，腹部银白色，体侧各鳞片基部有黑色斑块。各鳍均为灰黑色，胸鳍、腹鳍颜色较浅。

头短小，较高。吻短，前端钝，吻皮下垂盖住上唇基部。口下位，较宽，呈横裂，口裂稍呈弧形。下颌外露，有锐利的角质边缘。须2对，吻须较小，口角须较长。眼较小，侧上位。鼻孔距眼前缘较近。胸鳍小，末端稍尖。背鳍较宽大，外缘微凹，末端柔软，后缘有锯齿。腹鳍起点在背鳍起点之后。臀鳍短，分支鳍条5根。尾鳍深分叉，上下叶等长，末端尖。鳞片较大，胸、腹部鳞片稍小。

物种习性

底栖鱼类，喜生活在水流湍急、水质清澈具砾石的河流底层。它们具有半洄游性习性，早春成群溯河上游，秋冬游向下游，在深水且多石的江底越冬。在多砾石及沙滩的急流处产卵，卵附着在水底砾石上。5龄前生长较快，其后生长速度下降。

稀有白甲鱼主要以锋利的下颌角质边缘在岩石及其他物体上刮取着生藻类及沉积的腐殖质为食。

保护意义

稀有白甲鱼为中国特有种，是一种重要的野生经济鱼类。其个体较大，生长快、适应性强。但近年来，随着环境破坏的日益严重以及当地渔民的酷渔滥捕，稀有白甲鱼的野生资源已濒临枯竭，种群趋于小型化，亟须加强保护。

鲤形目 CYPRINIFORMES
鲤科 Cyprinidae

成都马口鱼

Opsariichthys chengtui Kimura,1934

濒危等级：濒危（EN）

长江流域分布 / 长江流域记录分布

本种分布区域狭窄，仅分布于长江流域的中上游，分布记录于四川（成都、彭县）等地。

形态特征

体长而侧扁，腹部圆。侧线完全，在胸鳍上方显著下弯。沿体侧下部向后延伸，入尾柄后回升到体侧中部。体背黑灰，腹部银白，体侧有 10 余条黑横纹，其间具红斑点。背、尾鳍灰白，具绿斑点，其他鳍带红色。背鳍的鳍膜上有黑斑，其他各鳍均无明显斑纹。

吻稍钝。口端位，口裂向下倾斜，下颌前端有一不显著的突起与上颌凹陷相吻合。无口须。眼小，侧上位。眼后头长大于吻长，眼间距约等于吻长。体被侧鳞，较细密。背鳍起点约与腹鳍起点相对，距吻端较距尾鳍基部稍远。胸鳍尖长，末端达腹鳍。腹鳍稍钝，末端接近肛门。肛门紧挨臀鳍之前。臀鳍发达，最长鳍条向后伸展可超越尾鳍基部。尾鳍叉形，下叶稍长。

物种习性

栖息于河流的小支流、小河道及小溪流中。常喜栖息在微流水的清澈水体中。

保护意义

成都马口鱼（成都鱲）为长江特有种。分布区窄，仅发现于四川省成都及彭县附近的水体中。种群数量较小。由于分布在城市附近的小水体中，既受工业污水的影响，又受毒、电鱼等的危害，致使种群个体数量明显下降。目前，在分布区范围内已甚少见，亟须保护。

鲤形目 CYPRINIFORMES
鲤科 Cyprinidae

鲈鲤

Percocypris pingi (Tchang,1930)

濒危等级：濒危（EN）

长江流域分布 / 长江流域记录分布

本种分布于长江上游，分布记录于四川［岷江、马边河（岷江支流）、青衣江、安宁河、细砂河（雅砻江支流）］，湖北（长阳、利川）等地。

形态特征

体长190~440mm，性成熟后，雌性重1.8kg以上，雄性重1.5kg。体细长，呈棒形，略侧扁，头后背部隆起。侧线完全。各鳍灰色，背鳍和腹鳍有黑缘。体鳞较小，胸腹鳞片更小。身体棕灰色，腹部颜色较淡；体侧及头部均散布有许多黑色斑纹或斑点。

头较长，吻钝。口亚下位，下颌突出于上颌。须2对，颌须较吻须长，其末端可达眼后缘下方。鳃裂大。背鳍弱刺，后缘具细齿。腹鳍约与胸鳍等长。尾鳍深分叉，两叶等长，末端稍尖。

物种习性

鲈鲤是一种亚冷水鱼类，幼鱼栖息于静水浅滩处，成鱼喜栖息于大江大河急流险滩中。鲈鲤的幼鱼多在支流或干流的沿岸，成鱼则在敞水区水体的中上层游弋。3冬龄鲈鲤可达性成熟，即可参与繁殖。一生多次生殖，每年4—5月，水温上升至17℃时，在急流环境中，鲈鲤开始产卵，为一次性产卵鱼类。一般怀卵量为3万~8万粒，成熟卵为橘黄色，沉性，卵径2.2mm，卵具微黏性，吸水膨胀后失去黏性。

鲈鲤幼鱼以甲壳动物和昆虫幼虫及小型鱼类为主，成鱼以捕食其他鱼类为主，如鮈类、裂腹鱼类、麦穗鱼等。

保护意义

鲈鲤为长江特有种。由于过度捕捞、水环境变迁，鲈鲤资源急剧减少，已被认为是长江上游特有鱼类中需急切保护的鱼类之一。鲈鲤种群分布范围减小，种群数量不大，加上个体相对较大，遗传资源不丰富，受到水工建设及较强捕捞压力等环境因素的影响，已属易于灭绝小种群，其保护尤为紧迫。

鲤形目 CYPRINIFORMES
鲤科 Cyprinidae

岩原鲤

Procypris rabaudi (Tchang,1930)

濒危等级：易危（VU）

长江流域分布 / 长江流域记录分布

本种分布于长江上游的干支流流域的水体中，分布记录于嘉陵江、岷江、沱江、渠江、酉水、赤水河以及金沙江中下游等水系。

形态特征

体长 150~500mm，体重 120~3000g。体侧扁，略呈菱形，背部隆起，腹部圆。侧线平。体背侧深黑色，体侧具多条黑色细纵纹，鳍黑灰色。头部及体背部深黑色或黑紫色，略带蓝紫色光泽，腹部银白。每一鳞片的后部有一黑斑。

头小，近锥形。吻短钝。口亚下位，马蹄形。眼位于头部前上方。唇发达，表面具小乳突。须 2 对，吻须较短，下颌较长。背鳍外缘平，背、臀鳍具发达带强锯齿的硬刺；胸鳍长，末端达腹鳍起点；背、腹鳍起点相对；尾鳍深分叉，上下等长。

物种习性

岩原鲤在天然水体中主要栖息于水流较缓且底层为砾石及岩石缝、深坑洞的江河水体中。喜集群于较暗的底层缓流水体中活动，为底栖性鱼。冬季在江河河床底部的石缝、深坑及具缓流的岩石洞中越冬，开春溯游至各支流产卵。性成熟约为 4 龄，生殖期 2—4 月，分批产卵，卵色浅黄，具黏性，附着在石砾上孵化。

岩原鲤摄食水蚯蚓、摇蚊幼虫、蜉蝣目和毛翅目幼虫、小螺、小鱼虾、淡水壳菜等软体动物及寡毛类，腐烂的高等植物碎片，浮游动物等。

保护意义

岩原鲤为长江特有种。由于人们在长江水系中的过度捕捞（尤其是用电网捕捞），加之随着长江三峡水利枢纽的兴建，长江上游水位大幅度上升，对岩原鲤生存环境产生了很大的影响。野生资源日益枯竭，1999—2002 年在长江上游的干流以及支流的沱江、嘉陵江、岷江、赤水河等江河调查中发现，岩原鲤种群数量极少，濒临灭绝。因此，对该物种野生资源的挽救已刻不容缓。

鲤形目 CYPRINIFORMES
鲤科 Cyprinidae

长鳍吻鮈

Rhinogobio ventralis Sauvage and Dabry,1874

濒危等级：濒危（EN）

长江流域分布 / 长江流域记录分布

本种分布于金沙江、乌江下游、长江上游干流及其主要支流。

形态特征

体长75~250mm，体重6.1~307g。体长且高，稍侧扁，腹部圆。侧线完全，较平直。体背深灰色，略带黄棕色，腹部灰白色。背鳍、尾鳍灰黑色，其余各鳍均为灰白色。

头较短，略呈锥形，头后稍隆起。吻稍短，向前突出，末端圆钝。口小，下位，呈马蹄弧形。唇厚，光滑，无乳突。须1对，长度略大于眼径。眼小，侧上位。眼间较宽，稍隆起。胸鳍长，外缘内凹，呈镰刀状，后伸可达或超过腹鳍起点。背鳍稍长，无硬刺，外缘内凹。腹鳍起点位于背鳍起点之后，约与背鳍第二根分枝鳍条相对，后伸其末端远超过肛门而达到臀鳍起点。臀鳍外缘内凹，其起点距腹鳍较距尾鳍基近。尾鳍深叉形，上、下叶末端尖，等长。肛门距臀鳍起点较近。鳞片较小，胸部鳞片显著变小。

物种习性

长鳍吻鮈是一种典型的流性底栖小型鱼类，栖息于急流险滩、峡谷深处、支流出口等处，喜活动于乱石交错的黑暗水环境中。

繁殖季节内，长鳍吻鮈出现较为明显的集群现象，并在浅水滩上进行产卵活动，在某些江段甚至可以形成渔汛。秋冬季节，随着水温逐渐降低，其活动逐渐减少，冬季进入江河峡谷深处越冬。

长鳍吻鮈主要摄取底栖动物为食，如摇蚊幼虫、鞘翅目幼虫和其他水生昆虫的幼虫以及藻类、淡水壳菜等，全年不停食。

保护意义

长鳍吻鮈为长江特有种。随着三峡工程的建成蓄水，大坝以上长约600 km的江段变为库区，使得水位大幅抬升，水面扩大，水体加深，流速减缓。库区江段生态环境的巨大变化，必然会对本地区的生物类群产生巨大而深远的影响。对于适应流水生活，在急流水中产卵并以淡水壳菜等流水底栖动物为食的长鳍吻鮈来说，栖息环境的变化对其生存影响很可能是致命的。此外，流域内长鳍吻鮈种群个体较小，4龄以上个体几乎没有，许多个体在未达到最佳捕捞年龄之前已经被大规模捕获。因此，目前对长鳍吻鮈的利用已处于过度捕捞的危险状况，上游江段长鳍吻鮈的保护迫在眉睫。

鲤形目 CYPRINIFORMES
鲤科 Cyprinidae

昆明裂腹鱼

Schizothorax grahami (Regan,1904)

濒危等级：濒危（EN）

长江流域分布 / 长江流域记录分布

本种分布于长江上游，分布记录于金沙江水系及乌江等水系。

形态特征

雌鱼体长 260~480mm，体重 380~1600g；雄鱼体长 290~460mm，体重 425~1250g。体延长，稍侧扁，体背稍隆起。腹膜黑色。侧线完全，近直形或在胸鳍起点之后上方略下弯，后伸入尾柄正中。固定标本体侧灰褐色或蓝褐色，或具若干黑褐色斑点，腹侧灰白色或浅黄色；背鳍及尾鳍沾褐色，胸鳍黄色或沾褐色，腹鳍及臀鳍黄色。

头锥形，吻稍钝，口下位。下颌内侧角质不发达，具锐利角质前缘。下唇完整，不分叶，表面具乳突，唇后沟连续。须 2 对，约等长，口角须稍长，其长度等于或稍小于眼径。眼中等大，侧上位；眼间宽，稍圆凸。体被细鳞。背鳍末根不分枝鳍条较弱，起点至吻端之距离约等于或稍小于其至尾鳍基部的距离。腹鳍起点与背鳍末根基部相对，其末端后伸，但不达肛门。肛门紧位于臀鳍起点之前。胸鳍末端后伸略超过胸鳍起点至腹鳍起点之间距离的 1/2 处。臀鳍末端后伸可接近尾鳍基部。尾鳍叉形，上叶末端稍尖，下叶末端钝圆。

物种习性

昆明裂腹鱼在野生环境下栖息于峡谷或流速较高的河流中，为冷水性底层鱼类。生长温度在 12~20℃，最适生长温度 14~18℃。繁殖期进行短距离洄游，为一次性产卵鱼类，雄鱼 3~4 龄成熟，雌鱼 4~5 龄成熟。自然状况下亲鱼于 3—5 月在洄水弯浅滩卵石河沙混合底质产卵，人工饲养条件下其产卵期为每年 4—5 月份。受精卵为黄色或银白色，沉性，圆球形，直径 1mm 左右，绝对怀卵量 1 万 ~15 万粒，相对怀卵量为 25~30 粒 /g。刚孵化出的鱼苗全长 1~1.2mm，卵黄囊较大，平卧在流速较小的河底砂石之间或孵化箱底部。经过 6~7 天的饲养，卵黄囊被吸收 2/3 左右，鱼苗开始上游觅食。昆明裂腹鱼在流水摄食、肥育，秋末以后到干流河床石缝或暗流深水区越冬。成鱼冬季长潜于河道石缝或附近岩溶洞穴，夏季常摄食于砾石滩处。

昆明裂腹鱼的幼鱼以水生小型动物为主要食物，多食着生藻类，以硅藻为主，亦食少量水生昆虫。

保护意义

昆明裂腹鱼为长江特有种，是云南滇池及其连通水域的特有种，现只有在松华坝水库的牧羊河、冷水河、黑龙潭及青龙潭可以见到它们。虽然分布在四个点位，但其实所有都是属于同一群落。由于它们的数量很少，加上受到入侵物种及水污染的威胁，栖息地也日渐消失，亟须保护。

鲤形目 CYPRINIFORMES
鲤科 Cyprinidae

灰裂腹鱼

Schizothorax griseus Pellegrin,1931

濒危等级：濒危（EN）

长江流域分布 / 长江流域记录分布

本种分布于长江中上游，分布记录于金沙江（乌江）、龙川江、澧水等水系以及湖南（壶瓶山国家级自然保护区）。

形态特征

全长 204~231 mm，体长 162~186 mm。体延长，侧扁。身体背部蓝灰色或褐色，腹面银白色。

口下位。下颌外侧无角质部分，前缘不锐利。须 2 对。身体背面、侧面均被细鳞，胸及前腹面裸露无鳞。肛门至臀鳍基两侧各有一列大型臀鳞。体被细鳞，胸腹部裸露无鳞，侧线上鳞 37 枚以下，侧线下鳞 28 枚以下。背鳍刺较强，后缘具较深的锯齿，起点在腹鳍的略前方。臀鳍基部和肛门两侧各有比较大的鳞片一列，使肛门前一段无鳞部分夹在两列鳞片之中形成一条裂缝。

物种习性

栖息于急流或静流的江河、湖泊中，主要摄食浮游生物、着生藻类和水生无脊椎动物。

保护意义

灰裂腹鱼为中国特有种。裂腹鱼是研究古地理的重要入口，具有较高的科研价值。随着环境开发加快，越来越多的裂腹鱼面临栖息地退缩和水污染的威胁。2015 年 3 月云南省渔业科学研究院人工繁殖首次成功为该物种的保育贡献了一份力量。

鲤形目 CYPRINIFORMES
鲤科 Cyprinidae

厚唇裂腹鱼

Schizothorax labrosus Wang Zhuang and Gao,1981

濒危等级：濒危（EN）

长江流域分布 / 长江流域记录分布

本种分布于长江上游，分布记录于云南省和四川省交界的泸沽湖。

形态特征

最大个体长超过 800 mm。体延长，略侧扁。侧线完全，近直形或在体前部略下弯，后伸入尾柄之正中。腹膜黑色。新固定标本头背及体侧上方灰褐色，腹侧灰白，体侧杂有许多不规则黑褐色暗斑。背鳍及尾鳍灰褐色，胸鳍、腹鳍及臀鳍略带灰色。

头锥形，吻尖。口下位或亚下位，口裂呈弧形或马蹄形。下颌内侧覆有薄层角质，但不形成锐利角质前缘。须 2 对，口角须稍长于吻须，等于或短于眼径。吻须末端后伸仅达鼻孔后缘之垂直下方，口角须末端后伸达眼中部之垂直下方。眼稍小，侧上位，眼间较宽，稍圆凸。体被细鳞，排列不整齐。自颊部后之胸腹部具有明显鳞片。背鳍起点至吻端之距离较其至尾鳍基部为近或约相等。腹鳍起点与背鳍末根不分枝，腹鳍末端后伸约达腹鳍起点至臀鳍起点之间的 1/2 处，远离肛门。肛门位于臀鳍起点之前。胸鳍末端后伸达或不达胸鳍起点至腹鳍起点之间距离的 1/2 处。臀鳍小，其末端后伸远离尾鳍基部。尾鳍叉形，末端钝。

物种习性

栖息于水体的中、下层，每年 6—8 月在砂砾湖滩上掘坑产卵。

厚唇裂腹鱼主要以水草和着生藻类为食。

保护意义

厚唇裂腹鱼为长江特有种。裂腹鱼是研究古地理的重要入口，厚唇裂腹鱼仅见于四川和云南交界的泸沽湖内，是我国西南山区的重要捕捞对象，曾是泸沽湖的主要经济鱼类之一，但随着环境开发加快，越来越多的裂腹鱼面临栖息地退缩和水污染的威胁。

鲤形目 CYPRINIFORMES
鲤科 Cyprinidae

小裂腹鱼

Schizothorax parvus Tsao,1964

濒危等级：濒危（EN）

长江流域分布 / 长江流域记录分布

本种分布于长江上游，分布记录于金沙江流域支流漾弓江及鹤庆县龙潭水库。

形态特征

体长 155~300mm，体重 100~492.0g。体延长，侧扁，背、腹缘均隆起，腹部圆。身体背侧蓝灰色，腹侧银白色，尾鳍略带红色。繁殖季节雄性成体吻部有细小的白色珠星。

口下位或次下位，马蹄形，口裂前端在眼下缘水平线之下。下颌无发达角质，内侧有薄角质，前缘不锐利。下唇不发达，分为左右两叶，唇表面无乳突，唇后沟中断。须 2 对，约等长或口角须稍长，吻须后伸达后鼻孔下方，口角须后伸至眼中部的下方。背鳍起点几乎与腹鳍起点相对，臀鳍后伸达到或不达尾鳍下缘基部。胸鳍后伸达其起点至腹鳍起点间距离的约 3/5 处，外角钝圆或稍尖。腹鳍起点位于体中点之后，外角钝圆。尾鳍叉形，叶端略尖。身体背面、侧面及整个胸腹面均被细鳞。

物种习性

栖息于小河及有地下涌泉的龙潭和水库，耐低温，水温下降到 10℃时也不停食。产卵期在 8—9 月，繁殖要求在流水或涌泉的自然条件下。卵呈淡黄色，圆球形，沉性，卵径为 1.9~2.3 mm，附着在水浅流缓的砾石上孵化。

小裂腹鱼为偏动物性的杂食性鱼类，喜食水生昆虫、硅藻、水绵、枝角类、轮虫、橈足类以及小虾、螺类等。春、秋季以硅藻及浮游动物为主，夏季则以水生昆虫占绝大多数，冬季主要取食水绵。

保护意义

小裂腹鱼为长江特有种，是云南省的优质土著鱼类之一。主要分布于金沙江水系的漾弓江流域内的河流、水库等水体中。分布区域狭小，数量稀少。近年来，遭到过度捕捞，已成为濒危种。

鲤形目 CYPRINIFORMES
鲤科 Cyprinidae

滇池金线鲃

Sinocyclocheilus grahami (Regan,1904)

濒危等级：极危（CR）

长江流域分布 / 长江流域记录分布

本种分布于长江上游，仅见于云南滇池及周边水体。

形态特征

成鱼体长可达210mm，体重可达250g。体侧扁，头后背部隆起，吻稍尖，向前突出。侧线完全。游动时，在阳光下熠熠闪光，金线鱼的名称由此而来。

口亚下位，上颌稍长于下颌。须2对，吻须稍短，口角须较长，向后伸接近眼后缘的下方。鳃耙短小，排列稀疏。胸鳍后伸不达腹鳍起点。腹鳍起点稍在背鳍起点之前，后伸不达肛门。背鳍起点距吻端较尾鳍基为远；末根不分枝，鳍条较强硬，顶部柔软分节，后缘具锯齿。臀鳍紧接肛门之后，外缘平截，后伸不达尾鳍基。尾鳍叉形。体鳞细小，圆形，呈覆瓦状排列。侧线鳞较大，约70枚。

物种习性

滇池金线鲃属于洞穴鱼类，多生存于龙潭、涌泉、溶洞、水库等水体，这些水体与滇池相通，为滇池的水源区。滇池金线鲃对水质要求较高，而且畏高温喜阴凉。天然水体中，滇池金线鲃繁殖早期，雌性个体比雄性个体多，后期雄性个体增多，每年1月下旬至2月下旬为其繁殖期。

滇池金线鲃以动物性食物为主，幼鱼主食枝角类和桡足类，亦食少量的丝状藻和高等植物碎屑，随鱼体的增长，逐渐转为捕食小虾，甚至部分小鱼。

保护意义

滇池金线鲃为国家Ⅱ级重点保护野生动物，长江特有种，俗称金线鱼。滇池金线鲃曾经是滇池经济鱼类之一。20世纪80年代以来，由于外来种入侵、水体污染、生境丧失、过度捕捞等原因，在滇池湖体已逐渐消失。而在湖体周边的龙潭中仍有分布。由于水体之间的隔离，其分布区不断萎缩，种群数量稀少，生存受到严重威胁，需大力保护。

鲤形目 CYPRINIFORMES
鲤科 Cyprinidae

华缨鱼

Sinocrossocheilus guizhouensis Wu,1977

濒危等级：极危（CR）

长江流域分布 / 长江流域记录分布

本种分布于长江上游的乌江水系，该物种的模式产地在贵州遵义。

形态特征

体稍长，圆筒形。体背深灰黑色，体侧灰色，侧线前方有一浓黑的小斑，背鳍鳍膜的中部黑色。

头钝圆。吻稍长，具浅侧沟斜向口角。口下位，狭小，弧形。吻皮边缘有多数垂直裂纹。下唇具马蹄形的小吸盘。上下颌具角质缘。须 2 对，稍长。眼小，眼间宽隆。侧线鳞 40 枚左右，胸部鳞片变小，埋于皮下。背鳍无硬刺，外缘内凹，鳍均短小。

物种习性

需生活在清澈的流水环境中，多喜栖息于河流或溪流的急流处。营底栖生活，用口吸附石底，或贴近底层活动。

华缨鱼食性单一，以刮食石上附生的青苔和藻类等周丛生物为生。

保护意义

华缨鱼不仅是贵州省特有种，也是长江上游特有种。分布地狭窄、自然种群量少是华缨鱼属鱼类资源量减少的主要原因。此外，采砂活动、河流整治工程、水污染和水利枢纽均对它的繁殖产生了很大影响。华缨鱼自然分布地乌江现已建梯级水电 11 级，在其原始分布地上下游几百公里范围内修建了乌江渡、索风营、东风、洪家渡四座大型水库。华缨鱼是底栖小型鱼类，库区蓄水将会淹没其栖息地，造成资源量的减少。随着人民生活水平的提高，野生鱼市价不断攀升，从而驱使人们提高捕捞强度，导致资源量减少。这几点共同造成了华缨鱼如今的危险处境。

鲤形目 CYPRINIFORMES
腹吸鳅科 Castromyzontidae

四川爬岩鳅

Beaufortia szechuanensis (Fang,1930)

濒危等级：近危（NT）

长江流域分布 / 长江流域记录分布

本种分布于长江上游，分布记录于岷江、乌江等主干流及其支流清江，湖南（壶瓶山国家级自然保护区）等水系和地区。

形态特征

体长 55mm，体前部扁平，体宽显著大于体高，侧线完全。头和尾鳍基背面有褐色斑块，体背中央具横斑，各鳍均有不规则褐色斑块。

头扁平，吻圆钝，吻皮下包形成吻褶。口下位，口裂小。口与吻褶间有吻沟，具口角须 1 对。眼侧上位。鳃裂小，位于头背侧。背鳍无硬刺，偶鳍左右平展；胸鳍起点超过眼前缘垂直线，末端超过腹鳍起点；腹鳍起点至臀鳍起点较至吻端远；臀鳍无硬刺，末端不达尾鳍基。体被细鳞，头、胸和腹部裸露无鳞。

物种习性

吸附于急流石块下，用下颌刮食石块上附着的藻类和水生昆虫。

保护意义

四川爬岩鳅为长江特有种。野外生境的破坏如水电站的修建以及河床固化等因素，导致该物种栖息地面积迅速缩小，不少地区甚至将其作为食用鱼类捕捞，导致其野生种群数量大幅下降。
对该物种的保护需要得到更多的关注。

鲤形目 CYPRINIFORMES
爬鳅科 Balitoridae

犁头鳅

Lepturichthys fimbriata (Günther,1888)

濒危等级：数据缺乏（DD）

长江流域分布 / 长江流域记录分布

本种分布于长江上游水系，分布记录于屏山、江津、赤水市、黑水河等流域和地区，该物种的模式产地在湖北宜昌。

形态特征

体长60~150mm。侧线完全，平直。头部平扁，形似犁头。体背褐色分节。各鳍均有褐色斑纹。

体被细鳞，鳞片具疣刺或光滑，头、胸和腹部或臀鳍前均裸露无鳞。尾柄特别细长，呈细鞭状。吻须2对，口角须3对。体鳞细小，鳞片上一般具刺状疣突。体前部扁平，体高小于体宽，背面隆起，腹面平坦，体中部圆，后部细长呈圆形。口下位，弧形，具口角须2对。眼侧上位，眼间隔较宽平。鼻孔1对，近眼前缘。背鳍无硬刺，其最长鳍条长于或短于头长，起点约与腹鳍起点相对，距吻端较距尾鳍基显著为近。胸鳍圆扇形，平展，其起点在眼后缘垂直线之后，末端远不及腹鳍起点。腹鳍后缘左右分开。臀鳍无硬刺，后缘截形。尾鳍叉形。

物种习性

为一种栖息于江河急流石滩处的底栖性小型鱼类。生殖季节在4月中旬至6月初，卵漂流性。对水质、溶氧量要求极高。生活时，胸鳍、腹鳍平展，吸附于石块上以免被水冲走。

犁头鳅依靠角质化的锋利下颌刮食固着的藻类和小型无脊椎动物。

保护意义

犁头鳅为长江特有种。由于日益严重的捕捞使这些当年的非经济鱼变成了重要捕捞对象。采砂活动、水污染和水利枢纽均对它们的繁殖产生了很大影响。

鲤形目 CYPRINIFORMES
爬鳅科 Balitoridae

峨眉后平鳅

Metahomaloptera omeiensis Chang,1944

濒危等级：数据缺乏（DD）

长江流域分布 / 长江流域记录分布

本种分布于长江上游干支流，分布记录于梵净山、藻渡河等地。

形态特征

侧线完全。背面为褐色，具团块状斑纹，各鳍均有斑纹。

头短而扁平。吻扁圆。吻皮下包成吻褶并与上唇间形成吻沟，吻褶叶间具 2 对小吻须。口下位，口裂小，弧形，具口角须 2 对，粗短，外侧 1 对长于内侧。唇具乳突，上唇乳突较下唇发达。颏部无须。眼小，侧上位，眼间隔宽平。鼻孔 1 对，距眼前缘较距吻端为近。背鳍小，无硬刺，其起点距吻端较距尾鳍基稍近或相等。偶鳍向左右平展。胸鳍起点与眼前缘垂线平，末端超过腹鳍起点。腹鳍后缘鳍条左右相连成吸盘状，末端远不及肛门。臀鳍无硬刺，末端可达尾鳍基。尾鳍微凹，下叶稍长于上叶。尾柄稍侧扁。肛门紧靠臀鳍起点。体被细鳞。头、胸、腹部以及偶鳍基背面均裸露无鳞。

物种习性

峨眉后平鳅吸附于急流石块下，用下颌刮食石块上附着的藻类和水生昆虫。

保护意义

峨眉后平鳅为长江特有种。采砂活动、水污染和水利枢纽均对它的繁殖造成了很大影响。同时作为鲱属和华吸鳅、金沙鳅、犁头鳅等的兼捕对象，造成采集过度。

鲤形目 CYPRINIFORMES
沙鳅科 Botiidae

长薄鳅

Leptobotia elongata (Bleeker,1870)

濒危等级：易危（VU）

长江流域分布 / 长江流域记录分布

本种分布于长江中上游除沱江外的其他各水域，分布记录于湖南、重庆、湖北至四川西部的大渡河、金沙江、宜宾等水系和地区。

形态特征

体长 90~400mm。体延长，侧扁，尾柄粗壮。侧线完全。头部背面具有不规则的深褐色花纹，头部侧面及鳃盖部位为黄褐色，身体浅灰褐色或黄色，有大块的不规则黑色长斑点。腹部为淡黄褐色。背鳍基部及靠边缘的地方，有两列深褐色的斑纹，背鳍带有黄褐色泽。胸鳍及腹鳍呈橙黄色，并有褐色斑点。

头侧扁而尖，头长大于体高。吻圆钝而短，口较大，下位，口裂呈马蹄形。上下唇肥厚，唇褶与颌分离。须 3 对，吻须 2 对，口角须 1 对。眼小，眼下缘有 1 根光滑的硬刺，末端超过眼后缘。眼下刺不分叉，长度大于眼径。鳃孔较小，背鳍和臀鳍均短小，没有硬刺，背鳍位于体的后半部。胸、腹鳍短，尾鳍深叉状。鳞极细小。

物种习性

长薄鳅为温水性底层鱼类，喜栖于江河中上游江段，江边水流较缓处的石砾缝间，常集群在水底砂砾间或岩石缝隙中活动。江河涨水时有溯水上游的习性。

是一种凶猛肉食性鱼类，主要捕食小鱼，尤其是底层小型鱼类。

保护意义

长薄鳅为长江特有种。其体型巨大，市场上价格昂贵。同时也是名贵观赏鱼类，是鳅科鱼类中个体最大的一种。近年来，受长江流域过度捕捞、水质污染、闸坝建设、航道运输等综合因素的影响，长江上游的水文条件发生巨大变化，天然产卵场的破坏和生态环境的恶化，使长薄鳅的栖息环境受到严重影响，导致该鱼种数量越来越少，种群结构发生变异，个体小龄化，亲鱼数量不足。2000 年前后，长薄鳅在长江上游流段年渔获量曾达到 10t 左右，而 2010—2012 年长江环境监测结果表明沱江中已经无法发现长薄鳅的踪迹。长薄鳅已被列入《中国濒危动物红皮书》和《中国物种红色名录》，该物种的资源恢复和物种保护同样面临着巨大挑战。

鲤形目 CYPRINIFORMES
沙鳅科 Botiidae

小眼薄鳅

Leptobotia microphthalma Fu and Ye,1983

濒危等级：易危（VU）

长江流域分布 / 长江流域记录分布

本种分布于长江上游（岷江干流中下游和大渡河下游），模式产地为乐山大渡河口，在嘉陵江流域也有记录。

形态特征

小眼薄鳅全长97~99mm，体长77~80mm，体重3.67~3.93g。侧线完全，平直。红褐色小型沙鳅。

眼细小，位于头的前侧上方。须3对，吻须2对，聚生于吻端。背鳍前无黄色的斑块，尾鳍深分叉。身体侧扁。体被细小而薄的鳞片。吻端稍尖，口偏下位。上下颌不突出，边缘光滑。颊部具鳞，腹鳍基部有腋鳞。

物种习性

生活在急流石块下砂砾间，翻寻水生昆虫和寡毛类。小眼薄鳅对光照、溶氧和温度比较敏感。

保护意义

小眼薄鳅为中国特有种。根据1981年7月于四川乐山大渡河采集的标本鉴定为新种（1983），2009年报告发现于嘉陵江下游。野外生境的破坏如水电站的修建以及河床固化等因素，导致该物种栖息地面积迅速缩小，不少地区甚至将其作为食用鱼类捕捞，导致其野生种群数量大幅下降。对该物种的保护需要得到更多的关注。

鲤形目 CYPRINIFORMES
沙鳅科 Botiidae

红唇薄鳅

Leptobotia rubrilabris Dabry and Thiersant,1872

濒危等级：易危（VU）

长江流域分布 / 长江流域记录分布

本种分布于长江上游干流，分布记录于岷江、嘉陵江、沱江、乌江、青衣江、大渡河中下游等多个水系，该物种的模式产地在四川，为长江上游特有鱼类。

形态特征

体长60~150mm。体延长，侧扁，尾柄高而侧扁。是一种浅色的中型沙鳅，侧线完全，平直，位于体侧中部。身体基色为棕黄色带褐色，腹部黄白色。背部有6~8个不规则的棕黑色横斑，略呈马鞍形，有时延伸至侧线上方，有时不明显，体侧有不规则的棕黑色大小斑点。头背面具许多不规则棕褐色斑点或连成条纹。背鳍上有2条棕黑色条纹。胸鳍外缘具1条浅棕黑色条纹。腹鳍上有1~2条浅棕黑色条纹。臀鳍上有1条棕黑色带纹。尾鳍上有3~5条不规则的斜行棕黑色短条纹。

头长，呈锥形。吻较长，前端尖。口小，下位，口裂呈马蹄形。上颌稍长于下颌，下颌边缘匙形。唇厚，有许多皱褶。颏部中央有1对较发达的钮状突起。具须3对，吻须2对；口角须1对，稍粗长，后伸达眼前缘下方。眼小，位于头的前半部。眼下刺粗壮，光滑，末端超过眼后缘。鼻孔离眼前缘较近。鳃孔小，鳃耙粗短，排列稀疏。背鳍较宽，外缘截形，无硬刺，起点至吻端的距离大于至尾鳍基部距离。胸鳍稍长，末端圆钝，后伸可达胸鳍、腹鳍基部的1/2。腹鳍短小，臀鳍稍长，无硬刺，外缘稍内凹；尾鳍长，深分叉，上下叶等长，末端尖。肛门位于腹鳍基部后端与臀鳍起点的中点。

物种习性

红唇薄鳅主要分布于河流敞水区中下层的多砂石区域，喜藏匿，性成熟个体多集中至流态紊乱的水域或支流尤其是岷江中产卵。亲鱼有上溯到相应的产卵场习性，产漂流性卵，卵淡鲜黄色、黏性弱。卵产出后吸水膨胀，随着河水向下漂流孵化，而幼鱼和成鱼则溯流回到上游。

红唇薄鳅主要取食水中的底栖生物。

保护意义

红唇薄鳅为长江特有种。历史上长薄鳅和红唇薄鳅曾是长江上游重要的经济鱼类。而近年来由于过度捕捞、水电梯级开发等原因致使红唇薄鳅的生境不断破坏、萎缩，2010—2012年长江环境监测结果表明，沱江和嘉陵江中已经无法发现红唇薄鳅的踪迹，该物种的资源恢复和物种保护面临着巨大挑战。

鲤形目 CYPRINIFORMES
沙鳅科 Botiidae

紫薄鳅

Leptobotia taeniaps (Sauvage,1878)

濒危等级：易危（VU）

长江流域分布 / 长江流域记录分布

本种分布于整个长江流域的干支流，分布记录于赣江、湘江、汉江、金沙江（铜陵、江津、赤水河）等多个水系和地区。

形态特征

体长 60~150mm，体重 7.00~36.24g。体长形，较高，侧扁，腹部圆。侧线完全，平直，从鳃孔上角直达尾柄中部。背鳍基部和中上部各有 1 条浅黑褐色斑纹，胸鳍和腹鳍背面各有 1 条较浅的黑褐色斑纹。臀鳍上亦有 1 条浅黑褐色斑纹。

头较长，稍侧扁，前端稍钝。吻短，其长大于眼后头长，口下位，呈马蹄形。上颌略长于下颌，下颌中央有一深缺刻。唇稍厚，其上有皱褶。唇后沟不连续。具须 3 对，吻须 2 对，聚生于吻端。眼小，位于头的前半部。眼下刺较粗，基部不分叉，末端后伸超过眼后缘。鼻孔小，离眼前缘稍近。鳃孔较小，鳃膜在胸鳍前下方与颊部相连。胸鳍较短，末端圆，后伸不及胸、腹鳍起点的 1/2 点处。尾鳍长，分叉深，上下叶末端尖。尾柄稍长，侧扁。鳞片细小，腹鳍基部有狭长腋鳞。

物种习性

喜栖息于流水环境中。属底栖性鱼类，夜间较为活跃。紫薄鳅生活在流水环境中，对光照、溶氧和温度比较敏感。紫薄鳅主要以翻寻水生昆虫和寡毛类为食，也吃尸体，袭击蜕壳的甲壳类。

保护意义

紫薄鳅为长江特有种。采砂活动、水污染和水利枢纽均对它的繁殖产生了较大影响。同时随着长江三峡水库水位的提高和回水区域的扩大，紫薄鳅原有的生活环境发生了巨大改变，产卵季与新的栖息地捕鱼季节重合也加速了紫薄鳅数量的减少。需要提高重视，做好保护工作。

鲤形目 CYPRINIFORMES
沙鳅科 Botiidae

中华沙鳅

Sinibotia superciliaris (Günther,1892)

濒危等级：易危（VU）

长江流域分布 / 长江流域记录分布

本种分布于金沙江下游、宜昌以上长江的干、支流，分布记录于四川（攀枝花、屏山、安边），重庆（江津）等地。

形态特征

中华沙鳅全长 90~180mm。吻长而尖，须 3 对。体长形，侧扁，腹部圆。体深色，具多个细金黄色横带。

头小，呈锥形；吻较长，侧扁，其长大于眼后头长之和；眼小，眼间距较窄，这也是中华沙鳅与同属宽体沙鳅的主要区别。眼下刺分叉，末端超过眼后缘。颊部无鳞。腹鳍末端不达肛门。肛门靠近臀鳍起点。尾柄较低。

物种习性

中华沙鳅为营底层生活，主要分布于长江中上游。栖息于流水环境中，在水体的中下层活动，也常见于滩边洄水区或大石堆间流水较缓的地方，为敞水区底栖性小型鱼类。中华沙鳅生活在流水环境中，对光照、溶氧和温度比较敏感。

中华沙鳅幼鱼主要以枝角类、桡足类、轮虫类、水蚯蚓等为食，成鱼以水生昆虫、底栖的无脊椎动物和江河中腐烂的尸体为主要食物。

保护意义

中华沙鳅为中国特有种。在长江上游，鳅亚目鱼类众多，除中华沙鳅外，还有长薄鳅、红唇薄鳅等，近几年来由于工农业生产导致生态环境受到破坏，水质污染严重，对其野生种群造成一定程度的冲击。加之向家坝水利枢纽的兴建使金沙江下游的水流变缓，对其生存环境产生了很大的影响，金沙江下游江段中华沙鳅的野生资源有衰竭的趋势。且近年来，中华沙鳅市场价格逐年升高，导致中华沙鳅面临更大的捕捞强度。这两方面因素，导致中华沙鳅数量下降趋势越来越快，亟须重视和保护。

鲤形目 CYPRINIFORMES
吸口鲤科 Catostomidae

胭脂鱼

Myxocyprinus asiaticus Bleeker,1864

濒危等级：极危（CR）

长江流域分布 / 长江流域记录分布

本种分布于长江中上游及其附属湖泊，分布记录于四川（宜宾、泸州）、重庆、宜昌等地。

形态特征

成体体长超过 1000mm，最大体重可达 40kg，仔鱼平均体长为 9.5~9.8mm。体侧扁，背部在背鳍起点处特别隆起。侧线完全。仔鱼身体呈深褐色，体侧分别具 3 条黑色横纹。成体体侧淡红、暗褐或黄褐色，从吻至尾具一胭脂红色的宽纵带，背鳍、尾鳍淡红色。

头短，吻圆钝。口下位，呈马蹄状。唇发达，上唇与吻褶形成一深沟。下唇翻出呈肉褶，唇上密布细小乳状突起，无须。下咽骨呈镰刀状，下咽齿单行，数目很多，排列呈梳状，末端呈钩状。上颞窝明显下陷，位于顶骨外侧，下颊窝浅而无须。腹部干直。尾鳍深叉形，下叶长于上叶。背鳍无硬刺，基部很长，延伸至臀鳍基部后上方。臀鳍短，尾柄细长，尾鳍叉形。鳞大呈圆形。

物种习性

胭脂鱼生活在湖泊、河流中，幼体与成体形态各异，生境及生物学习性不尽相同。幼鱼喜集群于水流较缓的砾石间，多活动于水体上层，亚成体则在中下层，成体喜在江河的敞水区。胭脂鱼喜好在水体中部和底部活动，不耐低氧。游动文静，会随情绪变化改变体色。雄鱼在接近雌鱼时头部和鳍上会出现结节。

一般 6 龄可达性成熟。每年 2 月中旬（雨水节气前后），性腺接近成熟的亲鱼均要上溯到上游，于 3—5 月在急流中繁殖。长江的产卵场在金沙江、岷江、嘉陵江等地。亲鱼产卵后仍在产卵场附近逗留，直到秋后退水时期，才回归到干流深水处越冬。

胭脂鱼摄食频繁，属杂食动物，无论食物状态如何均可进食，其食物包括附着藻类和水生昆虫。

保护意义

胭脂鱼为国家Ⅱ级重点保护野生动物，为中国特有种。野生状态个体的数量正逐年趋于下降。历史上，胭脂鱼曾是流域内较大型的重要经济鱼类之一。据四川省宜宾市渔业社 1958 年的统计，胭脂鱼在岷江曾占渔获物总量的 13% 以上；20 世纪 60 年代在宜宾扁窗子库区，胭脂鱼的渔获量还占 13%，但到 70 年代葛洲坝水利枢纽建成以前，胭脂鱼资源量就已明显减少，70 年代中期已降至 2%，现今只有零星误捕报道。1981 年长江葛洲坝水利枢纽截流后，长江中下游亲鱼不能上溯至上游的沱江、岷江等大支流中产卵，宜昌江段的某些产卵场的环境也遭到破坏。虽然坝下江段仍发现有繁殖群体，但因捕捞过度，野生种群数量下降趋势仍在继续。

鲇形目 SILURIFORMES
鲿科 Bagridae

细体拟鲿

Pseudobagrus pratti (Günther,1892)

濒危等级：易危（VU）

长江流域分布 / 长江流域记录分布

本种分布于长江流域各支流水系，分布记录于乌江水系沿河至彭水段等水系，四川、湖南、河南、江西、安徽、重庆、湖北等地。

形态特征

个体不大，常见者 100~200mm。体细长，前部略粗圆，后部侧扁。活体呈褐色，至腹部渐浅，无斑。背鳍、尾鳍末端灰黑。

头略纵扁，被皮肤所覆盖。吻宽，钝圆。口大，下位，口裂略呈弧形。唇厚，边缘具梳状纹，在口角处形成发达的唇褶。上颌突出于下颌。眼小，侧上位，位于头的前半部。须细短，鼻须后伸达眼中央，颌须后端稍过眼后缘。鳃孔大。鳃盖膜不与鳃颊相连。背鳍短，骨质硬刺前后缘均光滑，无锯齿，短于鳍条，起点距吻端大于距脂鳍起点。脂鳍低长，基部位于背鳍基后端至尾鳍基中央。臀鳍起点位于脂鳍起点垂直下方之后，至尾鳍基的距离远大于至胸鳍基后端。胸鳍侧下位，硬刺前缘光滑，鳍条后伸不达腹鳍。腹鳍起点位于背鳍基后端垂直下方之后，距胸鳍基后端大于距臀鳍起点。肛门距臀鳍起点较距腹鳍基后端为近。尾鳍浅凹形，上下叶末端圆钝。

物种习性

细体拟鲿主要摄食小鱼、小虾、昆虫幼虫、蠕虫及底栖甲壳动物等。

保护意义

细体拟鲿为中国特有种。但近年来，由于环境变迁及过度捕捞等因素，该种的野生资源量锐减，亟须保护。

鲇形目 SILURIFORMES
鲿科 Bagridae

切尾拟鲿

Pseudobagrus truncatus (Regan,1913)

濒危等级：数据缺乏（DD）

长江流域分布 / 长江流域记录分布

本种广泛分布于长江干流及其支流，分布记录于金沙江、大渡河、青衣江、岷江等水系，四川（赤水、宜宾、广元），贵州（石阡河）等地。

形态特征

体长 48.3~189.6 mm。体延长，前部略纵扁，后部侧扁。活体背侧呈灰褐色，腹部灰黄色。体侧正中有数块不规则、不明显的暗斑。各鳍灰黑色。

头纵扁，较窄，体长为其宽的 5 倍以上，头顶被皮膜，上枕骨棘细短。吻短、钝圆。口次下位，弧形。唇厚。上颌突出于下颌。眼小，侧上位，位于头的前半部，被以皮膜。眼间隔宽平。前后鼻孔相隔较远，前鼻孔呈短管状，位于吻端，后鼻孔呈裂缝状。鼻须位于后鼻孔前缘，末端超过眼后缘。颌须后伸达胸鳍起点，外侧颏须长于内侧颏须。鳃孔宽大。鳃耙细小。背鳍骨质硬刺短，头长约为其长的 2 倍，前后缘均光滑，起点距吻端大于距脂鳍起点。脂鳍低而长，基部长约等于臀鳍基长，二者相对，位于背鳍基后端至尾鳍基中央略后。臀鳍起点位于脂鳍起点垂直下方，至尾鳍基的距离大于至胸鳍基后端。胸鳍短小，侧下位，稍长于背鳍硬刺，前缘具弱锯齿，后缘锯齿发达，鳍条后伸达腹鳍。腹鳍起点位于背鳍基后端垂直下方后，距胸鳍后端大于距臀鳍起点。肛门距臀鳍起点较距腹鳍基后端为近。尾鳍近平截或中央微凹。

物种习性

江河中生活的底层鱼类。生活习性不明。

保护意义

切尾拟鲿为中国特有种。在中国主要分布于金沙江、大渡河、青衣江、岷江等水系，为当地常见的小型经济鱼类。近年来，受人工捕捞及长江上游水利工程建设、水环境污染的影响，野生切尾拟鲿资源日益减少，而市场需求却逐年增加。有必要重视保护这个野生资源量急剧下降的物种，并采取相应的保护措施。

鲇形目 SILURIFORMES
鮡科 Sisoridae

青石爬鮡

Euchiloglanis davidi (Sauvage,1874)

濒危等级：濒危（EN）

长江流域分布 / 长江流域记录分布

本种分布于长江流域的岷江水系和金沙江水系，为长江上游的特有鱼类。

形态特征

头宽而扁平。侧线完全，平直。体无鳞。新鲜样本体黄绿色或绿褐色，腹部黄色。

眼缘清楚，鼻须几达或略超过眼前缘。颌须末端延长、尖细，超过鳃孔下角。上唇、口侧及前胸有乳突，腹部光滑。背鳍之后体躯和尾柄侧扁，背鳍起点处为身体最高处。口宽大，下位，略呈弧形。上下颌具齿带，下颌齿带两侧向后延伸而细。须 4 对。眼小，位于头顶部。腹部无吸着器。

物种习性

为底栖性鱼类，多生活在水流湍急、河床为砾石的水域。个体怀卵量少，常见 200~400 粒间。卵呈黄色，直径在 3~4 mm。产卵场位于有水流的石缝中。即为整体产出，俗称“卵袋”“卵块”，卵粒之间常成片地黏附在石块和砂粒上，但“卵袋”无黏性，卵沉性。

青石爬鮡主要以水生昆虫及其幼虫为食，兼食水蚯蚓、水生植物的碎片等。

保护意义

青石爬鮡为长江特有种。其绝对怀卵量少，仅数百粒，有的不足 100 粒。目前，青石爬鮡的人工繁殖技术尚未解决，其天然资源的恢复只有依靠自然繁殖，其怀卵量低的特性制约了种群的自然恢复，繁殖群体和补充群体一旦遭到破坏，短期内难以恢复。过度捕捞是造成青石爬鮡天然资源下降的直接因素。一些水利水电工程，造成自然种群隔离，不利于种群发展。青石爬鮡具有比较罕见的繁殖现象，雌鱼卵巢单个而非成对，在淡水硬骨鱼类中是极为特殊的。雄性的生殖器官表现为发达、延伸于体内并可伸缩的交接器。体内受精，受精产卵不同步。此繁殖特点对于研究鱼类的进化具有重要意义。

鲑形目 SALMONIFORMES
鲑科 Salmonidae

秦岭细鳞鲑

Brachymystax tsinlingensis Li,1966

濒危等级：濒危（EN）

长江流域分布 / 长江流域记录分布

本种分布于长江流域的岷江水系和金沙江水系，为长江上游的特有鱼类。

形态特征

体长150~450mm，体重60~1500g。雄性较雌性略小。体纺锤形，稍侧扁。侧线完全，几平直。体背褐色，体侧绛红，腹部灰白色。体背和体侧有紫色光泽，散布着4~5个边缘淡红色的椭圆形黑斑。

头钝，眼间距较宽，头部无鳞。吻较短，口亚下位，上下颌、犁骨和腭骨具齿一行。鳃孔较大。背鳍较短，外缘稍凹。脂鳍与臀鳍相对。腹鳍始于背鳍基部中央，向后不及肛门。尾鳍浅叉。

物种习性

冷水性溪流鱼类。栖息于海拔900~2300m的山涧溪流中，平原河流偶见。喜好水流湍急而清澈、大型砾石底质的河段。最小性成熟年龄2~3龄。性成熟个体2—5月在浅水砂石底处产浅黄色的沉性卵。

秦岭细鳞鲑为肉食性鱼类，主食昆虫，包括水生昆虫的幼体和成体以及掉落水中的陆生昆虫，也食鱼类和两栖类，特别是其产地大量栖息着的大吻鱥属鱼类。

保护意义

秦岭细鳞鲑为国家Ⅱ级重点保护野生动物，为中国特有种。属典型陆封型鲑鳟鱼，是细鳞鲑属分布的南界。在秦岭地区高山溪流的水生食物链中处于顶层。在生态系统中有重要的地位。

在陕西和甘肃，山区执法难度较大，当地居民保护意识不强，电、毒鱼时有发生。同时，采矿、工程建设和溢流坝也会污染和破坏其栖息地和产卵场，胡乱放生同属物种会引起基因污染和挤占生态位。其种群数量在近几十年已大幅度减少。

鲑形目 SALMONIFORMES
鲑科 Salmonidae

川陕哲罗鲑

Hucho bleekeri Kimura,1934

濒危等级：极危（CR）

长江流域分布 / 长江流域记录分布

本种分布于长江上游各支流，20 世纪 60 年代以前，岷江上游的干流、大渡河、青衣江及其附属支流均有分布，目前仅在汉江上游太白河水域。

形态特征

全长 250~720mm，体长 200~640mm。体延长，略侧扁，背腹部不隆起。侧线完全，平直。背部深灰色，两侧和腹部白色，体侧有许多分散而不规则的小黑点，并有 7 条暗黑色纵带，其他各鳍灰色。

物种习性

川陕哲罗鲑为大型鲑科鱼类，多栖于水温低溶氧高、水质清澈、海拔 1000m 以上的山涧溪流。冬季在河道中的深水潭或深槽等水域越冬。川陕哲罗鲑繁殖期为每年 3—5 月，各地区略有差异。产卵要求水温 4℃ ~10℃，底质为砂或砂石，水深 15~80cm，产卵区一般位于河流上游有急流深水的中部近岸缓流区。川陕哲罗鲑筑巢产卵，产卵亲鱼在适宜的河床挖掘圆形或椭圆形的浅窝，直径 150~300cm，产卵巢的大小依鱼体大小而不同。黄色、无黏性、沉性卵，在巢内孵化期较长。川陕哲罗鲑在产卵前有逆水溯游现象。

川陕哲罗鲑捕食鱼类和水生昆虫，幼鱼阶段以水生昆虫为主，其次为小鱼和底栖动物，成鱼则以裂腹鱼、高原鳅、鮡科鱼类为主。

保护意义

川陕哲罗鲑为我国特有种，为国家Ⅱ级重点保护野生动物，属长江上游珍稀鱼类。是青藏高原地区唯一的大型土著鲑科鱼类，是哲罗鲑属鱼类分布最南的种类。在学术、生态、人文、经济方面具有重要研究价值，同时也是我国重要的冷水鱼类种质资源。20 世纪 60 年代以前，川陕哲罗鲑资源还较丰富，在岷江上游的干流、大渡河、青衣江及其附属支流均有分布。20 世纪 60 年代以后，由于拦河筑坝，兴建水利工程，以及在河道中取砂，开采金矿，在河道两岸砍伐森林，引起水土流失，致使川陕哲罗鲑的生存环境日趋恶化，加之过度捕杀等方面因素，造成川陕哲罗鲑数量急剧下降，分布区域不断缩小。至 80 年代，其分布区缩减至岷江干流上游、大渡河上游和青衣江上游。至 20 世纪末，数量已经极其稀少，仅在大渡河上游的足木足河和玛柯河及岷江上游的黑水河支流、青衣江（芦山河）、天全河上游等有一些零星报道，同期，在陕西汉水支流的太白河和湑水河有少量发现。21 世纪以来，陕西和四川等地绝大部分已知分布区域中已多年不见其踪迹，仅青海玛柯河、阿坝等地还偶有报道。由于川陕哲罗鲑野生资源的急剧下降，1988 年被列为国家Ⅱ级重点保护野生动物，1998 年《中国濒危动物红皮书·鱼类》将其列为濒危物种，2012 年被 IUCN 红色名录列为极危级物种。川陕哲罗鲑现已处于极度濒危境地，亟待采取措施加以有效保护。

鲈形目 PERCIFORMES
杜父鱼科 Cottidae

松江鲈

Trachidermus fasciatus Heckel,1837

濒危等级：濒危（EN）

长江流域分布 / 长江流域记录分布

本种分布于长江下游及沿海地带，见于上海、浙江和福建等地。

形态特征

体长约150mm，重30~50g。外形体色酷似沙塘鳢，但松江鲈的鳃条骨皮膜橘红色或血红色，看似有四鳃外露，故俗名四鳃鲈。体表光滑无鳞，皮膜很厚。全身土黄色或者褐色，腹面白色，吻侧常各有一抵达眼前的暗色条带，眼间也有。鳃盖后通常有一浅色项斑，完后的身体具有三段大的粗斜带分隔，越往后越细短。

头较长，扁平，表面有小突起，吻扁平，口巨大，上颌长于下颌。眼中等大。口亚下位，斜裂。躯干圆筒形，身体细。胸鳍很大呈扇形，几乎能够覆盖腹侧。腹鳍小，位于胸鳍稍后的位置。背鳍两个，较短，第二背鳍基长，两鳍约不相连。臀鳍短，鳍基长。尾鳍近截形。

物种习性

为近海暖温性底层洄游鱼类，栖息于近海沿岸浅水水域和与海相通的河川、湖泊。具降河洄游习性，幼鱼在长到3厘米时会返回河口，逐步长大，于当年11月进入性成熟，开春入海繁殖。鱼卵黏性，通常产于海底砂石和贝壳上，雄鱼护卵。

松江鲈肉食性，常爬伏浅水底不动，半埋于底砂，静候小鱼虾前来便跃起吞食。

保护意义

松江鲈是我国华东唯一一种杜父鱼，曾经是古文中常常提到的美食，但由于长江水系整体渔业资源承载力严重下降，加之近50年来河口极度严重的水污染以及河口水泥堤岸设计，使得松江鲈难以进入河口发育，近年来野生个体似乎仅见于钱塘江口、江苏和山东青岛少数地方。

松江鲈的人工养殖目前较为成功，但是想让价格昂贵的人工种群能够供应市场，还有很长的路要走。

虾虎鱼目 GOBIIFORMES
虾虎鱼科 Gobiidae

神农吻虾虎鱼

Rhinogobius shennongensis Yang and Xie,1983

濒危等级：濒危（EN）

长江流域分布 / 长江流域记录分布

本种分布于长江流域中游，分布记录于湖北神农架阳日湾。

形态特征

个体小，体长50~70mm。体延长，粗壮，前部亚圆筒形，后部侧扁；背缘浅弧形隆起，腹缘稍平直。尾柄颇长，其长大于体高。无侧线。头、体呈翠绿色，体侧有6~7条较宽的黑色斑条，横跨背部。

头中大，圆钝，前部宽而低，平扁，背部稍隆起，头宽大于头高。颊部显著凸出，膨大。眼间隔狭窄，宽等于眼径，稍内凹。鼻孔每侧2个，分离，相互接近。口中大，前位，斜裂。两颌约等长。犁骨、腭骨及舌上均无齿。唇略厚，发达。舌游离，前端圆形。鳃孔大，侧位，其宽稍大于胸鳍基部的宽度，向头部腹面延伸，止于鳃盖骨后缘下方稍后处。体被中大弱栉鳞，头的吻部、颊部、鳃盖部无鳞。

物种习性

为温水性小型底层鱼类，喜生活于急流浅滩处，以特化为圆盘状的腹鳍吸附于砾石上，使其不至于被急流冲走，平时常潜伏于砾石缝隙间，游动距离不超过1m，活动敏捷，不易捕捉。

神农吻虾虎鱼摄食摇蚊幼虫、白虾、桡足类、丝状藻、枝角类、鱼卵等。

保护意义

神农吻虾虎鱼为长江特有种。近年来，一些水污染使其野外种群受到威胁。同时因为鱼类爱好者对虾虎鱼的需求，分布地狭窄的神农吻虾虎鱼被滥捕，数量急剧下降很难恢复。

虾虎鱼目 GOBIIFORMES
虾虎鱼科 Gobiidae

四川吻虾虎鱼

Rhinogobius szechuanensis (Tchang,1939)

濒危等级：濒危（EN）

长江流域分布 / 长江流域记录分布

本种主要分布在嘉陵江下游、长江干流，分布记录于四川、重庆等地。

形态特征

体长30~80mm。体延长，前部亚圆筒形，后部侧扁。背缘浅弧形隆起，腹缘稍平直。尾柄颇长，其长大于体高。无侧线。体呈灰褐色或浅褐色，腹部黄白色，体侧每一枚鳞片边缘棕褐色，形成网格状纹。背鳍、臀鳍、胸鳍和腹鳍均呈橙黄色。尾鳍具6~7条深色横纹，上、下叶近边缘区深棕色，中部灰白色。

头中大，圆钝，前部宽而平扁，背部稍隆起，头宽大于头高。头部无感觉管及感觉管孔。颊部显著凸出，球形，具3纵行感觉乳突线。吻圆钝，颇长，吻长为眼径的1.2~1.5倍。眼较小，背侧位，位于头的前半部，眼上缘突出于头部背缘，眼下缘无放射状感觉乳突线，仅具1条由眼后下方斜向前方的感觉乳突线。眼间隔宽大于眼径，稍内凹。鼻孔每侧2个，分离，相互接近。口中大，前位，斜裂。两颌约等长。唇肥厚，发达。臀鳍与第二背鳍相对，同形。胸鳍宽大，圆形，下侧位。腹鳍略短于胸鳍，圆盘状，膜盖发达，左、右腹鳍愈合成一吸盘。尾鳍长圆形，短于头长。肛门与第二背鳍起点相对。

物种习性

四川吻虾虎鱼为暖温性小型底层鱼类，常栖息于流水的溪、河中，多在乱石、卵石间活动。

四川吻虾虎鱼为肉食性鱼类，以小鱼、水生昆虫及小虾、蟹为食。

保护意义

四川吻虾虎鱼为长江特有种。受鱼类爱好者喜爱，常作为观赏鱼出售，甚至被走私到国外，但这也导致了走私者的滥捕，加上近年来长江上游水利工程建设和水污染造成的影响，野外种群数量也在不断下降。属于稀有种类，为濒危物种。

鲀形目 TETRAODONTIFORMES
鲀科 Tetraodontidae

暗纹东方鲀

Takifugu obscurus McClelland,1844

濒危等级：无危（LC）

长江流域分布 / 长江流域记录分布

本种分布于长江中下游流域，分布记录于湖南省（洞庭湖）、江西省（鄱阳湖）、江苏省和浙江省（太湖）等地。

形态特征

体长一般 180~280 mm，大的达 300 mm。体亚圆筒形，头胸部粗圆，微侧扁，躯干后部渐细，尾柄圆锥状，后部渐侧扁。体腔大，腹腔淡色。胸斑黑色，显著大于眼径，边缘浅褐绿色。背鳍基部亦有一大黑斑，边缘亦浅褐绿色。体侧皮褶呈一黄色宽纵带。胸鳍浅黄褐色。臀鳍黄色，末端暗褐色。背鳍和尾鳍黄褐色。尾鳍后缘暗褐色。

体侧下缘皮褶发达。头中大，钝圆，头长较鳃孔至背鳍起点距短。吻中长，钝圆，吻长短于眼后头长。眼中等大，侧上位。口小，前位。唇厚，下唇较长，其两侧向上弯曲。鳃孔中大，侧中位，弧斜形，位于胸鳍基底前方。侧线发达，背侧支侧上位。臀鳍与背鳍几同形，基底稍后于背鳍基底。无腹鳍。胸鳍侧中位，短宽，近似方形，后缘呈亚圆截形。尾鳍宽大，后缘呈稍圆形。

物种习性

为暖温性底层中大型鱼类，具溯河产卵的习性。每年春末至夏初性成熟的亲鱼成群溯江产卵受精，产完卵的亲鱼返回海里。幼鱼在江河或湖泊中生长，当年直接入海或翌年春返回海里，在海里育肥成熟。在长江每年 2 月下旬至 3 月上旬起，成熟亲鱼开始成群由东海入江，溯河至长江中游河段，或进入洞庭湖、鄱阳湖产卵。产卵期从 4 月中下旬至 6 月下旬，5 月为盛产期，卵具黏着性，附着于水草或其他物体上。

暗纹东方鲀杂食性，喜食贝类、虾类和鱼类，亦食水生昆虫等。

保护意义

暗纹东方鲀为中国特有种。其肉质鲜嫩腴美，蛋白质、脂肪含量丰富。从其卵巢、肾脏、血液等部位提取的河鲀毒素是一种高级镇痛和局部选择性特高的高级麻醉药物，也是一种戒毒的良好药物，在医疗上具有重要用途。暗纹东方鲀曾是长江下游的重要渔业捕捞对象之一，主要渔场在南京下游的沿江各县，尤以江阴和镇江龟山头附近为主。目前据有关方面的报道，资源严重衰退，产量减少，有待加强关注。

第二部分

两栖类

长江流域共记录两栖动物145种，隶属于2目10科30属，特有种和受威胁物种分别有49种和69种。除了海拔最高的三江源区和金沙江中上游流域外，两栖类种类数接近该类群全国总数的45%，特有种的比例接近34%，流域内受威胁两栖动物的比例也达到了全国受威胁两栖动物总数的36%以上。长江流域在我国两栖动物多样性保护以及濒危动物保护中具有重要地位。除长江源头等少数流域外，大部分区域的两栖动物种数、受威胁物种数以及特有种数，从上游到下游，随海拔降低而减少。这是由于两栖动物对温度和湿度的依赖性较大，中下游地区的温暖湿润气候是其理想的栖息环境。但由于工农业的发展，使得生存环境受到破坏，尤其在平原和盆地，生境片断化严重，影响了两栖动物的栖息和生存，导致物种数量和多样性较低。相反，上游地区在自然景观上具有从河谷亚热带到高山永久冰雪带的垂直分布，有显著的地区差异和复杂的山地自然条件，植物种类和气候多样化，导致了栖息地的多样化。且工农业发展相对较少，生境的保护程度相对较高，为两栖动物提供了良好的栖息场所。因此，除了长江源头地区自然环境恶劣导致物种数量较少外，上游地区的物种数量及多样性程度相对较高。

本书主要根据《中国物种红色名录》和《国家重点保护野生动物名录》并结合物种的分布，选择其中分布在长江流域的EN等级以上的物种、国家重点保护野生动物以及中国（含长江流域或局部区域）特有物种进行统计；濒危等级评估较低，但其分布较为狭窄，其栖息地在历史上受人为破坏严重以及过度捕杀等影响，亟需加大保护力度的部分物种也收录其中。本书选编的长江流域珍稀保护两栖动物共21种，按濒危等级分，CR：2种；EN：6种；VU：11种；NT：1种；DD：1种。21种两栖动物中有国家Ⅰ级保护物种1种，Ⅱ级保护物种5种，有中国特有种17种。

小鲵科 Hynobiidae
小鲵属 *Hynobius*

安吉小鲵

Hynobius amjiensis Gu,1992

濒危等级：极危（CR）

长江流域分布 / 长江流域记录分布

本种分布于长江下游地区，安徽（绩溪县境内的清凉峰），浙江（安吉、临安）等地。

形态特征

雄鲵全长 153~166mm，雌鲵全长 166mm 左右。体背面暗褐色或棕黑色，腹部灰褐色，均无斑纹。体表光滑，眼后至颈褶有一条纵肤沟。体侧肋沟 13 条，环体 11~12 条。尾基部近圆形，向后逐渐侧扁。尾长略短于头体长，头部卵圆形而平扁，头长略大于头宽，前后肢贴体相对时，指、趾端重叠。

物种习性

栖息于海拔 1300m 左右植被繁茂的山顶沟谷的沼泽地内水塘中，水深 50~100cm。每年 12 月到翌年 3 月在水坑内繁殖产卵，产卵袋一对，一端相连成柄，黏附在水草上，长 460~580mm。卵粒不规则排列在卵袋内，每条卵袋内有卵 43~90 枚，窝卵数 96~151 枚，卵呈圆形，动物极黑色，植物极灰白色。卵径 3.5mm，连同卵外透明胶囊其直径为 12~14mm。雌鲵产卵完毕即离开水坑，雄鲵在水中逗留时间较长，幼体在水塘内发育生长。

安吉小鲵主要以昆虫及蚯蚓等小动物为食。

保护意义

安吉小鲵为中国特有种。首次于 1992 年被发现，2004 年被列入全球极度濒危物种，珍稀程度与大熊猫、华南虎、扬子鳄等一样。20 世纪 90 年代顾辉清等人调查结果显示，安吉小鲵分布区域狭窄，种群数量少，其栖息地面积和质量都在持续不断地下降。对安吉小鲵的保护为长三角地区生物多样性的完整性和国内两栖类极小种群保护具有重要示范意义。

小鲵科 Hynobiidae
小鲵属 *Hynobius*

中国小鲵

Hynobius chinensis Günther,1889

濒危等级：濒危（EN）

长江流域分布 / 长江流域记录分布

本种分布于长江中游地区，目前仅在湖北（宜昌）分布。

形态特征

全长 165~205mm，体尾背面黑色或褐黑色，少数个体有 1~2 个黄色斑点，体腹面有大理石斑纹。体粗短，头长宽几乎相等，尾基部略圆，向后至尾末端逐渐侧扁，有的个体尾末端呈刀片状。

物种习性

成鲵多栖于海拔 1400~1500m 山间凹地水塘附近植被繁茂的次生林、杂草和灌丛内。成体多营陆栖生活，繁殖季节为每年的 11 月至 12 月，繁殖期到水塘内交配产卵，卵袋成对沉于水底，呈“C”形。繁殖水域水质清澈，pH 值为 7，水塘水深 5~30cm，卵袋多产在水深 10cm 左右处。卵袋长约 250mm，直径 100mm 左右，每对卵袋内含卵 60~80 枚。

中国小鲵主要摄食蚯蚓、昆虫或其他节肢动物及其幼虫。

保护意义

中国小鲵为中国特有种。1889 年，A.Gunther 依据 A.E.Pratt 在中国湖北宜昌采到的两号标本，命名了中国小鲵 *Hynobius chinensis*。直至 1989 年的 100 年间，未在模式产地采集到新的标本，甚至有科学家认为当年采集标本的地理信息或鉴定有误。后通过对借用的模式标本进行描述，确定其确实为小鲵属物种。2005 年 9 月，模式产地再度采集到中国小鲵标本。目前模式产地拥有 4 个繁殖场，数量 400 只左右，极其稀有。

中国小鲵有 3 亿年进化历史，是与恐龙同处一个发展时代的物种，被称为能打开生物历史的“金钥匙”。近年受人类活动和环境污染的影响，本种的栖息环境日渐缩小，导致中国小鲵濒临灭绝。两栖类受环境因素影响大，其繁殖场极其脆弱且易受干扰，若无专门的保护措施，中国小鲵随时可能遭受灭顶之灾。

隐鳃鲵科 Cryptobranchidae
大鲵属 *Andrias*

中国大鲵

Andrias davidianus (Blanchard,1871)

濒危等级：极危（CR）

长江流域分布 / 长江流域记录分布

本种主要分布于长江中上游地区，分布记录于重庆（武隆、酉阳），甘肃（陇南），贵州（铜仁、遵义），湖北（恩施、神农架、十堰），湖南（怀化、张家界），青海（曲麻莱），陕西（汉中），四川（达州、江油、乐山、泸州、马边、青川、宜宾），云南（昭通），江西（靖安、井冈山）等地。

形态特征

全长一般 1000mm 左右，是世界上现存最大的两栖动物。皮肤光滑，具色型变异，以棕褐色为主，也有暗黑、红棕、褐色、浅褐、黄土、灰褐和浅棕色等色型。背腹面具不规则的黑色或深褐色斑纹。头躯扁平，尾侧扁，眼小，无眼睑，体侧有明显的与体轴平行的纵行厚肤褶。前肢粗短，后肢较前肢略长，肋沟 12~15 条。

幼体孵化后，体长 25~32mm，重约 0.3g。外鳃 3 对，呈桃红色，体背部及尾部褐色，体侧有黑色小斑点。

物种习性

多生活于海拔 200~1500m 的山区溪流深潭或地下溶洞中，对溪水质量要求较高。成体多单独生活，白天栖息于深潭、水流较缓的回水的石洞中，晚上出来在河流浅滩处觅食。繁殖期一般在 7—9 月份，产卵后有护卵行为。卵呈圆球形，卵径 5~8mm，连同卵外胶膜直径 15~17mm；卵在卵带内形成念珠状，带内每两粒卵之间相隔 10~20mm。

中国大鲵主要以水生昆虫、鱼、蟹、虾、蛙、蛇、鳖、鼠、鸟等为食。

保护意义

中国大鲵为国家Ⅱ级重点保护野生动物，为中国特有种。1871 年，Blanehenel 将这种两栖无尾类动物命名为 *Sieboldia davidianus*，其分类学地位一直受到质疑，有学者认为中国大鲵是日本中国大鲵的同种，也有人认为其是日本中国大鲵的亚种。赵尔宓于 1984 年认为中国大鲵应为 *Anrias davidianus*。后研究者多沿用此名，其后续研究也证明中国大鲵为独立的种。

中国大鲵具有重要的经济价值，颇受社会各界关注。其野外种群也因它们的经济价值而遭到大量捕杀，20 世纪 80—90 年代数量锐减，几近灭绝。

1973—1979 年，陕西省太白县中国大鲵收购量下降 66%；1966—1971 年，重庆酉阳县收购量下降 50%；湖南桑植县、湘西自治区、安徽霍山县等地的资源量都发生明显下降，显示该物种在全国范围内的野生资源正在逐渐枯竭。

1978 年以来，研究人员针对中国大鲵的繁殖进行了研究。目前，国内多地成功地开展了中国大鲵养殖，其市场需求也因此得到了一定程度的缓解。

中国大鲵曾广泛分布于我国的 17 个省市，由于人为原因，它们的分布区不断萎缩，资源状况不明，有些产区野生中国大鲵绝迹，这对于探讨不同地域的中国大鲵的分化及其进化路线来说是个极大的损失。从保护物种多样性上来说，对中国大鲵野生种群的保护仍然任重道远。

蝾螈科 Salamandridae
瘰螈属 *Paramesotriton*

尾斑瘰螈

Paramesotriton caudopunctatus (Liu and Hu,1973)

濒危等级：易危（VU）

长江流域分布 / 长江流域记录分布

本种分布于长江中上游地区，分布记录于广西（富川），贵州（雷山），湖南（江永）等地。

形态特征

雄螈全长 122~146mm，雌螈全长 131~154mm。体、尾橄榄绿色，雄螈尾部两侧有镶黑边的紫红色圆斑或长条形斑，体腹面有橘红斑。皮肤较粗糙，全身满布小痣粒，背中央及两侧有 3 纵行密集瘰疣。吻长明显大于眼径，指、趾宽扁，两侧均有缘膜，头略扁平，前窄后宽，头长大于头宽，尾基部粗壮，向后逐渐侧扁，末端钝圆。

物种习性

栖息于海拔 800~1800m 的山溪，有时也见于溪边静水塘。成螈营水栖生活，常匍匐于不同深度的水面下、较光滑之石滩上或水边烂枝叶下。受刺激后皮肤可分泌出乳白色黏液，似浓硫酸气味。4 月底产卵，窝卵数 63~72 枚，卵群成片黏附在石缝内。卵单粒状，呈椭圆形，纵径 3mm，横径 2mm，动物极棕黑色，植物极乳黄色。

尾斑瘰螈以水生昆虫及其幼虫、虾、蛙卵和蝌蚪等为食。

保护意义

尾斑瘰螈为中国特有种，在瘰螈属的系统发育研究中，该物种也是非常重要的动物。旅游业的发展以及栖息地环境污染及丧失，都对该物种的生存造成了较大的影响。

蝾螈科 Salamandridae
肥螈属 *Pachytriton*

秉志肥螈

Pachytriton granulosus Chang,1933

濒危等级：数据缺乏（DD）

长江流域分布 / 长江流域记录分布

本种分布于长江下游地区，分布记录于浙江（安吉、德清、临安、余杭）等地。

形态特征

雄螈全长 120.8~159.1mm，雌螈全长 116.1~165.8mm。体型肥壮，头部扁平，头长大于头宽，吻部较长，吻端圆。体背面褐色或黄褐色，无黑色斑点，背侧常有橘红色斑点。头体腹面橘红色，具少数褐色短纹。四肢、肛孔和尾下缘橘红色，部分个体尾末段两侧各具一个银色斑。皮肤光滑，体两侧和尾部有细横皱纹。咽喉部有纵肤褶，部分个体腹部有横皱沟。尾基部宽厚，后半段逐渐侧扁，末端钝圆。

物种习性

栖息于海拔 50~800m 较为平缓的山溪内，溪内水凼和石块甚多，溪底多积有粗砂，水质清凉。成螈以水栖为主，白天常匐于水底石块上或隐于石下，夜晚多在水底爬行。4—7 月繁殖，窝卵数 30~50 枚，多以 10 余枚成群黏附在水中石上或杂物上。卵径 4mm 左右，动物极浅灰棕色，植物极乳黄色。常温下孵化期 20~30 天。幼体经过 3 个月后，外鳃消失，全长达 70~80mm 时完成变态，2~3 年性成熟。

秉志肥螈主要以水生昆虫、螺类、虾、蟹等小动物为食。

保护意义

秉志肥螈为中国特有种，它们对自然环境要求较高，对其栖息地的保护意义重大。保护和充分利用该物种生物资源尤为重要，它对人类维系生存环境、认识生存环境、保护和改善生存环境有着重要的科学意义和现实意义。

蝾螈科 Salamandridae
疣螈属 *Tylototriton*

大凉疣螈

Tylototriton taliangensis Liu,1950

濒危等级：易危（VU）

长江流域分布 / 长江流域记录分布

本种分布于长江上游地区，分布记录于四川（峨边、汉源、马边、冕宁、美姑、昭觉、石棉）等地。

形态特征

雄螈全长 186~220mm，雌螈全长 194~230mm，皮肤粗糙，背面满布大小疣粒体，腹面有横缢纹，尾部疣小而少。除耳后腺部位，指、趾、肛孔周缘至尾下缘为橘红色外，周身棕黑色。尾窄长，尾基部较宽，尾后段甚侧扁，尾末端钝尖。头部扁平，头长略大于头宽，头顶部下凹。

物种习性

栖息于海拔 1390~3000m 植被丰富、环境潮湿的山间凹地，高山溪中或林下阴湿处。成螈以陆栖为主，非繁殖季节为夜行性动物。5—6 月进入静水塘、沼泽水坑、稻田以及流溪缓流内配对，交配行为在水中进行。具有抱对行为，抱对时雄螈伏在雌螈上方，雄螈以其前肢向前再向后翻转，将雌螈的前肢挽住。雌螈产卵 250~274 枚，分散在水生植物间或沉入水底。卵和幼体在水域内发育生长，一般当年完成变态。卵径 2.0~2.2mm，动物极棕黑色，植物极乳黄色。

大凉疣螈以昆虫和环节动物、软体动物等为食。

保护意义

大凉疣螈为国家Ⅱ级重点保护野生动物，为中国特有种。其分布多在海拔 1390~3000m 之间的地带，此区域恰是村民居住和生产生活的活动地带。人类活动造成的环境破坏，使其生存范围不断缩小，对该物种生存造成严重威胁。同时人们也把它作为药材和观赏动物出售，这些情况导致大凉疣螈在曾有文献记载或分布的地区逐渐消失，尚存的地区其密度很小，因此要高度警惕大凉疣螈由濒危走向灭绝的危险。

蝾螈科 Salamandridae
疣螈属 *Tylototriton*

细痣疣螈

Tylototriton asperrimus Unterstein,1930

濒危等级：近危（NT）

长江流域分布 / 长江流域记录分布

本种分布于长江中游地区，分布记录于安徽（岳西），湖北（长阳、五峰），湖南（浏阳、桑植）等地。

形态特征

雄螈全长 118~138mm，尾短于头体长。通体黑棕色，仅指、趾、肛缘及尾腹鳍褶下缘橘红色。皮肤粗糙，满布瘰粒和疣粒，胸、腹部有细密横缢纹。尾末端钝尖，尾侧扁。背鳍褶较高而薄，起始于尾基部，腹鳍褶较厚。

物种习性

该螈生活于海拔 1320~1400m 的山间凹地及其附近的静水塘。陆栖生活，非繁殖期多栖息于静水塘附近潮湿的腐叶中或树根下的土洞内。繁殖季节在 4—6 月，成螈产卵于岸边落叶层下，卵群呈堆状，每堆有卵 30~52 枚，卵粒贴于潮湿的泥土上或叶片间。幼体在静水塘内生活，当年完成变态。

细痣疣螈以各种昆虫、蚯蚓、蛞蝓等小动物为食。

保护意义

细痣疣螈为国家Ⅱ级重点保护野生动物。繁殖季节，大量的细痣疣螈集中于为数不多的水塘产卵，有些面积不大的小水塘可聚集超过 100 只。原住民由于对该物种缺乏了解，常常将其捕捉。由于人为活动的干扰，以及环境污染的加剧，细痣疣螈栖息地逐渐缩小，种群数量也相应减少。我们应采取措施保护该物种的栖息地，这对生态环境保护和地区经济发展有深远的意义。

蝾螈科 Salamandridae
疣螈属 *Tylototriton*

文县疣螈

Tylototriton wenxianensis Fei,Ye and Yang,1984

濒危等级：易危（VU）

长江流域分布 / 长江流域记录分布

本种分布于长江上游地区，分布记录于重庆（奉节、万州、云阳），甘肃（文县），贵州（大方、雷山、绥阳、遵义），四川（剑阁、平武、青川、旺苍）等地。

形态特征

雄螈全长126~133mm，雌螈全长105~140mm。体背面及尾为黑褐色，体腹面及肛部周围浅黑褐色，仅指、趾和掌、蹠突以及尾部下缘为橘红色或橘黄色。皮肤粗糙，周身满布大小较为一致的疣粒。体侧瘰粒几乎连成纵行，彼此分界不清，体腹面疣粒显著。头部扁平，颈褶明显，前后肢较细，尾肌弱侧扁，尾末端钝圆，背鳍褶较高而薄，起始于尾基部，腹鳍褶窄而厚。

物种习性

栖息于海拔1000~1400m的潮湿陆地森林或泥底的水域环境。以森林或林缘地带积水不深、植被良好、基底多泥的小水塘为繁殖发育场所。非繁殖季节在陆地森林中生活，繁殖季节，成螈到静水塘附近活动和繁殖。

繁殖期4—9月，具有繁殖迁徙现象。求偶、交配及产卵均在水塘周围岸边的陆地上进行，产卵集中在5月初至7月末，窝卵数43枚左右，卵径3~5mm，孵化期为27天。

文县疣螈主要以昆虫及其他小型动物（蛞蝓、小螺、蚌和蝌蚪等）为食。

保护意义

1984年，费梁将甘肃文县采集到的疣螈定名为细痣疣螈文县亚种（*Tylototriton asperrimus wenxianensis*），后于1990年上升为种。但该物种的分类学地位一直存在争议。

文县疣螈为国家Ⅱ级重点保护野生动物，为中国特有种。是目前世界上最稀少的两栖动物之一。分布于在文县、平武、青川、阆中、奉节和雷山，但只有文县、青川、平武3县相连成片，为岷山栖息地，面积约1800 km^2。

其现存数量存在较大争议。根据费梁（1999）和叶昌媛（1993）的报告，估计种群数量不足200条。而根据李晓鸿2008年的报告，岷山栖息地的数量约为30000条。

但总体而言，栖息地的丧失和破碎化、环境质量逐步恶化、遗传多样性丧失等诸多因素导致其种群数量迅速减少。作为一种古老的有尾两栖动物，文县疣螈的进化潜力已经较小，对环境变迁的适应能力较差。以目前的种群数量来看，很可能会在短期内灭绝，对其进行有效的保护已刻不容缓。

角蟾科 Megophryidae
角蟾属 *Megophrys*

尾突角蟾

Megophrys caudoprocta Shen,1994

濒危等级：濒危（EN）

长江流域分布 / 长江流域记录分布

本种分布于长江中游地区，分布记录于湖北（五峰后河国家级自然保护区）、湖南（桑植八大公山国家级自然保护区）等地。

形态特征

雄性体长约 77mm，雌性体长约 78mm。背面一般为灰色、棕色或黑色。其皮肤光滑，背面有细小的肤棱，背部形成“V”形肤棱，体侧各有一条肤棱。身体及四肢纤细，头较高，吻部盾形，吻棱明显。鼓膜卵圆形斜置，瞳孔纵置。上眼睑前部明显宽于后部，形成一个三角形突起，向后外侧伸出甚远。雄性泄殖腔向后延伸，形成尾状构造，故名尾突角蟾。雄性第一二指基部背面具有灰白色细密的婚刺团。

物种习性

栖息于海拔 1100~1600m 的山区。 喜夜间活动。繁殖期 8 月，繁殖期间雄性不发出求偶鸣叫，通常在植被茂密、水质清新、水流较急的小溪内产卵。卵数少而大，粘在石头下，蝌蚪由受精卵发育至幼蟾需要 2 年时间，蝌蚪嘴上有吸盘，可吸附在溪流的岩石上而不被激流冲走。

尾突角蟾主要以昆虫为食。

保护意义

尾突角蟾为中国特有种，分布区狭窄，仅存于武陵山脉东段，目前仅有已知分布点 2 个。由于尾突角蟾于 1994 年才被发现并正式命名，以及该物种种群数量十分稀少，生物学资料匮乏，仅有少量分类学研究，其行为学、生理学、保护生物学研究几乎空白。

科学家分析，造成它们数量稀少的原因，除了人为对原生栖息地的干扰外，还由于该物种繁殖能力弱，雌性怀卵量仅有 50 枚左右、其适宜生境少、生存环境中天敌较多，而自身缺乏保护结构。因此，对此物种的保护亟待加强。

角蟾科 Megophryidae
角蟾属 *Megophrys*

桑植角蟾

Megophrys sangzhiensis Jiang, Ye and Fei, 2008

濒危等级：濒危（EN）

长江流域分布 / 长江流域记录分布

本种分布于长江中游地区，分布记录于湖南（桑植八大公山国家级自然保护区）。

形态特征

雄性体长约 55mm。背面一般为棕黄色，散布有深棕色斑纹，两眼间有一个倒置的棕褐色三角形斑，以浅色镶边。吻部前侧、上唇缘和鼓膜前后部位棕褐色。咽部有三条黑褐色纵纹，并以浅色镶边，胸腹部浅黄色，胸部散布有十多枚棕褐色斑，腹及股胫部散布有橘红色斑纹，跗、蹠背面有褐黑色斑。背面及体侧散布很多细小的疣粒，形成"V"形肤棱，体侧及股后有疣粒，头侧和上唇缘无痣粒，腹面皮肤光滑。吻部呈盾状，雄性第一、二指有细密黑刺。蝌蚪背面灰棕色，尾肌浅灰色，尾肌和尾鳍均无斑点。

物种习性

生活于海拔约 1300m 的溪流附近。繁殖期在 8 月，繁殖期雄性在溪流附近的草丛中发出"jia jia jia"的鸣叫声，吸引雌性交配。

桑植角蟾主要以昆虫、蜗牛、蚯蚓等小动物为食。

保护意义

截止到 2005 年，角蟾属（*Megophrys* Kuhl and van Hasselt, 1822）隶属两栖纲 （Amphibia）无尾目（Anura）角蟾科 Megophryidae，主要分布于亚洲东部、南部及东南部热带及亚热带地区，现有 36 种左右，中国已知 26 种，分布于秦岭以南各省区。桑植角蟾于 2008 年正式定名，其模式标本采于 2000 年，最初鉴定为尾突角蟾，后与模式标本对比，发现明显不同，与同属其他物种也有较大差异，因此将其定名为桑植角蟾。

桑植角蟾为中国特有种，其分布区域非常狭窄，目前仅在湖南桑植县天平山有记录，其他区域均无发现。由于其记录地点位于湖南省八大公山国家级自然保护区内，为桑植角蟾提供了庇护场所，对其种群保护有一定帮助。但由于其数量稀少，因此目前对桑植角蟾的研究也比较少，可利用的保护指导依据不够充分。应加强科普宣传，减少当地村民的误杀。

角蟾科 Megophryidae
拟髭蟾属 *Leptobrachium*

峨眉髭蟾

Leptobrachium boringii (Liu,1945)

濒危等级：濒危（EN）

长江流域分布 / 长江流域记录分布

本种分布于长江中上游地区，分布记录于贵州（江口、印江），湖南（桑植），四川（都江堰、峨眉山、筠连），云南（大关）等地。

形态特征

雄性体长70~89mm，雌性体长59~76mm。背面一般为蓝棕色略带紫色，背面和体侧有不规则深色斑点，腹面紫肉色，满布乳白色小颗粒。背面皮肤具痣粒组成的网状肤棱，胯部有一个月牙形白色斑。瞳孔纵置，眼球上下分色，上半蓝绿色，下半深棕色。繁殖期间雄性具有10~16枚锥状黑色角质刺沿上唇缘排列，雌性相应部位为米色小点而没有黑色角质刺。蝌蚪背面棕灰色，尾肌很发达，末端钝圆，体尾交界处有一浅色“Y”形斑，尾部有灰黑色小云斑。第38~40期时蝌蚪全长约118mm，尾长约头体长的2倍。

物种习性

栖息于海拔700~1700m的小溪附近，周围植被茂密。成体在山坡草丛中营陆栖生活，不善跳跃，行动缓慢，一般以四肢缓慢爬行，容易捕捉。繁殖期2—3月，繁殖期雄性占领溪底石块，并在石块下发出低沉的“gu gu gu”的鸣叫声吸引雌性。雌性每年产卵一次，窝卵数250~350枚，卵呈团状黏附在石块底面，雄性每年交配多次，交配完成后在石块下抚育卵团发育，同时等待新的交配机会。蝌蚪白天隐匿于溪底碎石中或枯枝落叶层下，夜晚在溪底游动。

保护意义

峨眉髭蟾的栖息范围非常狭窄，主要分布在我国贵州梵净山、湖南及四川等地，是我国特有的珍稀两栖物种之一。其蝌蚪需要在溪流中生长3年，才能登陆成为幼蛙。人类的捕杀和栖息地破坏导致其个体数量持续减少，种群数量下降严重，目前在其模式种产地峨眉山几乎绝迹。随着贵州梵净山国家级自然保护区（1978年）、湖南壶瓶山国家级保护区（1994年）、八大公山国家级自然保护区(1986年)及广西岑上老山国家级自然保护区（2005年）的先后建立，一定程度上控制了人为活动的不利影响。

但人为活动及环境影响对该种群仍然造成了严重的冲击，它们的蝌蚪常常被当作人类或娃娃鱼的食物被大量捕捉。2017年，湖南桑植八大公山国家级自然保护区发生干旱，峨眉髭蟾的重要繁殖河流几近枯竭，大量蝌蚪因此死亡，对其种群造成较大程度冲击。

蛙科 Ranidae
湍蛙属 *Amolops*

棕点湍蛙

Amolops loloensis (Liu,1950)

濒危等级：易危（VU）

长江流域分布 / 长江流域记录分布

本种分布于长江上游地区，分布记录于四川（宝兴、洪雅、泸定、冕宁、昭觉、石棉、天全、西昌、荥经、越西），云南（巧家）等地。

形态特征

雄性体长约 58mm，雌性体长约 74mm。背面及身体两侧呈深绿色或黄绿色，腹面一般为灰黄色。背面、体侧及四肢遍布圆形或椭圆形棕色斑点，体侧斑点较小，四肢除斑点外还伴有横纹，斑点及横纹外围均镶以浅绿色或黄色细边。指趾端颜色较浅，且具有浅黄色蹼。皮肤光滑，但口角、体侧、肛周围生有成群小疣粒，整个腹部皮肤光滑。

物种习性

多栖息于海拔 2100~3200m 的山溪湍流地带，周围植被茂密。喜夜间活动，白天隐蔽在溪流边的石头下或周围土洞里，黄昏时分出来活动，蹲在水中或石头上等待捕食机会，受惊后跃入水中。繁殖期 5—6 月，卵呈团状，每团卵约 150 粒，蝌蚪喜藏匿于溪流内的碎石中。

棕点湍蛙主要以昆虫、蚯蚓及其他无脊椎动物为食。

保护意义

棕点湍蛙属于中国特有种，是一类具有生态、科研、经济价值的自然资源。其皮肤中含有种类繁多、功能复杂的生物活性物质，可用来抵御有害因子的侵袭。这种皮肤分泌液的成分引起了很多研究人员的关注，目前已分离出许多有活性的蛋白及多肽。目前，由于水电站的修建、水资源的污染和旅游业的发展，严重挤压棕点湍蛙的生存空间。对该物种的保护力度亟待加强。

叉舌蛙科 Dicroglossidae
倭蛙属 *Nanorana*

太行隆肛蛙

Nanorana taihangnica (Chen and Jiang,2002)

濒危等级：易危（VU）

长江流域分布 / 长江流域记录分布

本种分布于长江中上游地区，分布记录于河南（峦川、内乡、桐柏），甘肃，陕西（宁陕、太白）等地。

形态特征

雄性体长5l~83mm，雌性体长68~91mm。背面一般为褐色或棕黄色，散布有褐色或灰色斑，体侧有黄色斑点，两眼间一般有一个小白点。腹面灰白色，咽及腹部有深色斑纹。皮肤背面散有少量的长疣或圆疣，股胫背面形成线状肤棱。腹面光滑，雄性肛周围有明显的囊状泡起，其上散布密集痣粒，故名“隆肛蛙”。雄性无声囊。

物种习性

生活于海拔500~1700m的山区溪流内，周围植被茂密。白天隐匿于水边石缝中，夜间活动。3月中旬开始出蛰，4月初达到高峰期，繁殖期在4—5月，一般在小溪的浅水缓流处产卵，卵群呈单层平铺于水底石块下方，每次产卵约600枚。

太行隆肛蛙主要以多种昆虫为食，如天牛、叩甲等。

保护意义

太行隆肛蛙为我国Ⅰ级重点保护野生动物，为中国特有种。主要栖息于河南省太行山猕猴国家级自然保护区，种群数量稀少。现有很多研究都集中在对太行隆肛蛙的生态学方面，对其早期的胚胎发育进行研究，从而为保护这种珍稀的两栖动物资源提供合理的建议。

叉舌蛙科 Dicroglossidae
虎纹蛙属 Hoplobatrachus

虎纹蛙

Hoplobatrachus chinensis (Osbeck,1765)

濒危等级：濒危（EN）

长江流域分布 / 长江流域记录分布

本种广泛分布于长江流域，分布记录于安徽，广西，贵州，湖北（武汉、石首、黄石），湖南，河南，江苏，江西，陕西，上海，四川，云南，浙江等地。

形态特征

雄性体长 66~98mm，雌性体长 87~121mm。背面一般为黄绿色或灰棕色，散布有不规则的褐色斑纹，腹面肉色，咽及胸部有浅棕色斑纹，四肢均具有明显的横纹。背面皮肤粗糙，有长短断续排列成纵行的肤棱，其间散有小疣粒。胫部肤棱较为明显，腹面光滑。鼓膜明显，鸣叫时能看出雄性的声囊内壁为黑色。蝌蚪背面绿褐色杂有小黑点，尾肌发达。

物种习性

栖息于海拔 20~1120m 的稻田、鱼塘或水沟内。白天隐匿于水边洞穴中，夜间活动，性警觉，善跳跃。静水内繁殖，繁殖期 3—8 月，5—6 月为产卵盛期。雌性每年可多次产卵，卵单粒至数十粒粘连成片状，漂浮于水面，蝌蚪栖息于水池底部。

虎纹蛙主要以昆虫、蝌蚪、小鱼、小蛙等为食。

保护意义

虎纹蛙为国家Ⅱ级重点保护野生动物，为中国特有种。因其营养价值高而遭到捕杀，仅广东、广西两省 20 世纪 70 年代的年收购量就达到了 60t，是我国重要的经济蛙类之一。由于虎纹蛙长期以来一直处于自生自灭、无人管理的野生状态中，加之生态环境的破坏和人类的过度捕杀，导致其种群数量严重下降。面对如此严峻的局面，应加强宣传和保护力度，减少公众对野生虎纹蛙的捕杀。

蛙科 Ranidae
臭蛙属 *Odorrana*

凹耳臭蛙

Odorrana tormota (Wu,1977)

濒危等级：易危（VU）

长江流域分布 / 长江流域记录分布

本种分布于长江下游地区，分布记录于安徽（黄山），浙江（安吉）等地。

形态特征

雄蛙体长 30mm 左右，雌蛙 52~59mm。身体背面棕褐色或棕色，有多个边缘不齐的小黑斑。背侧褶明显，背面满布细小疣粒，体侧及后肢背面更为密集。眼后至耳部孔道上方明显隆起，鼓膜明显凹陷，雄蛙有深陷的外听道。具 1 对咽侧下外声囊，指端扩大成吸盘。

上唇缘及颌腺为醒目的黄色或白色纹，体侧色较浅，散有小黑点。股、胫部各有 3~4 条黑色横纹，其边缘镶有细的浅黄纹，股后具网状棕褐色或棕色花斑。腹面淡黄色，但咽喉及胸部有棕色碎斑。瞳孔圆、黑色，虹膜上半橘红色，其上有稀疏小黑点，下半深咖啡色。

物种习性

栖息于海拔 150~700m 靠近溪流的草丛和灌丛中。白天隐匿在阴湿的土洞或石穴内，夜晚栖息在山溪两旁灌木枝叶、草丛的茎秆上或溪边石块上。4—5 月繁殖，繁殖鸣叫时雄蛙发出“吱”的单一鸣声，音如钢丝摩擦发出的声音，具超声波。窝卵数 490~863 粒，呈乳白或乳黄色，卵径 2.5~2.6mm。在 19℃ ~23℃室内饲养条件下，从受精卵至变态成幼蛙共需 60 天左右。

凹耳臭蛙主要捕食鞘翅目昆虫，也捕食直翅目、膜翅目、鳞翅目等昆虫。

保护意义

凹耳臭蛙为中国特有种。作为第一个被证实能发出并接收超声信号的非哺乳类脊椎动物，近年来引起国内外的广泛关注和重视。而过量的人为捕捉、产地生态环境的破坏等原因，致使凹耳臭蛙野生资源逐年下降，尤其是雌性个体的数量锐减。作为世界动物资源中重要一类的凹耳臭蛙亟须保护。

蛙科 Ranidae
臭蛙属 *Odorrana*

务川臭蛙

Odorrana wuchuanensis (Xu,1983)

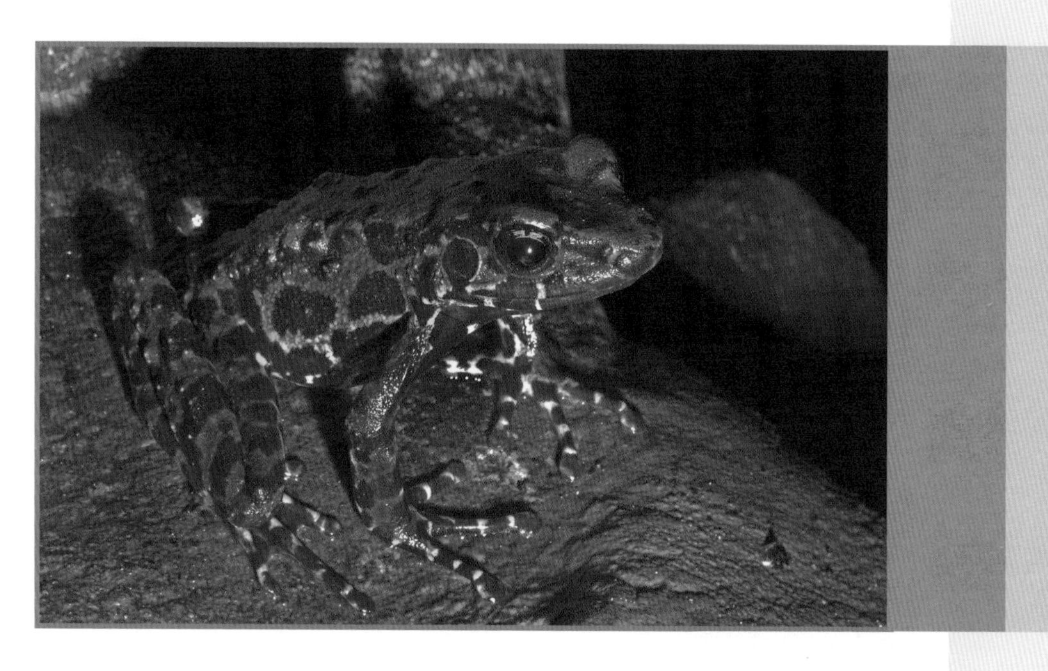

濒危等级：易危（VU）

长江流域分布 / 长江流域记录分布

本种分布于长江上游地区，分布记录于贵州（务川）。

形态特征

雄蛙体长71~77mm，雌蛙体长76~90mm。头顶扁平，吻端钝圆。背部绿色，散布有黑色斑点，部分黑斑周围镶以淡金黄色边，唇缘具深浅相间的斑纹。腹部布满深灰色大斑，四肢背面有深色宽带和浅色窄带相间的横纹，股、胫部各为5~6条。两眼前角之间具一小白痣粒。

物种习性

栖息于海拔700m左右山区的溶洞内。洞内有阴河流出，水流缓慢。成蛙栖息于距洞口30m左右的水塘周围的岩壁上，洞内接近全黑。该蛙受惊扰后即跳入水中，并游到深水石下。繁殖季节在5—8月。

保护意义

务川臭蛙为中国特有种。臭蛙是蛙科动物中从真蛙类向水蛙类进化中的重要过渡类型群，具有重要的生物学研究意义。务川臭蛙是中国特有的喀斯特洞穴大型蛙类，贵州特有物种，仅分布在务川自治县，种群数量稀少，相关专家组成考察队对务川臭蛙目前已知模式标本产地附近范围的近70个山洞进行调查，只发现了其中3个喀斯特溶洞中有约60只务川臭蛙分布。务川臭蛙生活于16℃~18℃的恒温溶洞内，食物单一，其繁殖及对水环境要求甚高，所以务川臭蛙的适应生存空间很窄，再加上人为捕杀和生态旅游的不断开发，使得务川臭蛙的野外生存状态每况愈下。

叉舌蛙科 Dicroglossidae
棘胸蛙属 *Quasipaa*

棘腹蛙

Quasipaa boulengeri (Günther,1889)

濒危等级：易危（VU）

长江流域分布 / 长江流域记录分布

本种分布于长江中上游地区，分布记录于重庆、甘肃、贵州、湖北、湖南、江西、陕西、四川、云南等地。

形态特征

雄性体长 78~100mm，雌性体长 89~111mm。背面多为黄褐色或深褐色，具不规则黑斑，腹面肉色，咽部有棕色斑。四肢背面常生有黑色横纹，两眼间有一黑横纹。背部皮肤粗糙，长短疣断续排列成行，其间有小圆疣。雄性胸腹部布满大小刺疣，每个疣粒上有一枚小黑刺。体型肥硕，头宽大于头长，瞳孔呈菱形。

物种习性

生活于海拔 300~1900m 的溪流内，周围植被茂密。白天隐匿于溪底的石块下或周围石缝、洞穴内，夜间蹲守于岸边石块上，常发出“bang bang bang”的叫声。繁殖期为每年的 5—8 月，卵呈串状黏附在水中石块下，似葡萄状，蝌蚪喜生活于流底水坑中。

棘腹蛙主要以昆虫为食。

保护意义

棘腹蛙栖息地质量的严重下降和人类的过度捕捉，造成了棘腹蛙资源数量急剧下降。棘腹蛙在维护生态平衡中起着重要作用，对水质、地质、气候等环境因素都有较高的要求。近年来国内外学者对棘腹蛙的遗传学、生态学等方面做了许多工作，以期能够做好对棘腹蛙的保护工作。

叉舌蛙科 Dicroglossidae
棘胸蛙属 *Quasipaa*

小棘蛙

Quasipaa exilispinosa (Liu and Hu,1975)

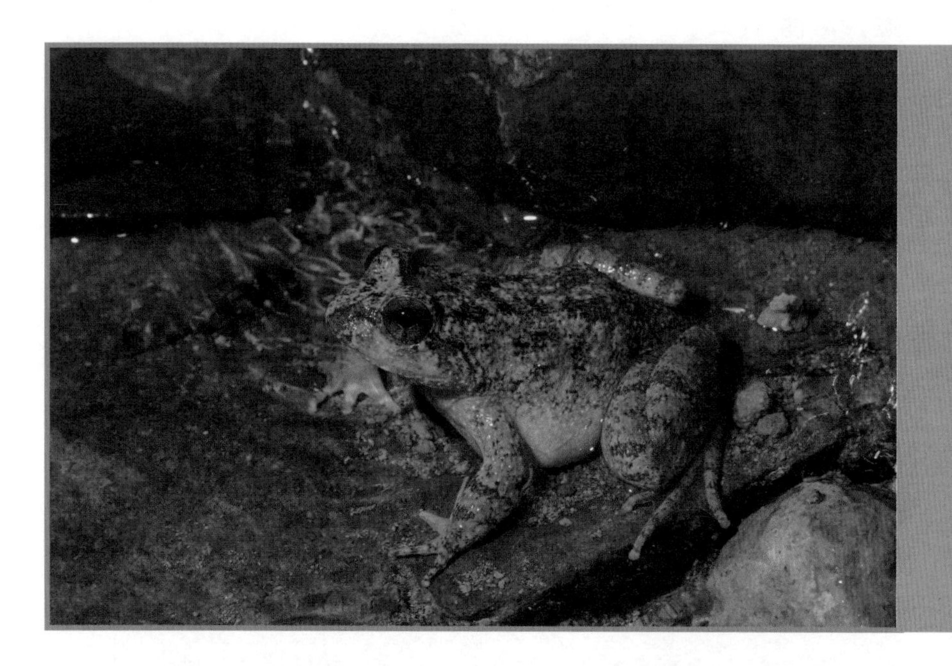

濒危等级：易危（VU）

长江流域分布 / 长江流域记录分布

本种分布于长江中下游地区，安徽（岭南、休宁），湖南（桂东、莽山、宜章），江西（贵溪、寻乌）等地。

形态特征

雄性体长 44~67mm，雌性体长 44~63mm。背面一般为棕色或浅褐色，散布有黑褐色斑纹，两眼间及四肢上有明显黑褐色横纹，腹面淡黄色。皮肤粗糙，背面布满大小不等的长疣或圆疣，每个疣粒上均有小黑刺。雄性前臂粗壮，内掌突内侧有黑色婚刺，胸部具锥状刺疣。

物种习性

生活于海拔 500~1400m 的山溪内或沼泽附近，周围植被繁茂。白天隐匿于水边洞穴中，夜间活动。繁殖期在 6—7 月，繁殖期间夜晚发出“da da”的叫声，卵成串或分散悬于草根及石块下。雌性每次产卵 60~100 枚，蝌蚪生活于溪底水坑中。

小棘蛙主要以昆虫、蜘蛛、松毛虫等无脊椎动物为食。

保护意义

小棘蛙为中国特有种，其模式产地在福建戴云山，随着生态环境的破坏、旅游业的发展和环境污染问题，其赖以生存的栖息地越来越少。另外，人为捕杀也对它们的种群数量造成了一定的影响，应加强保护。

叉舌蛙科 Dicroglossidae
棘胸蛙属 *Quasipaa*

棘胸蛙

Quasipaa spinosa (David,1875)

濒危等级：易危（VU）

长江流域分布 / 长江流域记录分布

本种广泛分布于长江流域，分布记录于安徽，福建，广东，广西，贵州，湖北（通山），湖南（桑植），江苏（溧阳、宜兴），江西，云南，浙江等地。

形态特征

雄性体长 106~142mm，雌性体长 115~153mm。体型肥硕，头宽大于头长。背面一般为黄褐色或棕黑色，腹面浅黄色，无斑或咽部有褐色云斑。背面及四肢遍布黑褐色横纹，两眼间的深色横纹较为明显，上下唇缘有浅色纵纹。皮肤粗糙，背面长短疣断续排列成行，其间有小圆疣。雄性胸部生有密集的小疣粒，疣上一般有黑刺，雌性腹部光滑无疣。

物种习性

栖息于海拔 600~1500m 的山溪内，周围植被茂密。白天隐藏在石缝或土洞中，夜间蹲在岸边岩石上。繁殖期 5—9 月，卵呈串状黏附在水中石下，每次产多条卵串，每串 7~12 枚，总共约 120~350 枚。蝌蚪白天隐蔽在石缝中，夜间伏于水底石上。

棘胸蛙以昆虫、软体动物、环节动物等为食。

保护意义

棘胸蛙主要分布在南方地区，因其属于一种名贵山珍，富含丰富的矿物质元素，因而遭受到人类的捕杀。过度的捕杀导致该物种野生种群的数量急剧下降，应大力宣传加以保护。

树蛙科 Rhacophoridae
张树蛙属 *Zhangixalus*

宝兴树蛙

Zhangixalus dugritei (David,1871)

濒危等级：易危（VU）

长江流域分布 / 长江流域记录分布

本种分布于长江上游地区，分布记录于湖北（利川），四川（巴塘）等地。

形态特征

雄性体长 42~45mm，雌性体长 58~64mm。体色变异较大，背面通常呈绿色或深棕色，部分个体棕绿色。背面满布不规则的棕红色斑点，斑点边缘色较深。腹面一般为乳白色，散布有黑色云斑。背面皮肤上有小疣粒，疣上无刺，腹面咽部疣粒较小，股部密布扁平疣。体较肥壮，前肢较长超过体长的一半，后肢较短。雄性具有单咽下外声囊，第一二指具有乳白色婚垫。指趾间蹼较明显，且指趾端均具有吸盘，第一指吸盘小，第三指吸盘与上眼睑宽度相似，吸盘背部可见明显“Y”形迹。

物种习性

栖息于海拔 1400~3200m 的林间静水池边或附近草丛中，环境阴湿。繁殖期在 5—7 月，繁殖期间雄性发出“der der der”的鸣叫声。配对时雄性前肢抱握在雌性的腋部，卵被泡沫状卵泡包裹在水池边的苔藓、草皮下，卵泡呈乳白色，窝卵数 400 枚。卵在泡沫巢内孵化为蝌蚪，之后随雨水进入水池中生活。蝌蚪喜栖于水池底层，极少见浮于水面活动。

宝兴树蛙主要以昆虫、蚯蚓和蜗牛等无脊椎动物为食。

保护意义

宝兴树蛙是 1871 年由法国人 A.David 根据四川宝兴采集的标本命名，具有重要的生态学和研究价值。经过一个多世纪的调查研究，表明该物种分布广泛。但由于山体破坏，使其栖息地大幅度缩小，人类活动也常常破坏它们赖以繁衍的繁殖场。对该物种的保护应引起重视。

树蛙科 Rhacophoridae
张树蛙属 *Zhangixalus*

洪佛树蛙

Zhangixalus hungfuensis (Liu and Hu,1961)

濒危等级：濒危（EN）

长江流域分布 / 长江流域记录分布

本种分布于长江上游地区，分布记录于四川（都江堰、汶川）等地。

形态特征

雄性体长 35mm，雌性体长 46mm。背面绿色，散布有少量乳白色斑点，腹面淡黄，体侧及指趾吸盘乳黄色。背面满布扁平疣粒，腹面咽胸部具少数扁平疣，腹及股扁平疣较多。鼓膜明显，距眼后很近，雄性第一二指有乳白色婚垫，第三四指吸盘与鼓膜等大。趾吸盘略小于指吸盘，背面均可见“Y”形迹。

物种习性

栖息于海拔 1100m 左右的山区，喜欢栖息于水塘边的灌木枝叶上。繁殖期在 6 月，卵群被包埋在树叶和泡沫状卵泡内，悬挂在池塘边树枝上，卵直接在泡沫巢内孵化成蝌蚪，随后掉入其下的水塘内。蝌蚪在静水塘内生活，2~3 个月变态成幼蛙。

洪佛树蛙主要以昆虫、软体动物等为食。

保护意义

洪佛树蛙为中国特有种。它具有重要仿生学价值，该物种脚趾下有丰富的血管和分泌黏液的腺组织，能够紧密地吸附在树枝上。针对这种特性，人类设计出了一种新型黏合剂，利用强大的表面黏力将胶带与被黏物体牢牢地贴在一起。

第三部分

爬行类

长江流域内共记录爬行动物166种，隶属于3目18科68属，特有种和濒危物种分别有24种和54种。长江流域内爬行动物物种数占全国爬行动物总数的41%以上，其中长江流域特有种的比例占全国爬行动物的14.46%，流域内濒危物种的比例达到了全国濒危爬行动物总数的31%以上。长江流域爬行动物资源丰富，濒危物种和特有种比例较高，是重点保护区域，该区域在我国物种多样性保护以及濒危动物保护中占有重要地位。长江流域爬行动物整体上分布比较均匀，流域内的自然地理特征决定了爬行动物的分布特点。长江流域爬行基本上依照我国阶梯形地势和自然地理特点聚类，形成了高原、中高海拔山地或盆地、丘陵和平原等特点鲜明的栖息地类型分布特点。

本书主要根据《中国物种红色名录》和《国家重点保护野生动物名录》并结合物种的分布，选择其中分布在长江流域的EN等级以上的物种、国家重点保护野生动物以及中国（含长江流域或局部区域）特有物种进行统计；濒危等级评估较低，但其分布较为狭窄，其栖息地在历史上受人为破坏严重以及过度捕杀等影响，亟需加大保护力度的部分物种也收录其中。本书选编的长江流域珍稀保护爬行动物共32种，按濒危等级分，CR：4种；EN：12种；VU：10种；NT：2种；LC：1种；DD：2种，以及未评级1种。32种爬行动物中有国家Ⅰ级保护物种1种，Ⅱ级保护物种3种，有中国特有种4种。

鼍科 Alligatoridae
鼍属 *Alligator*

扬子鳄

Alligator sinensis Fauvel,1879

濒危等级：极危（CR）

长江流域分布 / 长江流域记录分布

本种分布于长江下游地区，分布记录于安徽、江苏、浙江、江西等地，目前仅在安徽（宣城）有野生种群分布。

形态特征

全长 1000~2000mm，鳞片上具有较多颗粒状和带状纹路，头部较大，吻突出，四肢粗短，前肢5指，后肢4趾。尾长而侧扁，粗壮有力，在水里能推动身体前进，又是攻击和自卫的武器。眼睛呈土色。

物种习性

栖息于温带地区，性情相对温驯。白天一般隐匿于河岸两旁的洞穴中，有时在洞穴附近的岸边晒太阳，夜间活动觅食。善于游泳和爬行，具有挖掘横穴冬眠的习性。繁殖期 6—7 月，卵生，每次产卵 10~40 颗，卵灰白色，比鸡蛋略大。每次产卵前雌性会将杂草、枯枝、泥土混在一起搭建成一个圆形巢穴，卵产于其中，上覆杂草，靠杂草腐烂发酵散发的热量孵化。孵化期 2 个月，幼鳄 9 月出壳，幼鳄色泽鲜艳，体表有明显的橙红色横纹。

扬子鳄主要以鱼、虾、软体动物及昆虫为食。

保护意义

扬子鳄为国家Ⅰ级重点保护野生动物，是我国特有的爬行动物，是世界上仅有的两种淡水鳄之一。起源于与恐龙同时代的两亿多年前，因此其身上还存在着恐龙类爬行动物的许多特征，有“活化石”之称，对于研究古代爬行动物的兴衰和生物进化有着重要的意义。

通过历史文献的分析，该物种在 3000 多年前，已成为周、秦鼓手工业的原材料。1000 多年前，在河南开封还有扬子鳄出现的记载。500 年前，南京地区扬子鳄数量众多，曾因钻洞营穴，导致江岸崩塌，从而招致政府捕杀。直到近 100 年前，皖南扬子鳄产地每到夏季仍可闻鳄鱼的吼声。

20 世纪 50 年代后，鳄种群数量不断减少，1976—1978 年在安徽省 11 县 123 公社的调查发现，绝大多数公社扬子鳄数量稀少，都在 10 条以下，部分公社扬子鳄已开始灭绝。1981 年，安徽地区的扬子鳄数量仅存 300~500 条。1983 年，扬子鳄保护区内调查仅存 500 条。1994 年，通过对野生扬子鳄系统地调查，其野外种群仅有 700 条左右，且年龄结构偏老龄化。直至 2004 年，扬子鳄散布在 23 个分布点中，其野外总数仅为 120 条。目前，野生扬子鳄的数量可能不足 200 条。

通过各方面的努力和保育，科学家发现了新的野生鳄活动的地点，其野生种群迅速消失的局面也已初步遏制，但该物种的处境仍然十分严峻，保护工作者不能放松警惕。

鳖科 Trionychidae
鳖属 *Pelodiscus*

中华鳖

Pelodiscus sinensis (Wiegmann,1835)

濒危等级：濒危（EN）

长江流域分布 / 长江流域记录分布

本种广泛分布于长江流域各大水系，分布记录于安徽（铜陵、芜湖），湖北，河南，湖南，江苏，江西，浙江等地。

形态特征

体长300mm左右，通体被柔软的革质皮肤，无角质盾片，体色基本一致。背盘前缘向后翻褶，盘面有小瘰粒组成的纵棱。每侧7~10余条，近脊部略与体轴平行，近外侧呈弧形，与盘缘走向一致。头中等大，前端瘦削，吻端具肉质吻突，鼻孔位于吻突端。眼小，瞳孔圆形，耳孔不显。颈长，颈背有横行皱褶，无明显的瘰粒或大疣。指趾均具3爪，满蹼。雄性尾长，能自然伸出裙边，体型较薄。雌性尾较短，不能自然伸出裙边，体型较厚。幼体裙边有黑色具浅色镶边的圆斑，背部隆起较高。

物种习性

栖息于江河、湖沼、池塘、水库等水流平缓、鱼虾繁生的淡水水域。喜于安静、阳光充足的水岸边活动。繁殖期4—8月，盛期为6—7月，卵生，多在夜间前半夜产卵。产卵前雌性以后肢在泥沙松软、背风向阳有遮掩的地方挖出约10cm深的洞穴，卵产于其中，用泥沙覆盖。同时会有营造假巢的习惯，在产卵地附近另挖几处以迷惑捕食者。首次产卵通常4~6枚，以后增多，每年产卵3~4次，最多一次可产近40枚，卵径15~20mm。孵化期约2个月，幼鳖背甲长约3cm。每年10月至次年3月潜于水底泥沙中冬眠。

中华鳖喜食鱼虾、昆虫等，也食水草、谷类等植物性食物，并特别嗜食臭鱼、烂虾等腐食。

保护意义

中华鳖野外资源储量非常丰厚，但近年来由于其栖息地受到人为活动干扰较大，环境污染严重，导致其野生的数量急剧下降。另外由于人类的大量捕捉，严重威胁中华鳖野外种群的生存。

鳖科 Trionychidae
斑鳖属 *Rafetus*

斑鳖

Rafetus swinhoei (Gray,1873)

濒危等级：极危（CR）

长江流域分布 / 长江流域记录分布

本种分布于长江中下游地区，分布记录于安徽、浙江（太湖）等地。2019 年 4 月 13 日，世界唯一 1 只已知的雌性斑鳖死亡，目前斑鳖全球仅剩 3 只，其中中国的苏州动物园 1 只，另外两只在越南，皆为雄性。

形态特征

背盘长 360~570mm，背甲长椭圆形。背面一般为橄榄绿或黑绿色，散布有许多黄色斑，大黄斑间点缀一些黄色小点，有时会在黄色斑点外包围一圈，部分形成窄纹。头、颈及四肢背面为黑绿色，均具不规则的大小黄色斑，这种密集的黄色斑纹是斑鳖的主要特点。腹部灰色或灰黄色，躯体扁平。幼体背甲具棱，并有许多小结节，随年龄增大而渐渐消失。

物种习性

生活于江河湖沼中，对水质的要求较高，底栖。性情凶猛，领域行为很强，夏季气温高，新陈代谢旺盛，进食量较多。能在水下保持较长的时间，每隔 2~3 分钟抬头一次，口中喷射出小股水柱，继而又沉入水中，如此循环往复。

斑鳖为肉食性动物，喜食活食，主要以水生动物为食。进食量与季节及气温有关。

保护意义

1873 年，英国学者 John Gray 将其命名为斯氏鳖 *Osaria swinhoei*。1987 年，学者 Meylan 将其更名为 *Rafetus swinhoei*。1880 年，法国人 Heude 将一种新种大鳖定名为斑鼋。据研究，Gray 定名的斯氏鳖实际上就是 Heude 命名的斑鼋。20 世纪 90 年代，赵肯堂教授将斑鳖定义为一个独立的物种，2002 年，斑鳖被确认有效。2006 年 9 月在斑鳖保护合作及交流研讨会上才得以正名，命名“斑鳖 *Refetus swinboeni*”，俗称“癞头鼋”。

斑鳖为国家 I 级重点保护野生动物。曾广泛分布于我国长江流域的太湖地区、云南南部以及越南北部的红河流域。长江流域的水质变化让它难以生存，导致个体数量急剧下降。

2008 年在越南发现的 1 只雄性斑鳖使其逃离了野外灭绝的宣判。而由于个体太过稀少，文献中关于该物种的研究记录较少，保护工作存在很大困难。

目前，全世界确切记录的斑鳖个体有 20 个，14 个为标本。现今，世界仅在中国和越南有 4 只现存个体。不幸的是，2019 年 4 月，仅存的雌性斑鳖因人工授精发生意外，在中国的杭州动物园死亡。至此，现存的个体全为雄性，1 只在中国杭州动物园，2 只在越南，该物种的现状已经岌岌可危。

平胸龟科 Platysternidae
平胸龟属 *Platysternon*

平胸龟

Platysternon megacephalum Gray,1831

濒危等级：极危（CR）

长江流域分布 / 长江流域记录分布

本种主要分布于长江中下游地区，分布记录于安徽、贵州、湖南、江西、江苏、浙江等地。

形态特征

背甲长 80~174mm，宽 63~155mm，高 31~51mm。头、背甲、四肢及尾背均为棕红色或棕橄榄色，背甲有浅黄色细点，每一枚盾片上有黑褐色放射纹，盾缘色较深，腹甲及缘盾腹面为黄橄榄色，有的缀有黄点。头背覆以整块完整的盾片，背甲长卵圆形，前缘中部微凹，后缘圆，微缺。颈盾宽短，略呈倒梯形。体型扁平，头宽约为甲宽的 2/5~1/2，不能缩入壳内。四肢强，被有覆瓦状排列的鳞片，有黄色斑点，前肢 5 爪，后肢 4 爪，指趾间具蹼。尾长几乎与体长相等，覆以环状排列的矩形鳞片。吻短，上、下颚钩曲呈强喙状，颚缘不具细齿。雄性头侧、咽、颏及四肢均缀有橘红色斑点。幼体头相对较小，背甲灰绿、棕或红棕色，间杂细碎黑斑，盾片上的疣轮及辐射纹清晰。

物种习性

栖息于海拔 400~800m 山区多石的浅溪、水潭、河边或田边，栖息地植被茂密，气候阴凉。水陆两栖，以水中生活为主。夜间活动，性情凶猛，激怒时会嘶嘶作响，尾巴强劲有力，爪锋利，能够轻易爬越障碍物。繁殖期 6—9 月，每次产 2 枚左右，卵为长椭圆形，幼龟约 3 年龄开始性成熟。气温降至 10℃以下时开始进入冬眠，冬眠期每年 11 月至次年 4 月，冬眠地点为草丛或水底。

平胸龟食性较杂，主要以小鱼、螺类、虾、蠕虫、蚯蚓、蛙等为食。

保护意义

平胸龟为国家Ⅱ级重点保护野生动物，其个体较小，生长缓慢，繁殖力弱，导致其数量下降严重，目前自然界中的平胸龟已濒临灭绝，因此必须加强对平胸龟的保护。

地龟科 Geoemydidae
闭壳龟属 *Cuora*

黄缘闭壳龟

Cuora flavomarginata (Gray,1863)

濒危等级：极危（CR）

长江流域分布 / 长江流域记录分布

本种主要分布于长江中下游地区，分布记录于安徽、河南、湖北、江苏、上海、浙江等地。

形态特征

体背棕红色，具一浅棕色脊棱。腹甲棕黑色，仅背甲腹面外缘及腹甲外缘为黄色，故而得名。头背橄榄绿色，沿头背两侧各有一条黄色纵纹。吻端柠檬黄色，咽颏橙色，眼睑及虹膜黄色，瞳孔黑色。每枚盾片的边缘色较深，盾片均有疣轮及平行于疣轮的同心纹。无下缘盾，颈盾大，前窄后宽，呈梯形。四肢背面棕黑色，腹浅灰棕色，尾背有一条黄色纵纹。四肢略扁，前肢 5 爪，后肢 4 爪，前肢前缘有圆形大鳞，指趾间微蹼，具钝爪。雄性尾较长，尾基的棘状疣较明显。雌性尾短，尾基及股后有疣粒。

物种习性

栖息于河流、湖泊等潮湿处或有灌木丛的杂草中，活动地离水源不远。陆生，喜阴雨天活动。白天隐匿于阴凉的草丛中或溪谷边的碎石中，夜间活动。繁殖期 5—9 月，盛期为 6—7 月，窝卵数 3~7 枚，卵呈椭圆形，卵壳灰白色多，卵径（40~46）mm ×（20~26）mm，重约 8.5~18.5g。于夜间产出，幼龟出壳后 10~15 小时即能自行摄食。气温低于 10℃时，进入冬眠，冬眠期为每年 11 月至次年 4 月，冬眠地多选在阳坡有杂草及落叶覆盖层的地方。

黄缘闭壳龟杂食性，食昆虫类动物性食物及果实类植物性食物。

保护意义

黄缘闭壳龟为国家Ⅱ级重点保护野生动物。近年来随着生态环境的恶化及人类活动范围的扩大，该物种野生资源的生存空间被挤占，导致个体数量迅速下降。频繁的黄缘闭壳龟贸易以及缺乏有效的保护措施，导致其野生种群进一步衰减。

地龟科 Geoemydidae
拟水龟属 *Mauremys*

黄喉拟水龟

Mauremys mutica (Cantor,1842)

濒危等级：濒危（EN）

长江流域分布 / 长江流域记录分布

本种主要分布于长江中下游地区，分布记录于安徽、河南、湖北、江苏、上海、浙江等地。

形态特征

背甲长 150~200mm，背甲扁平，一般为黄绿色或棕黑色，甲桥及腹甲黄色，幼体黑褐色。腹甲略短于背甲，背部具有三条脊棱，中央一条最为明显，其余两条不明显。盾片外缘色泽较深，每一盾片后缘中间有一方形大黑斑。头小光滑无鳞，鼓膜明显，颈盾小，呈梯形。头侧有两条黄色纵纹穿过眼部，喉部淡黄色无斑点。四肢较扁，前臂外侧具有若干大鳞，外侧灰褐色，内侧黄色，股后有若干橙色疣粒。前肢五指，后肢四趾，指趾间有蹼，尾细短，尾侧有黄色纵纹。

物种习性

生活于丘陵地带的山间盆地、河流、谷地中，常在水边的灌丛或草丛中活动，晴天喜在陆地上。为我国南方常见龟类之一，繁殖期 5—9 月，产卵盛期为 7 月，孵化期约 2~3 个月，一年产卵 2~4 次，每次 2~11 枚。繁殖活动均在夜间或清晨进行，挖穴产卵，卵壳灰白色，长椭圆形。每年 11 月至次年 3 月在山洞、石缝、草堆或淤泥中冬眠。改变黄喉拟水龟的栖息环境，数周即可使其头部颜色发生快速变化。

黄喉拟水龟食性较杂，喜食鲜肉，主要以鱼虾、贝类、蜗牛等动物为食。

保护意义

黄喉拟水龟曾广泛分布于亚洲各地，目前则处于濒危状态。黄喉拟水龟背甲富含丰富的胶质，可供刚毛藻等藻类附着共生，因此常用于接种藻类，使其背甲、喙及爪等角质部分着生绿色藻类，成为绿毛龟以供观赏。目前对该物种的研究十分薄弱，与其近缘种安南龟的分类关系一直未能很好地解决。其具有重要的研究及保护价值。

地龟科 Geoemydidae
拟水龟属 *Mauremys*

乌龟

Mauremys reevesin (Gray,1831)

濒危等级：濒危（EN）

长江流域分布 / 长江流域记录分布

本种广泛分布于长江流域，分布记录于安徽、甘肃、贵州、河南、湖北、湖南、江苏、陕西、四川、浙江等地。

形态特征

雄性背甲长 94~168mm，宽 63~105mm；雌性背甲长 73~170mm，宽 52~116.5mm。背甲棕褐色或近乎黑色，具 3 条纵棱，腹甲及甲桥棕黄色，四肢灰褐色。每一枚盾片上均有黑褐色大斑块，有时腹甲几乎布满黑褐色斑块，仅在缝线处呈现棕黄色。头部橄榄色或黑褐色，头侧及咽喉部有暗色镶边的黄纹或黄斑，并向后延伸至颈部。雄龟身体颜色较雌性深，且有异臭。椎板 8 枚，略呈六边形，有的几呈矩形。头中等大，吻端向内侧下斜切，喙缘的角质鞘较薄弱，下颚左右齿骨间的交角小于 90 度。

物种习性

栖息于河流、湖沼或池塘中，属于我国常见龟类。产卵期 5—8 月，每年产卵 3~4 次，每次产卵 5~7 枚。产卵前雌性以后肢在向阳有荫的岸边掘穴，卵产于其中，上覆松土。卵长椭圆形，灰白色，自然条件下 50~80 天孵化，幼龟的性别由孵化温度控制，孵化温度约 25℃时为雄性，28℃以上为雌性。幼龟出壳后即能入水，独立生活。

乌龟主要以小鱼、虾、螺、蠕虫等为食，有时也食用植物茎叶。

保护意义

乌龟是现存较为古老的爬行动物，其腹甲称为龟板，是我国传统的珍贵药材。但近年来由于环境污染和人为捕杀，野外数量明显下降，已不能满足医疗的要求，因此必须加强对乌龟的物种保护。

蛇蜥科 Anguidae
脆蛇蜥属 *Dopasia*

脆蛇蜥

Dopasia harti (Boulenger,1899)

濒危等级：濒危（EN）

长江流域分布 / 长江流域记录分布

本种分布于长江中下游地区，分布记录于贵州（雷公山）、湖南（张家界）、江苏，四川（攀枝花、马边县、古蔺县），云南，浙江等地。

形态特征

雄性全长192~377mm，雌性体为188~305mm。体背浅褐色或灰褐色，部分红褐色，身体前段有约20条不规则蓝黑色横斑及斑点，大部分个体自颈部至尾端有色深形粗的纵线，此纵线延至体后更为清晰，有的纵线纹呈锯齿状，个别无此纵纹，腹面色泽变化大，有的比体背深，有的比体背浅，有的与体背同色，腹部无斑纹。脆蛇蜥四肢退化，细长如蛇，半阴茎分叉，似桑椹状。

物种习性

栖息于海拔500~1500m的水稻田、菜地、草丛中及石块下、土洞内。行动似蛇，但较缓慢，能够断尾自救，之后再生。5—6月交配，7—9月产卵，每次产卵4~14枚，彼此粘连或分散，喜将卵产至枯叶或石块下。

脆蛇蜥主要以蚯蚓、蛞蝓、甲虫幼虫等为食。

保护意义

脆蛇蜥作为中医骨科药材沿用至今。但近年来，由于人为滥捕和环境恶化，该物种野生个体的数量急剧减少，亟待保护。目前已被《中国濒危动物红皮书》列为濒危保护等级。

盲蛇科 Typhlopidae
印度盲蛇属 *Indotyphlops*

钩盲蛇

Indotyphlops braminus (Daudin,1803)

濒危等级：数据缺乏（DD）

长江流域分布 / 长江流域记录分布

本种广泛分布于长江流域，分布记录于重庆、贵州、湖北、江西、四川、云南、浙江等地。

形态特征

体长 60~170mm。身体呈亮灰色、黑褐色或紫色，背面色较深，腹面色较浅，具有金属光泽，头部棕褐色，尾尖色浅淡。头颈不分，没有区分出明显的颈部，身体圆柱形，呈蚯蚓状，尾极短，末端尖硬。头部鳞片细碎圆形，环体一周鳞片约 20 枚，与身体其他部位的鳞片大小相同，而尾巴末端则有一枚很细小的尖鳞。双眼退化成两颗小圆点，已经失去视能，但有一定的感光能力，其上覆盖有一片透明薄膜。由于体型细小，加上善于掘洞，经常被误认为蚯蚓。吻端钝圆，超出下颌甚多，鼻孔侧位。

物种习性

栖息于沿海低地到海拔 1000m 的丘陵、山区，常隐藏在疏松的土壤中、垃圾堆、落叶堆、腐木石头下、缸体下等，以阴湿的地方为多。行动敏捷，晚上或阴雨的白天活动较多。是目前所知蛇类中唯一孤雌生殖的蛇种，只需一条雌蛇即可大量繁衍后代，迅速占领该领域。卵生，每次产卵 2~8 枚于潮湿的土壤或落叶堆中，卵长椭圆形，白色或黄白色。

钩盲蛇主要以双翅目昆虫、蚁类的蛹、幼虫、成虫等为食。

保护意义

钩盲蛇属于一种特化的原始穴居类蠕蛇，是蛇类中唯一孤雌生殖的种类，也是我国乃至全球体型最小和分布最广的蛇。该物种具有重要的科研价值，同时以白蚁等林业蛀虫为食，有一定益处。由于外形极似蚯蚓，经常被误认为蚯蚓而遭到错杀。应大力开展对钩盲蛇的科普宣传和饲养繁殖研究，实施有效的保护措施。目前已被列入国家林业局 2000 年 8 月 1 日发布的《国家保护的有益的或者有重要经济、科学研究价值的陆生野生动物名录》。

蝰科 Viperinae
白头蝰属 *Azemiops*

白头蝰

Azemiops kharini Orlov,Ryabov and Nguyen,2013

濒危等级：易危（VU）

长江流域分布 / 长江流域记录分布

本种广泛分布于长江流域，分布记录于安徽（歙县）、甘肃（文县）、湖北（五峰、恩施、宜昌）、贵州（雷公山）、湖南（莽山）、江西、重庆、四川、西藏、云南、浙江等地。

形态特征

全长 600~850mm，头部与颈背淡黄白色或灰白色，额鳞正中具有一条前窄后宽的深褐色纵行斑纹，吻及头侧浅粉红色，主要特征为头部颜色与身体颜色区分明显。背面及尾黑褐色或暗紫褐色，具有 10~15+3~4 条橙红色镶以黑边的横斑，左右横斑交错排列或在背中线彼此相遇，腹面橄榄灰色或藕褐色，散以小白点。头部稍呈扁平状及椭圆形，典型特征是头部没有细碎鳞片，而是像游蛇科及眼镜蛇科的大鳞。属于具管牙的毒蛇，毒性较强，无颊窝，眼睛淡黄色，瞳孔呈直线形。

物种习性

栖息于海拔 100~1600m 的丘陵山区，喜欢活动于岩石洞穴、草地、农田中，有时也在住宅附近发现。喜欢较清凉的气候，单独生活，晨昏活动觅食，耐饥饿，可半年不进食。每年 12 月至次年 2 月为冬眠期，7—8 月为产卵期，一次最多可达 20 枚，卵长椭圆形，白色。受惊吓时，会压平身体，两颚外扩，椭圆形的头部形成三角形威胁敌人。

白头蝰主要以小型哺乳动物为食。

保护意义

白头蝰为蝰科中的原始类群，主要分布于我国，种群数量较少，外加其他因素造成的威胁，导致个体数量进一步下降。由于白头蝰的栖息地与人类的生活范围有所重叠，因此容易受到人类的捕杀。另外，由于该物种比较罕见，人们对其认识不足，可能将其捕杀或食用。该物种在研究管牙类毒蛇的起源与演化上占有重要的位置，应采取积极的保护措施。在 1998 年被《中国濒危动物红皮书》列为极危种，2004 年被《中国物种红色名录》列为易危等级。

蝰科 Viperidae
尖吻蝮属 *Deinagkistrodon*

尖吻蝮

Deinagkistrodon acutus (Günther,1888)

濒危等级：濒危（EN）

长江流域分布 / 长江流域记录分布

本种广泛分布于长江流域，分布记录于安徽、重庆、贵州、湖北、湖南、江西（景德镇）、四川、云南、浙江等地。

形态特征

全长 120~150cm，幼蛇出壳时体长约 19cm。属于有颊窝的管牙类毒蛇。体背面棕褐色或黑褐色，正背有 16~21+2~6 个方形大斑块，前后两方斑彼此呈一尖角相接，方斑边缘浅褐色，中央色略深。腹面白色，有交错排列的黑褐色斑，头背黑褐色，头腹及喉部为白色，尾背后段纯黑褐色，尾腹面白色。体型短粗，尾短而细，头呈三角形，与颈区分明显，吻尖上翘，吻鳞高而上部窄长，头背部有 9 枚对称排列的大鳞。

物种习性

栖息于海拔 100~1350m 的常绿和落叶混交林中，喜欢栖息在山区或丘陵林木茂盛的阴湿处。从早至晚均有见活动，夜晚遇明火有扑火习性。夏季喜欢活动于水沟附近，冬季多在树根或旧鼠洞中越冬。卵生，卵多产在天然洞穴中，洞浅而干燥，8—9 月为产卵期，每次产卵约 12~18 枚。卵白色，长椭圆形，多粘在一起，卵壳软，卵重约 16~18g，大小为（42~45）mm×（25~30）mm。孵化期约 1 个月。

尖吻蝮主要以鼠类为食，有时也食用蛙、鸟或者蜥蜴等。

保护意义

尖吻蝮在历史上曾经历过种群瓶颈，造成了目前个体数量的急剧下降。该物种具有一定的经济价值，但最近十年种群数量减少了 30% 以上，而且这种数量减少的速度还在继续。生境的过度利用和破坏是主要原因，另外大量的野生尖吻蝮被非法捕猎，贩运到野生动物市场。极高的致危速度使我们意识到保护工作的严峻性，但由于管理和执法成本太高，阻止当地居民非法捕蛇还存在一定困难。

蝰科 Viperidae
亚洲蝮属 *Gloydius*

短尾蝮

Gloydius brevicaudus (Stejneger,1907)

濒危等级：近危（NT）

长江流域分布 / 长江流域记录分布

本种广泛分布于长江流域，分布记录于安徽、重庆、甘肃、贵州、河南、湖北、湖南、江苏、江西、陕西、上海、四川、云南、浙江等地。

形态特征

全长 600~800mm，属于有颊窝的管牙类毒蛇。体背面呈灰褐色、浅褐色或棕红色，有两行粗大、周围暗棕色、中心色浅而外侧开放的圆斑，左右交错并列。腹面灰白色，密布灰褐色或黑褐色细点。头背深棕色，枕背有一浅褐色桃形斑，眼后到颈侧有一黑褐色纵纹，其上缘镶以白色细纹，上唇缘及头腹灰褐色。尾后段略呈白色，但尾尖常为黑色。头呈三角形，与颈区分明显，体略粗，尾较短。

物种习性

栖息于沿海、沿江到海拔 1100m 的平原、丘陵等，喜欢栖息在坟堆、灌丛或洞穴内。春秋季节多白天活动，夏季多晚上活动觅食。卵胎生，产仔多在凌晨 2~7 点，每次产 4~10 条幼蛇，初生幼蛇全长 140~170mm。

短尾蝮主要以鱼、泥鳅、蛙、蜥蜴、鸟、鼠为食。

保护意义

短尾蝮分布较广，在消灭鼠害方面也具有重要作用。但长期被用来生产蛇酒、蛇干、蛇粉等，同时还被日本国药酒厂大量收购，导致数量急剧下降。另外，由于该物种毒性较强，非常容易遭到人类的捕杀，特别是长江中下游人口稠密的地区，保护工作亟待开展。

蝰科 Viperidae
烙铁头属 *Ovophis*

山烙铁头蛇

Ovophis monticola (Günther,1864)

濒危等级：近危（NT）

长江流域分布 / 长江流域记录分布

本种分布于长江流域，分布记录于安徽，甘肃（文县），贵州（赤水、雷山），湖南（张家界、长沙），陕西，四川（洪雅、峨眉、乐山、宝兴、平武、宜宾、汶川）等地。

形态特征

全长 500~800mm，刚孵化出的幼蛇全长 190~200mm。属于有颊窝的管牙类毒蛇。头背及头侧黑褐色，上唇缘浅褐色，头腹浅褐色。腹面带白色，散有棕褐色细点。在每一腹鳞上集结成若干粗大斑块，各腹鳞的斑块前后交织成网纹。体尾背面呈黄褐色或红褐色，正背有两行略成方形的深棕色或黑褐色大斑，左右交错排列似古城墙上缘的城垛状斑纹。头呈三角形，与颈区分明显，头背都是小鳞，只有鼻间鳞与眶上鳞略大。躯体较为短粗，尾短，尾下鳞成对。

物种习性

栖息于海拔 315~2600m 的山区，喜栖息于灌丛、茶园、耕地等生境。夜间活动，行动迟缓。卵生，产卵前会选择灌丛下腐殖质丰富的地方筑窝，每年 7—8 月为产卵期，窝卵数 5~11 枚，卵椭圆形。

山烙铁头蛇主要以鼠类及食虫类哺乳动物为食。

保护意义

山烙铁头蛇具有较高的经济及科研价值，由于时常遁入农家的柴火堆内，造成意外伤害，因此在山区普遍遭人嫉恨。其科普和防护知识的宣传有待加强。

蝰科 Viperidae
原矛头蝮属 *Protobothrops*

大别山原矛头蝮

Protobothrops dabieshanensis Huang,Pan,Han,Zhang,Hou,Yu,Zheng and Zhang,2012

濒危等级：数据缺乏（DD）

长江流域分布 / 长江流域记录分布

本种分布于长江中游，仅在安徽、湖北、河南三省交界地。

形态特征

头略呈三角形，体背为土黄色，从头后部至尾分布有多条深棕色的横纹，横纹的边缘呈现黑色锯齿状的图案。腹部为灰白色，身体两侧则有一排紧密排列的橘色小点，尾尖为深橘红色。

物种习性

尚不明确。

保护意义

大别山原矛头蝮是我国的特有物种，此前仅于安徽省大别山区鹞落坪自然保护区采集到 2 条标本，现保存于安徽大学生命科学学院；后在河南驻马店发现 1 号雌性个体。

其物种发现较晚，生物学资料相对欠缺，野外种群数量评估不足。在科学家多年的考察过程中，获得标本较少，推测其野外种群数量稀少。大别山原矛头蝮属原矛头蝮属 *Protobothrops*，该属曾经归属于竹叶青属 *Trimeresurus*。1983 年由 Hoge 和 Romano-Hoge 确立，最初只有 3 个物种，而今，包含大别山原矛头蝮在内，该属共有 14 个物种。但其属内物种研究并不深入，其分类学地位存在争议。因此大别山原矛头蝮作为新近发现的物种，具有重要研究价值。

水蛇科 Homalopsidae
沼蛇属 *Myrrophis*

中国水蛇

Myrrophis chinensis (Gray,1842)

濒危等级：易危（VU）

长江流域分布 / 长江流域记录分布

本种广泛分布于长江流域，分布记录于湖北、重庆、浙江、江西、江苏等地。

形态特征

雄蛇全长263~490 mm，平均379 mm；雌蛇全长275~834 mm，平均482mm。体型粗壮，尾长较短。背部呈现深灰色或灰棕色，且分布有3纵行大小不一的黑色斑点，尾部略侧扁。背鳞最外行暗灰色，外侧2至3行红棕色。腹鳞前半暗灰色，后半黄白色；上唇缘亦为黄白色。头颈分明，头较大。吻端宽钝。

物种习性

为水生小型卵胎生蛇类，具有轻微的毒性，长年生活于平原、丘陵或山麓地区，栖息于溪流、池塘、水田或水渠内，其生存的海拔范围从沿海低地至海拔320 m之间，偶尔会离开水面，其对生存地的水质要求不高，能在恶劣水质中存活。夜间活动，行动迅速。8—9月产仔，每次产3~13条。

中国水蛇食物多样，主要以鱼类、两栖类、泥鳅、鳝鱼以及甲壳纲动物为食。

保护意义

中国水蛇广泛分布在中国南方地区，适应性强，但由于没有相关保护措施，且适宜栖息地特殊，近年来野外种群数量呈下降趋势，其野外种群数量为稀有。

水蛇科 Homalopsidae
银色蛇属 *Hypsiscopus*

铅色水蛇

Hypsiscopus plumbea (Boie,1827)

濒危等级：易危（VU）

长江流域分布 / 长江流域记录分布

本种分布于长江下游地区，分布记录于江西（武功山）、江苏、浙江等地。

形态特征

体长286~504 mm，体型粗短，为小型蛇类。体背面为灰橄榄色，体侧、腹部有黑色斑纹，腹部的黑色斑纹为交错状排列，腹部偏橘红色，成熟后的个体腹部颜色较淡。上唇及腹面黄白色，背鳞外侧1至2行鳞片带黄色。头大小适中，吻较宽短，鼻孔具瓣膜，鼻间鳞1枚，上唇鳞8枚，背鳞中段19行，尾下鳞双行，上颌骨后端具沟牙。具“后沟牙”含微弱的神经性毒液，但对人不会致死。

物种习性

生活于平原、丘陵或低山地区的水塘、溪流、水田中。4月开始摄食，6月为摄食高峰，9月停止。主要在5月底至6月繁殖，卵胎生，每次产幼蛇2~15条。

铅色水蛇食物以小型蛙类和蝌蚪为主，其次为小鱼。其生存的海拔范围从沿海低地至海拔980m。

保护意义

铅色水蛇是中国传统中药药材。蛇蜕有杀虫、抗毒、止痒、抑痹功效，是治疗各种疮疥疔斑、腮腺炎、牛皮癣等多种皮肤病不可多得的纯天然动物药材。但是随着人类文明的发展，不断侵蚀其栖息地环境，造成了其种群生境破碎化日益严重，再加上农药化肥的乱用，使其生存面临巨大的威胁。保护这类水生蛇类是评价我们对生态环境保护工作的一个重要指标。

眼镜蛇科 Elapidae
环蛇属 *Bungarus*

金环蛇

Bungarus fasciatus (Schneider,1801)

濒危等级：濒危（EN）

长江流域分布 / 长江流域记录分布

本种分布于长江中游地区，分布记录于湖北和江西等地。

形态特征

全长 983~1500 mm，具有前沟牙，毒性较其近亲银环蛇弱，但仍然具有剧毒。头呈椭圆形，背脊隆起呈脊，所以躯干横切面略呈三角形。全身有固定间距的黑黄相间环带，黑色环纹比黄色环纹略宽，黄色环纹在体部有 20~28 环，黑色环纹 20~26 环，在尾部有 3~5 环，幼蛇环带为黑色及灰色。头背具有典型的 9 枚大鳞片，背鳞平滑共 15 行，背中央的 1 行鳞片特别大，肛鳞完整，尾下鳞片为单行，腹部为灰白色。头背黑褐色，枕及颈部有污黄色的“∧”形斑。尾极短，尾略呈三棱形，尾末端钝圆而略扁。

物种习性

栖息于海拔 180~1014 m 的平原或低山，植被覆盖较好的近水处。夜行性蛇类，怕见光线，白天往往盘着身体不动，把头藏于腹下，晚间十分活跃。金环蛇性温顺，行动迟缓，虽然其毒性十分剧烈，但是不主动咬人。被捕时则不停晃动身体，但不像银环蛇般剧烈。栖息于植被茂密和水源充足的小丘和低谷地带。为卵生蛇类，每年 5 月末产卵，通常选择产卵于腐叶下或洞穴中，一次产卵 6~12 枚，孵化期约 48 日，雌蛇有护卵的习性。

金环蛇主要捕食其他蛇类、蜥蜴及小型脊椎动物。

保护意义

金环蛇因具有一定的经济价值，长期以来大量被捕杀内销或出口，导致了金环蛇野外数量已极其稀少。据调查，1997—2007 年间，金环蛇的物种数量下降了 50%。若再不加强对该物种的保护，它们即将走向灭绝。

眼镜蛇科 Elapidae
环蛇属 *Bungarus*

银环蛇

Bungarus multicinctus Blyth,1861

濒危等级：濒危（EN）

长江流域分布 / 长江流域记录分布

本种广泛分布于长江流域，分布记录于安徽、重庆、贵州、湖北、湖南、江苏、江西（南昌、九江、萍乡）、云南、浙江等地。

形态特征

全长 1000~1800mm，属于体型中等偏大的前沟牙类毒蛇。体背面黑色或蓝黑色，全身具有 25~50+7~18 个白色或乳黄色窄横纹，呈黑环相间排列。腹面污白色，头背黑褐，幼体枕背具浅色“∧”形斑。头椭圆，与颈区分不甚明显，鼻孔较大，背脊较高，横截面呈三角形，尾末端较尖。

物种习性

栖息于沿海、沿江低地到海拔 1300m 的平原、丘陵或靠近水源处。性情较为温和，很少主动攻击人类，毒腺很小，但单位毒性为中国毒蛇之首。昼伏夜出，白天隐匿于石缝、树洞、乱石堆、灌丛中，傍晚到水域附近觅食。每年 11 月中旬入蛰，次年 5 月上旬出蛰。卵生，6 月为产卵期，每次产卵 3~12 枚，孵化期 45~56 天。

银环蛇食性广泛，主要以鱼、鳝、泥鳅、蛙、蜥蜴、鼠、蛇等为食。

保护意义

银环蛇，被称为“金钱白花蛇”，曾遭到人类的肆意捕杀。目前，野外生存的银环蛇数量较少，该物种对于维持生态平衡发挥着重要作用，需加以保护。

眼镜蛇科 Elapidae
眼镜蛇属 *Naja*

舟山眼镜蛇

Naja atra Cantor,1842

濒危等级：易危（VU）

长江流域分布 / 长江流域记录分布

本种广泛分布于长江流域，分布记录于安徽、重庆、贵州、湖北（武汉）、湖南、江西（官山）、浙江等地。

形态特征

全长约1500~2000mm，属于大型前沟牙毒蛇。体背面一般为黑褐色或暗褐色，颈背有眼镜状斑纹，部分个体散布有白色细环纹，幼蛇大多都有，随着年龄增长而逐渐模糊不清。体腹面前部分污白色，后部分灰黑色或灰褐色。典型斑纹是在腹面约第10枚腹鳞前后有一条灰黑横纹，横纹之前腹鳞两侧各有一个黑色斑点。

物种习性

栖息于海拔70~1600m的平原、丘陵或低山。白天活动觅食。受惊扰时，常竖立前半身，颈部平扁扩大，作攻击姿态，露出颈背呈双圈的“眼镜”状斑纹。每年5月前后出蛰，11月进入冬眠。卵生，每年5—6月为繁殖期，7—8月为产卵期，每次产卵7~19枚。孵化期1.5~2个月，刚孵化出的幼蛇全长约200mm。

舟山眼镜蛇食性广泛，主要以蛙、蛇为食，同时也食用鸟、鼠等。

保护意义

舟山眼镜蛇的蛇毒可制成冻干品以及蛇毒酶，同时可提取抗眼镜蛇蛇毒血清，用于治疗严重的蛇咬伤。舟山眼镜蛇分布于我国南部及越南北部地区，曾经属于无危物种，是中国部分地区最为常见的蛇类之一。但由于当地居民的过度捕猎，近几十年来野外数量急剧减少，导致其成为濒危物种。

眼镜蛇科 Elapidae
眼镜王蛇属 *Ophiophagus*

眼镜王蛇

Ophiophagus hannah (Cantor,1836)

濒危等级：濒危（EN）

长江流域分布 / 长江流域记录分布

本种广泛分布于长江流域，分布记录于贵州、湖南、江西、四川、云南、浙江等地。

形态特征

全长可达 2000~3000mm，世界上最大的前沟牙类毒蛇。体背面黑褐色，颈背有“∧”形黄白色斑，没有“眼镜”的斑纹，而头背顶鳞正后有一块较大的枕鳞，颈以后有镶黑边较窄的白色横纹 34~35+8~17 条。腹面灰褐色，幼蛇色斑远较成体鲜艳，除体尾背面具鲜黄色横纹外，头背还有 2 条鲜黄色细横纹。

物种习性

栖息于海拔 225~1800m 的热带雨林中，喜欢栖息在沿海低地、丘陵、水源丰富的山区。性情凶猛，反应敏捷，善攀缘，头颈转动灵活，排毒量大。受惊时常竖立前半身，颈部扁平略扩大，作出攻击的姿态。喜白天活动觅食。卵生，产卵前以落叶及枯枝筑巢穴，6 月产卵，每次产卵约 20 枚。

眼镜王蛇主要以其他蛇类为食，也捕食鸟及鼠类。

保护意义

眼镜王蛇是经济价值很高的特种经济动物，尤其该物种的蛇毒是国际市场极为短缺的动物性药材，被誉为“液体黄金”。保护眼镜王蛇的自然生态环境，遏止或杜绝对野生眼镜王蛇的捕杀，是保护该物种的主要途径。截止到 2020 年，眼镜王蛇仍未被列入国家重点保护野生动物名录，导致各地执法不便，偷猎和捕杀现象仍十分严重。

两头蛇科 Calamariidae
两头蛇属 *Calamaria*

钝尾两头蛇

Calamaria septentrionalis Boulenger,1890

濒危等级：无危（LC）

长江流域分布 / 长江流域记录分布

本种分布于长江流域，分布记录于安徽、贵州、河南、湖北、湖南、江苏、江西、四川、浙江等地。

形态特征

全长约 350mm，属于小型穴居无毒蛇类。背部酱褐色，背中央由黑点缀连成纵行，鳞片外缘黑色构成网纹，颈部两侧各有一个黄白色斑点，尾基两侧也各有一个黄白色斑点，腹面朱红色，尾腹面正中有一条短黑色纵线。头小，与颈部区分不明显，全身圆柱形，尾短而末端圆钝。

物种习性

栖息于海拔 300~1200m 的平原、丘陵或山区阴湿的土穴内。行动十分隐秘，营穴居生活，喜欢晚上或雨天到地面活动，为卵生蛇类。

钝尾两头蛇主要以蚯蚓或昆虫幼虫为食。

保护意义

钝尾两头蛇作为一种穴居生活的小型蛇类，对于维持微环境的生态发挥着积极作用，同时也具有一定的科学研究价值。但由于土壤环境的破坏和污染，它们的生存空间和野生种群都受到了很大的影响。

游蛇科 Colubridae
锦蛇属 *Elaphe*

赤峰锦蛇

Elaphe anomala (Boulenger,1916)

濒危等级：易危（VU）

长江流域分布 / 长江流域记录分布

本种广泛分布于长江流域，分布记录于安徽、甘肃、湖北、湖南、江苏、陕西、浙江等地。

形态特征

全长约2000m，为大型无毒蛇。体背面棕灰色或黄褐色，前段无斑纹，后段及尾部有21~25个黄色横斑，前后两横斑相距4~6枚鳞。腹面灰白色，没有黑斑或有不明显的黑斑。头略大，与颈明显区分。

物种习性

栖息于平原、丘陵、山地的林边、田园或水域附近，善攀缘。每年7—8月为产卵期，每次产卵6~17枚，孵化期约1.5月，初孵幼蛇全长约300mm。

赤峰锦蛇主要以鼠类为食，同时食用鸟及鸟蛋。

保护意义

赤峰锦蛇为中国特有种。它们主要以小型兽类为食物，在人类居住区或耕作区主要捕食鼠类，对消灭鼠害有重要作用。由于赤峰锦蛇个体较大，适合作为肉用蛇类。其色彩艳丽，适于观赏，往往遭到人类的捕捉。同时因其个体较大，常被人类捕食。目前，野外个体数量较少，应加强保护。

游蛇科 Colubridae
锦蛇属 *Elaphe*

王锦蛇

Elaphe carinata (Günther,1864)

濒危等级：濒危（EN）

长江流域分布 / 长江流域记录分布

本种广泛分布于长江流域，分布记录于安徽、重庆、甘肃、贵州、河南、湖北（宜昌、恩施、神农架）、湖南、江苏、江西、陕西、四川、云南、浙江等地。

形态特征

全长可达2500mm以上，为大型无毒蛇。头背棕黄色，主要特征是头部鳞沟色黑，形成黑色“王”字斑纹，枕后有一条短纵纹。体背面鳞片暗褐色，体后段及尾背由于所有鳞沟都是黑色而形成黑色网纹，腹面肉色或黄色，并伴有黑色斑纹。身体前段具有30余条黄色的横斜斑纹，到体后段逐渐消失。头略大，与颈明显区分，尾细长，幼蛇色斑与成体不同，全身浅藕褐色，鳞间皮肤略黑，织成横斑。初孵化幼蛇的色斑与成体差别很大，头上没有“王”字形斑纹，往往被误认为是其他蛇种。

物种习性

栖息于平原、丘陵、山地的河边、库区、灌丛、草坡、田野附近。性情凶狠，捕杀能力较强，遇到同类会相互残杀，动作敏捷，善攀缘。身体能够散发出一种奇臭，碰触后需要清洗多次方能祛除异味。卵生，每年6—7月为产卵期，每次产卵8~15枚，孵化期40~45天。

王锦蛇主要以鼠、蛙、鸟及鸟蛋为主食，食物短缺时甚至食同类。

保护意义

王锦蛇是鼠类的天敌，对抑制鼠害、维持生态平衡起着十分重要的作用。另外王锦蛇曾是国内开发利用蛇类的主要对象之一，大量人工繁殖。野外王锦蛇由于遭到人类的肆意捕杀，其种群数量已急剧减少，必须给予保护。

游蛇科 Colubridae
锦蛇属 *Elaphe*

黑眉锦蛇

Elaphe taeniura (Cope,1861)

濒危等级：濒危（EN）

长江流域分布 / 长江流域记录分布

本种广泛分布于长江流域，分布记录于安徽、重庆、甘肃、贵州、河南、湖北、湖南、江苏、江西、陕西、四川、云南、浙江等地。

形态特征

全长1500~2500mm。眼后有2条明显的黑色斑纹延伸至颈部，状如黑眉，故而得名“黑眉锦蛇”。背面呈棕灰色或土黄色，体背的前、中段有黑色梯形或蝶状斑纹，体中段开始两侧有明显的黑色纵带直至末端为止，体后具有4条黑色纹延至尾梢，腹部灰白色。

物种习性

栖息于高山、平原、丘陵、草地、田园及村舍附近，也常在稻田、河边及草丛中，有时活动于农舍附近。黑眉锦蛇每年5月左右交配，6—7月产卵，每次产卵6~12枚。孵化期35~50天。卵的孵化受温度影响，孵化期最长可达2个月。幼蛇于当年8—9月破壳。

黑眉锦蛇主要以啮齿动物和鸟类为食。

保护意义

黑眉锦蛇善于捕食鼠类，对灭鼠害和维持生态平衡有着积极的作用，但由于生存环境的破坏以及人类的大肆捕杀，其野生种群日益减少。

游蛇科 Colubridae
玉斑蛇属 *Euprepiophis*

玉斑锦蛇

Euprepiophis mandarinus (Cantor,1842)

濒危等级：易危（VU）

长江流域分布 / 长江流域记录分布

本种广泛分布于长江流域，分布记录于上海、重庆、江苏、浙江、安徽、江西、湖北、湖南（桑植）、四川、贵州、云南、西藏、陕西、甘肃等地。

形态特征

全长1000mm左右，背面紫灰或灰褐色，正背有一行18~31+6~11个约等距排列的黑色大菱斑，菱斑中心黄色。腹面灰白色，散有长短不一、交互排列的黑斑。头背部黄色，有典型的黑色倒"V"字形套叠斑纹。

物种习性

栖息于海拔300~1500m的平原山区林中、溪边、草丛，也常出没于居民区及其附近，属夜行性蛇类。繁殖季节6—7月，窝卵数5~16枚，卵长圆形，壳乳白色，常粘连在一起，卵径20~40×13~17mm，重3~4.4g。

玉斑锦蛇主要以小型哺乳动物以及蜥蜴等为食。

保护意义

生境的破碎化和道路的修建，大大缩小了玉斑锦蛇的生存空间。除此之外，该物种体色斑纹美丽，常被当作毒蛇捕杀，导致野外种群数量日趋减少。

游蛇科 Colubridae
玉斑蛇属 *Euprepiophis*

横斑锦蛇

Euprepiophis perlaceus (Stejneger,1929)

濒危等级：濒危（EN）

长江流域分布 / 长江流域记录分布

本种分布于长江上游地区，分布记录于四川（雅安）、陕西（汉中）等地。

形态特征

全长 1000~1500mm。体背茶褐色；两侧及腹面铅色；从颈背到尾部具许多狭的边缘为白色的黑色横斑，每两个横斑之间形成卵圆环，在体部约 37 个；头背有 2 块黑横斑和 1 块“∧”形的斑纹；眼后到口角前方具黑斑。

物种习性

记录的海拔范围在 1200~2800m 之间。性情温和，无毒。在气温降到大约 16℃以下进入冬眠状态。横斑锦蛇在人工饲养条件下主要进食小型哺乳动物，偶尔也进食蛙类。

保护意义

横斑锦蛇为中国特有种。最早由美国学者 Leanhard Stejneger 于 1929 年定种，但直到 20 世纪 80 年代才被我国学者重新发现。该物种数量稀少，生活史及繁殖资料欠缺，具有重要的生物学和研究价值。

游蛇科 Colubridae
鼠蛇属 *Ptyas*

乌梢蛇

Ptyas dhumnades (Cantor,1842)

濒危等级：易危（VU）

长江流域分布 / 长江流域记录分布

本种广泛分布于长江流域，分布记录于安徽（芜湖）、重庆、贵州、河南、湖北（宜昌）、湖南、江苏、江西、上海、四川、云南、浙江等地。

形态特征

全长约 2000mm，为大型无毒蛇。体背绿褐色或棕黑色，背部正中有一条黄色的纵纹，另有黑色纵线 4 条，两条在背脊两侧，两条在体侧，随着年龄增长体色渐变成黄褐色或灰褐色，黑色纵线体前部仍清晰可见，后部变模糊不清甚至消失。头背褐色无斑，头腹黄白色，腹面污白色。头颈区别显著，眼大，幼蛇全身鲜绿色。

物种习性

栖息于沿海、沿江到海拔约 2000m 的平原、丘陵或山区，喜于耕地附近活动。性情温顺，通常不会主动攻击人类，反应敏捷，受到惊吓能迅速逃跑。白天活动觅食。卵生，每年 5—7 月为产卵期，每次产卵 13~17 枚。

乌梢蛇为狭食性蛇类，主要以蛙类为食，其次捕食一些蜥蜴、鱼类及鼠类等。

保护意义

乌梢蛇是我国传统动物药材之一，在几千年的中医药发展史中一直沿用至今。另外，乌梢蛇皮曾是京胡的专属用皮，现在多用仿生皮代替，以此减少对蛇类的捕杀。

目前由于栖息地遭到破坏及人类的大量捕杀，野生种群的乌梢蛇数量大减，应迅速给予保护。

游蛇科 Colubridae
鼠蛇属 *Ptyas*

灰鼠蛇

Ptyas korros (Schlegel,1837)

濒危等级：易危（VU）

长江流域分布 / 长江流域记录分布

本种广泛分布于长江流域，分布记录于安徽、贵州、湖南、江西、云南、浙江等地。

形态特征

全长 700~1600mm，蛇体略细长，为大型无毒蛇。体背面棕褐色或橄榄灰色，躯干后部和尾背鳞片边缘黑褐色，整体略显网纹。背面由于每一背鳞的中间色深，前后缀连在一起形成深浅色相间的若干纵纹。头背棕褐色，头腹浅黄色，腹面除腹鳞两外侧颜色稍深外，其余均为乳白色或淡黄色无斑。头比较长，吻鳞高，鼻孔较大，眼大而圆，颊鳞 1 枚以上是鼠蛇属的典型特征，但发现部分个体只有 1 枚颊鳞。

物种习性

栖息于海拔 100~1630m 的平原、丘陵及山区，常攀缘栖息于溪流或水塘边的灌木上。行动敏捷，性情温顺，一般不主动袭击人类。晚间蜷伏于树枝上，白昼活动觅食。卵生，每年 5—6 月为产卵期，每次产卵 1~9 枚，孵化期约 2 个月。

灰鼠蛇主要以蛙、蜥蜴为食，同时也捕食鸟类、鼠类。

保护意义

灰鼠蛇是我国重要的经济蛇类之一。随着社会需求的不断增加，捕杀量增大，野生个体的数量日渐减少，为保护和扩大灰鼠蛇的种群数量，必须开展有效的保护措施。

游蛇科 Colubridae
鼠蛇属 *Ptyas*

滑鼠蛇

Ptyas mucosa (Linnaeus,1758)

濒危等级：濒危（EN）

长江流域分布 / 长江流域记录分布

本种广泛分布于长江流域，分布记录于安徽、贵州、湖北、湖南、江西、四川、云南、浙江等地。

形态特征

全长约1500~2000mm，为大型无毒蛇。体背面具棕褐色或黄褐色，部分背鳞边缘或一半黑色，形成不规则的黑色横斑，横斑至尾部形成网纹。腹面前段红棕色，后段淡黄色，头背黑褐，上唇鳞浅灰色，腹面黄白色，后缘具粗大黑斑。身体前段、后段及尾部的腹鳞黑色，后缘更为明显。头较长，眼大而圆，瞳孔圆形，半阴茎不分叉，圆柱形。

物种习性

栖息于海拔150~3000m的平原、丘陵、山区。性情凶猛，攻击速度快，白天多在水域附近活动觅食。每年11月至次年3月为冬眠期，卵生，5—7月为产卵期，产卵前雌性于灌木丛中的落叶下作盆状凹巢，每次产卵7~15枚，孵化期约2.5个月，初孵化的幼蛇体长约40cm。

滑鼠蛇主要以鼠类、蟾蜍、蛙、蜥蜴和其他蛇类为食。

保护意义

滑鼠蛇是国家Ⅱ级重点保护野生动物。由于过度捕杀和栖息地破碎化，目前其野生个体数量快速减少。滑鼠蛇性好食鼠类，对于控制啮齿动物数量有着积极的作用。

游蛇科 Colubridae
环游蛇属 *Trimerodytes*

赤链华游蛇

Trimerodytes annularis (Hallowell,1856)

濒危等级：易危（VU）

长江流域分布 / 长江流域记录分布

本种广泛分布于长江流域，分布记录于安徽、湖北、湖南、江苏、江西、上海、四川、重庆、浙江等地。

形态特征

雄性全长 400~600mm，雌性全长 530~700mm，为体型中等的水栖无毒蛇。体背灰褐色，全身散布有约 30~40+12~20 条黑色环纹，随着年龄增长个体背面色斑较模糊，在体侧及腹面则清晰可辨，头背暗褐色，头腹面白色，腹面除环纹外其余部分为较为明显的橘红色或橙黄色。头颈可以区分，眼睛较小。

物种习性

栖息于海拔 100~1000m 的稻田、池塘、溪流等水域附近。白天活动。卵胎生，每年 9—10 月为生产期，每次产幼蛇 3~14 条，初生幼蛇体长 14~21cm，初生幼蛇可吸收腹中的卵黄维持 6~7 天。霜降前后进入冬眠，冬眠期间多在田埂、塘地湿润泥土或洞穴中度过。

赤链华游蛇主要以泥鳅、鳝鱼、蛙、蝌蚪等为食。

保护意义

赤链华游蛇为中国特有种。它们的主要栖息地正在遭受较大破坏，农药和化肥的使用使水田中蛙类和鱼类数量大幅度减少，严重威胁到它们的食物资源。湿地的大面积丧失也剥夺了赤链华游蛇的重要栖息地。

该物种具有较高的经济及科研价值，对于维持湿地生态系统的健康也发挥着重要作用。

游蛇科 Colubridae
环游蛇属 *Trimerodytes*

乌华游蛇

Trimerodytes percarinatus (Boulenger,1899)

濒危等级：易危（VU）

长江流域分布 / 长江流域记录分布

本种广泛分布于长江流域，分布记录于安徽、甘肃、贵州、河南、湖北、湖南、江苏、江西、陕西、上海、四川、云南、浙江等地。

形态特征

全长800~1000mm。体背面暗橄榄绿色或橄榄灰色，头腹面灰白色，体侧橘红色，全身有28~40+10~20条明显的黑褐色环纹，背面由于基本色调较深，环纹模糊不清，体侧则清晰可数，腹面灰白色，环纹不明显。随着年龄增长，体侧橘红色逐渐不鲜艳，黑褐环纹也模糊不清。与赤链华游蛇的区别在于本种腹面不呈橘红色或橙黄色。

物种习性

栖息于海拔100~1600m的稻田、溪流、大河等水域附近。白天活动。卵生，每年8—9月产卵期，每次产卵4~18枚。

乌华游蛇主要以鱼、蛙、蝌蚪等为食。

保护意义

乌华游蛇的主要栖息地正在遭受较大破坏，农药和化肥的使用使水田中蛙类和鱼类数量大幅度减少，严重威胁到它们的食物资源。湿地的大面积丧失也剥夺了乌华游蛇的重要栖息地，应加大对其生存环境的保护。

食螺蛇科 Dipsadidae
温泉蛇属 *Thermophis*

香格里拉温泉蛇

Thermophis shangrila (Peng,Lu,Huang,Guo,and Zhang,2014)

濒危等级：未评级

长江流域分布 / 长江流域记录分布

本种分布于长江流域上游，分布记录于香格里拉地区，是中国垂直分布海拔较高的物种，垂直分布海拔 3300m 左右。

形态特征

全长780~1000mm。头窄且较短小，与颈区分不明显，头棕色，具黑灰色斑点，头两侧颜色较浅，唇及颈部奶油黄。身体相对细长，呈圆形，背部浅棕色，具黑巧克力色斑点和条纹，整个脊柱线具暗褐色斑点。腹面呈橄榄绿色。

物种习性

栖息于海拔3300m左右附近有温泉的地区，见于林缘草地、小道，亦见游于河中。卵生，窝卵数7枚左右，卵白色、长圆形、粘连，平均卵重5.8 g，卵径（45.1 ± 4.6）×（14.7 ± 0.6）mm。

香格里拉温泉蛇主要以鱼和高山蛙为食。

保护意义

香格里拉温泉蛇为中国特有种，亦属青藏高原特有种。是目前发现的第三种温泉蛇属的物种，由于发现时间不长，因此濒危等级尚未评定，但该物种对环境要求较高，数量稀少，是研究高原适应的理想材料，具有重要研究价值，故而收录。

第四部分

鸟类

长江流域记录鸟类762种，隶属20目66科291属，约占全国鸟类总数的61.2%。其中拥有中国特有鸟及主要分布鸟类72种，国家Ⅰ级重点保护鸟类26种，国家Ⅱ级重点保护鸟类92种。长江流域的不同生境造就了不同的鸟类区系。

长江源头，地势高，气候干旱寒冷。其主要生境类型以针叶林、高山灌丛、高山草甸及冰雪裸岩为主。独特的环境也使得长江源成为特有鸟类最为丰富的地区之一。

上游金沙江地带，地势被切割成高山峡谷，自然垂直变化明显，从山麓至山顶具有热带、亚热带、山地暖温带和高原亚寒带等各种气候和植被类型。错综复杂的自然条件使该区域古北种和东洋种两界鸟类相互交错。

长江中下游地区，地形起伏较为平缓，河流纵横，湖泊分布较多，河湖相连，沼泽地域广阔，茂密的水生植物成为各种水禽、涉禽极好的栖息场所。类似鄱阳湖等众多湖泊，为湿地鸟类提供了绝佳的憩息场所。

长江河口则是一片坦荡辽阔的平原，江面宽广，水流平缓，在河口段江水与海水混合在一起。宽阔的潮间带滩涂、丰产的甲壳类动物和水生植物，为各种水鸟提供了良好的栖息条件。

本书主要根据《中国物种红色名录》和《国家重点保护野生动物名录》并结合物种的分布，选择其中分布在长江流域的EN等级以上的物种、国家重点保护野生动物以及中国（含长江流域或局部区域）特有物种进行统计；濒危等级评估较低，但其分布较为狭窄，其栖息地在历史上受人为破坏严重以及过度捕杀等影响，亟需加大保护力度的部分物种也收录其中。本书选编的长江流域珍稀保护鸟类共46种，按濒危等级分，CR：4种；EN：23种；VU：11种；NT：8种。46种珍稀保护鸟类中有国家Ⅰ级保护物种17种，Ⅱ级保护物种20种。

䴙䴘目 PODICIPEDIFORMES
䴙䴘科 Podicipedidae

角䴙䴘

Podiceps auritus (Linnaeus,1758)

濒危等级：近危（NT）

长江流域分布 / 长江流域记录分布

本种分布于长江中下游地区，分布记录于河南、湖南、四川、浙江、上海等地。

形态特征

中小型游禽，体长 330mm，上体大都灰黑色，头部两侧各具一簇金棕色羽毛，犹如两角一般。颈、上胸及两胁栗红色背部暗灰褐色。内侧飞羽大都白色，下胸及腹等白色。

物种习性

主要栖息于山林间和山坡上的水域中，善于游泳和潜水。常单只或成对活动，迁徙时或在越冬期间也有时集成 4~12 只的小群。它们每次潜水时间多为 20~30s，最长可在水下停留 50s 左右。角䴙䴘善于飞行，在水上起飞时，先要贴近水面奔驰一段才能顺利起飞。在国内，主要繁殖于新疆天山西北部的天山谷地，越冬于长江下游和东南沿海，常潜水取食。

繁殖于天山中部。繁殖期会有精彩的求偶炫耀。镜像舞蹈，身体高高挺起并同时点头。

角䴙䴘以鱼、虾和水生昆虫为主食。

保护意义

角䴙䴘为国家Ⅱ级重点保护野生动物。在国内非常稀少，研究资料稀缺，在中国，仅记录天山中部有该物种的繁殖点。2012 年 5 月，雅安市天全县城厢镇下村电站水库，记录 1 只雄性繁殖羽个体，但未发现雌性，其是否为该物种新的繁殖点，需要进一步调查研究。

鹳形目 CICONIIFORMES
鹳科 Ciconiidae

东方白鹳

Ciconia boyciana Swinhoe,1873

濒危等级：濒危（EN）

长江流域分布 / 长江流域记录分布

本种广泛分布于长江流域，分布记录于四川、云南、湖北、湖南、江西（鄱阳湖）、安徽（安庆）、江苏、贵州等地。

形态特征

大型涉禽，体长：雄性1190~1275mm，雌性1114~1210mm；体重：雄性3950~4350g，雌性4250~4500g。通体白色，肩羽较长，黑色，并有紫铜色金属光泽。大覆羽、初级覆羽、初级飞羽和次级飞羽均黑而沾铜绿色，初级飞羽基部白色，内侧初级飞羽和次级飞羽外翈除羽缘和羽端外，均为银灰色，向内渐转为黑色。颈下羽毛呈长矛状。虹膜粉红色，外圈黑色，喙黑色，先端稍淡，裸露的眼周和眼先及喉等均朱红色，脚红色。

物种习性

主要栖息于河流、湖泊、水泡岸边及其附近草地和沼泽地带。起飞时需助跑一段距离，并扇动双翅，以此获得起飞的上升力。飞翔时颈向前伸，脚向后伸直成一条线，远远突出于尾后。寻食时多成对或成小群于水边浅水处或沼泽及草地边走边啄食。

繁殖期4—6月，主要繁殖于东北地区中北部的乌苏里江和黑龙江流域、内蒙古部分地区、俄罗斯远东地区。营巢于树顶端枝杈上，呈平台状，由干树枝堆集而成，结构庞大，雌雄亲鸟共同营巢。大小120~230cm，如果当年繁殖成功，巢翌年还将继续被利用。窝卵数通常4~6枚，大小约76mm×57mm，重约130g。双亲轮流孵卵，孵化期31~34天，幼鸟由双亲共同抚育。60~63日龄离巢。

东方白鹳的食物主要为鱼、蛙、蜥蜴、蛇、鼠类、甲壳类、软体动物、昆虫和其他小型动物。

保护意义

东方白鹳为国家I级重点保护野生动物。从前是东亚地区的常见鸟类，甚至有在市区教堂顶营巢的记录。1868—1995年，非法狩猎、农药和化学毒物污染导致日本东方白鹳数量骤减，仅在冬季偶尔发现越冬个体。而朝鲜、韩国的繁殖种群也已于20世纪70年代初灭绝。2009年全世界有东方白鹳野生种群不到3000只，2013年为2500~3000只。

吉林省和黑龙江省部分东方白鹳繁殖地区开展的人工招引工作，对该物种的保育起到了一定作用。但总体来说，俄罗斯远东地区和中国东北黑龙江、吉林两省残存的繁殖地也变得极为狭小。其野外种群仍然面临较大生存压力，该物种具有重要生态学价值，亟须保护。

鹳形目 CICONIIFORMES
鹳科 Ciconiidae

黑鹳

Ciconia nigra (Linnaeus,1758)

濒危等级：易危（VU）

长江流域分布 / 长江流域记录分布

本种广泛分布于长江流域，分布记录于青海、四川、云南、湖北、湖南（洞庭湖）、江西、甘肃、陕西、河南等地。

形态特征

大型涉禽，体长：雄性 1000~1100mm，雌性 1046~1172mm；体重：雄性 2570~2600g，雌性 2150~2747g。嘴长而直，基部较粗，往先端逐渐变细。鼻孔小，且呈裂缝状。尾较圆，尾羽 12 枚。脚长，前趾基部间具蹼，爪钝而短。头、颈、上体及上胸等均黑色，颈具辉亮的绿色光泽，背和肩具紫色与青铜色光泽，上胸有紫色和绿色光泽。下胸、腹、两胁和尾下均呈白色。虹膜褐色或黑色，喙及腿红色，尖端较淡，脸部裸出皮肤和脚均深红色。

物种习性

冬季迁徙到华南、西南、长江中下游和东南沿海地区。常单独或成对活动，有时也在水边集成 4~10 只的小群。性机警而胆小，听觉、视觉均很发达，一旦发觉受到威胁就飞走。

在我国，黑鹳主要的繁殖地为北纬 30° 以北地区，集中在东北、华北和西北地区。繁殖期 4—7 月。营巢于偏僻的森林、荒山和荒原地带。如果巢未被破坏，则第二年还继续利用，巢大小约为 61.7cm × 63.0cm，筑巢由雌雄亲鸟共同承担。窝卵数 2~4 枚，重 60~70g，孵化期 33 天左右，雏鸟 50~70 天具有飞翔能力，9 月下旬至 10 月初，开始随队南迁。

黑鹳主要以小型鱼类为食，也吃甲壳类、两栖类、爬行类、软体动物以及小型啮齿动物和雏鸟等动物性食物。

保护意义

黑鹳为国家Ⅰ级重点保护野生动物，是一种大型珍稀鸟类，曾经分布较广，但种群数量在全球范围内明显减少。1985—1989 年的调查推测，中国黑鹳种群数量在 500~1000 只。1990—1993 年，针对中国 10 个湿地展开调查，认为黑鹳种群数在 500 只左右。2006 年，推测全球黑鹳数量在 24000~44000 只，中国黑鹳总数在 1000 只左右。

黑鹳体态优美，具有很高的观赏价值，同时具有很高的科研和生态学价值。其野外种群应得到较好的保护。

鹈形目 PELECANIFORMES
鹈鹕科 Pelecanidae

卷羽鹈鹕

Pelecanus crispus Bruch,1832

濒危等级：濒危（EN）

长江流域分布 / 长江流域记录分布

本种广泛分布于长江流域，分布记录于青海、湖北、湖南（洞庭湖）、江西、安徽、江苏、上海、甘肃、陕西、河南、浙江等地。

形态特征

大型游禽，体长 1600~1800mm，体重 11000~15000g。全身灰白色，冠羽卷曲状，枕部羽毛延长卷曲。嘴宽大，直长而尖，呈铅灰色，上下嘴缘的后半段均为黄色，前端具黄色弯钩。下颌具可伸缩的大型皮囊，与嘴等长，呈橘黄色或淡黄色。翅膀宽大，尾羽短而宽，腿较短，脚为蓝灰色，四趾之间均有蹼。颊部和眼周裸露的皮肤均为乳黄色或肉色，上喙灰色，下喙粉红，脚近灰色。

物种习性

卷羽鹈鹕喜群居，鸣声低沉。善游泳，但不会潜水，颈部常弯曲成"S"形，缩在肩部。它们飞行姿态优美，常集群飞行。

繁殖期为每年 4—6 月。巢形如圆盘，主要由干树枝构成，内垫树皮、树叶、干草、苔藓、动物毛发等。窝卵数 3~4 枚，卵淡蓝或淡绿色。亲鸟轮流孵卵，孵化期 30~32 天。幼鸟出蛋壳体色呈灰黑，不久就生出一身浅浅的白绒毛。亲鸟以半消化的鱼肉喂雏鸟，等雏鸟长大后，把头伸进亲鸟张开的嘴巴的皮囊里，啄食带回的小鱼。幼鸟 14~15 周后独立。

卷羽鹈鹕以鱼为主食，也摄食甲壳类、软体动物、两栖动物等动物性食物。

保护意义

卷羽鹈鹕为国家Ⅱ级重点保护野生动物。其种群数量呈逐年递减的趋势。据估计，全球卷羽鹈鹕的数量在 1 万 ~2 万只。于湿地繁衍后代，其栖息地分布广泛，但非常分散。湿地枯竭和渔民捕杀曾造成卷羽鹈鹕数量下降。如今的城市化、渔业、工业等行业的发展以及环境污染等问题，加速了卷羽鹈鹕的致危。

鹈形目 PELECANIFORMES
鹮科 Threskiornithidae

黑头白鹮

Threskiornis melanocephalus (Latham,1790)

濒危等级：极危（CR）

长江流域分布 / 长江流域记录分布

本种广泛分布于长江流域，分布记录于西藏、四川、云南、江苏等地。

形态特征

中型涉禽，体长680mm。体羽几纯白色。头和上颈裸出，裸皮黑色。喙长而下弯，呈黑色，鼻沟直达喙端。跗跖亦黑。初级飞羽稍沾不显的银灰色，三级飞羽羽缘呈蓑羽状，近羽端的1/2呈深银灰色。尾羽稍沾浅银灰色。尾下覆羽稍沾不显的浅银灰色。繁殖期间腰及尾上覆羽具淡银灰色蓑羽。跗跖、趾、爪皆黑色。虹膜红褐色或红色。

物种习性

常见栖息于河、湖以及沼泽的浅水间，依据食物的丰富与否而作局部移动，常与其他鹭科鸟类混群。

繁殖期为每年的5—8月，这时常发出较为响亮的鸣叫。巢大多筑于水边的大树上或灌丛上，直径35cm左右，主要由枯树枝构成。双亲共同承担营巢工作。每年窝卵数4~6枚，卵白色，椭圆形，45~65mm。双亲轮流孵卵，孵化期23天左右。

黑头白鹮主要以鱼、蛙、蝌蚪、昆虫、昆虫幼虫、蠕虫、甲壳类，软体动物，以及小型爬行动物等动物性食物为食，有时也吃植物性食物。

保护意义

黑头白鹮为国家II级重点保护野生动物，其野外种群数量稀少，研究资料稀缺。曾有科学研究者对比了它们与朱鹮的育雏行为，但其他研究领域罕见报告。

目前，黑头白鹮不仅为中国的保护鸟类，同时也是世界濒危物种之一，且具有重要的生态学和科研价值，亟待保护。

鹈形目 PELECANIFORMES
鹮科 Threskiornithidae

朱鹮

Nipponia nippon (Temminck,1835)

濒危等级：濒危（EN）

长江流域分布 / 长江流域记录分布

本种分布于长江中下游地区，陕西（佛坪）、浙江、安徽、河南（董寨）等地。

形态特征

中型涉禽，雄性体长783~790mm，体重1700~1885g；雌性体长679mm，体重1465g。体型和大小似白鹭，但其嘴向下弯曲，飞行时颈伸直向前。全身白色，上下体的羽干、羽基以及飞羽均渲染粉红色。颈项有若干羽毛延伸为矛状，形成羽冠。喙黑色，上下喙尖端和基部红色，鼻沟红色。跗跖和裸露的下胫亮红色。

物种习性

栖息于高大的树木上，寻找食物时，飞到水田、溪流、沼泽地上。飞翔时，头向前伸，腿伸向后，鼓翼飞行，翅膀鼓动缓慢但有力。

3月上旬开始营巢，就常有交配行为，营巢期交配频繁，在孵卵及育雏过程中，具“伪交配”现象。巢由枯树枝叠成，内以带叶的小干枝及稻草铺垫，大小73cm左右。窝卵数2~4枚，卵灰绿色而布褐色斑。双亲轮流孵卵，孵化期25天左右。

朱鹮主要以小鱼、泥鳅、蛙、蟹、虾、蜗牛、蟋蟀、蚯蚓、甲虫、半翅目昆虫、甲壳类以及其他昆虫和昆虫幼虫等无脊椎动物和小型脊椎动物为食。还兼食植物性食物，如芹菜、米粒、小豆、谷类、草籽、嫩叶等。

保护意义

朱鹮为国家Ⅰ级重点保护野生动物，历史上曾广泛分布于中国、日本、朝鲜半岛和俄罗斯东部。20世纪初世界范围内野生朱鹮的分布和数量逐渐减少，并于20世纪中叶以后相继在苏联、朝鲜半岛和日本绝迹。

我国自20世纪60年代后没有野生朱鹮的报道，一度被认为已经在野外灭绝。直至1981年5月，于陕西洋县发现一仅为7只的朱鹮种群，此种群极度脆弱，随时可能走向灭绝。

经过30余年的努力，野生朱鹮种群数量稳定增长，分布范围逐步扩大。2004年在洋县华阳进行野化放飞试验，释放个体自2006年开始在野外连续繁殖。2007年开始在宁陕县再进行引入试验，释放的个体于2008年开始在野外繁殖，初步建立起第二个朱鹮野生种群，2014年，其野外种群已达到1000只以上。

除了在陕西省扩繁种群之外，2013年，在河南董寨国家级自然保护区进行了再引进。2014年11月12日，33只经过野化训练的朱鹮在浙江被放归大自然，这也是朱鹮在我国东南沿海地区首次放飞。

自1981年朱鹮在我国重新发现以来，通过国家和社会各界的努力，我国朱鹮总数迅速增加，并突破朱鹮的“迁地保护”难关。朱鹮具有重要的生态学价值和研究价值。目前，该物种的保护和野放工作仍然任重道远。

鹈形目 PELECANIFORMES
鹮科 Threskiornithidae

白琵鹭

Platalea leucorodia Linnaeus,1758

濒危等级：近危（NT）

长江流域分布 / 长江流域记录分布

本种广泛分布于长江流域，分布记录于四川，湖北（洪湖、监利），江西（鄱阳湖），安徽（升金湖），河南等地。

形态特征

大型涉禽，体长：雄性 793~875mm，雌性 740~864mm；体重：雄性 2000~2080g，雌性 1940~2175g。雌雄羽色相近。冬羽白色，眼先、眼周裸出部黄色。颏和上喉裸出，呈黄色。下喉、胸、腹、肛周和尾下覆羽白色。初级飞羽的外侧部分淡褐色。夏羽除头部具明显的白色羽冠，颈部具黄色圈外，其他与冬羽同。

虹膜红色。喙黑色，先端黄色，上喙有黑色雏纹，纹间为黄褐色。跗跖、趾和爪等均为黑色。

物种习性

栖息于苇丛、近浅水具有低树的沼泽间。冬季集群活动于开阔的沼泽，咸水湖，与海通连的江、河口，沿海的浅水区以及河、湖浅水间。常集成几十至百余只的大群，在浅水间用琵形的长喙从一侧划向另一侧，边划边缓慢前进，以这种方式寻找食物，觅食的姿态甚为特殊。

繁殖期自 3 月末起，直至 7 月，其间会发出似小猪“哼哼”的声音和兴奋时用长喙敲击的嗒嗒声。营巢于草丛间地上或灌木和乔木的枝杈间，形状宽大扁平，由细枝条、叶和其他植物构成。窝卵数 3~4 枚，卵白色，具红褐色斑，尤其是在卵的钝端。双亲轮流孵卵，21~25 日出壳。4 个星期后雏鸟能离巢活动，全身羽毛经 45~50 天长成。

白琵鹭主要以小鱼、水生昆虫、蝌蚪、蠕虫、蜗牛及昆虫幼虫等为食。

保护意义

白琵鹭为国家Ⅱ级重点保护野生动物。它们在全球的数量约为 34000 只，分散在各地区的种群数量偏低，且呈逐年下降趋势，在一些国家则已经完全消失。荷兰 19 世纪 50 年代拥有繁殖种群 600 对，60 年代下降到 200 对，90 年代数量有所恢复，达到 420 对左右；西班牙 1990 年种群达到 900 对；19 世纪 60 年代，非洲有 1400 多对，1980 年统计越冬种群 10000 只左右。1992 年，亚种冬季种群为 10000 多只，中国 900 只左右。

该物种具有重要的生态学价值，其野外种群正在受到威胁，对其开展有效的保护具有深远的意义。

鹈形目 PELECANIFORMES
鹮科 Threskiornithidae

黑脸琵鹭

Platalea minor Temminck and Schlegel,1849

濒危等级：濒危（EN）

长江流域分布 / 长江流域记录分布

本种广泛分布于长江流域，分布记录于四川、湖南、江西、江苏、上海（崇明岛）、贵州、浙江等地。

形态特征

大型涉禽，体长600~780mm。喙长而直，黑色，上下扁平。全身羽毛白色，颈部具黄棕色环，胸部稍沾些淡黄色。额、围眼部、下颏裸露。皮肤黑色。白头顶至后枕具明显的白色羽冠，稍沾些黄色。虹膜深红色或血红色，飞羽白色，喙黑色。腿的裸露部分，跗跖和趾等均黑色。幼鸟似成鸟冬羽，但喙为暗红褐色，初级飞羽外缘端部黑色。

物种习性

栖息于内陆湖泊、水塘、河口、芦苇沼泽、水稻田、沿海及其岛屿和海边芦苇沼泽地带。喜欢群居，常与其他同目鸟类混群。觅食时，将扁形的喙插入水中，左右晃动头部扫荡。

黑脸琵鹭繁殖期在5—7月，营巢于水边悬岩上或水中小岛上，常数对一起营巢。巢呈盘状，大小20~30cm，通常由树枝和干草构成。窝卵数4~6枚，卵白色，具浅色斑点，卵长圆形，大小59mm×44mm，孵化期35天左右。当年生幼鸟随亲鸟于10—11月离开繁殖地前往越冬地。

黑脸琵鹭主要以小鱼、虾、蟹、昆虫、昆虫幼虫以及软体动物和甲壳类动物为食。

保护意义

黑脸琵鹭为中国Ⅱ级重点保护野生动物，是全球濒危珍稀鸟类，它已成为仅次于朱鹮的濒危的水禽。

其濒危状况引起了全球科研和保护工作者的高度重视，目前的数量在稳定增长。全球黑脸琵鹭越冬数量2003年为1060多只，2004年为1200余只，2005年为1470多只，2006年为1670多只，到2007年已达1760多只。

在中国，台湾地区是黑脸琵鹭的重要越冬地，2004—2005年冬春为720多只，2005—2006年冬春800只左右，2006—2007年冬春的越冬数量已达到1070多只。

黑脸琵鹭数量的逐渐恢复固然可喜，但它们的种群仍然处于受威胁的状态，而此物种具有重要的生态学价值和保护意义。因此，对该物种的保护不能松懈。

雁形目 ANSERIFORMES
鸭科 Anatidae

鸳鸯

Aix galericulata (Linnaeus,1758)

濒危等级：近危（NT）

长江流域分布 / 长江流域记录分布

本种广泛分布于长江流域，分布记录于四川、云南、湖南、湖北（襄阳、十堰）、江西、上海、贵州、甘肃、浙江等地。

形态特征

中小型游禽，体长：雄性 401~430mm，雌性 438~450mm；体重：雄性 430~590g，雌性 435~550g。鸳鸯雌雄体色差异明显，雄鸟在繁殖期羽色鲜艳华丽，头具羽冠，眼后具白色眉纹。翅上一对栗黄色的扇状直立羽。尾羽暗褐色具金属绿。上胸和胸侧暗紫色，下胸至尾下覆羽乳白色，两胁近腰处具黑白相间的横斑，两胁紫赭色。雌性头与后颈灰褐色，无羽冠和扇状直立羽。具白色眉纹。胸、胸侧和两胁暗棕褐色，具淡色斑点，腹和尾下覆羽白色。

虹膜褐色，雄鸟喙暗角红色，尖端白色；雌鸟褐色至粉红色，喙基白色，脚橙黄色。

物种习性

主要栖息于大且开阔的湖泊、江河和沼泽地带。喜成群活动，通常数十只一起活动，有时与其他鸭类混群。通常于有树荫或芦苇丛的水面上漂浮、取食，然后再飞到树林中去觅食。觅食结束后，在水塘附近的树枝或岩石上休息。

4 月下旬开始出现交配行为，一直持续到 5 月中旬。通常在高大乔木的树洞内筑巢，巢穴垫有木屑和绒羽。5 月末开始产卵。鸳鸯具有种内巢寄生行为，窝卵数通常 9~12 枚，当发现巢内一天出现 1 枚以上数量的卵，或窝卵数大于 12，则可判定出现了巢寄生。其卵白色，圆形且光滑无斑，大小 50mm × 38mm，重约 23g。孵化期 29 天左右，雌鸟孵卵，雄鸟在雌鸟开始孵卵后到隐蔽的河段换羽。雏鸟孵化第二天，就可从高高的树洞跳出，进入水中后即能游泳和潜水。

鸳鸯性杂食。繁殖期主要以动物性食物为主，如蛙、鱼类、蝌蚪、鞘翅目、膜翅目昆虫、蜗牛等，也兼食草籽、忍冬、果实等。非繁殖期以植物性食物为主，如草籽、橡子、玉米、稻谷及河中的青苔等。

保护意义

鸳鸯为国家Ⅱ级重点保护野生动物，也是中国传统出口鸟类之一，在中国曾拥有很大的种群数量。曾经无论是在长白山还是冬季的南方越冬地，常能遇到 40~50 只的大群。但由于森林砍伐和捕猎，致使种群数量日趋减少，这种壮观的场面很难见到了。该物种的野外种群亟须保护。

雁形目 ANSERIFORMES
鸭科 Anatidae

鸿雁

Anser cygnoid (Linnaeus,1758)

濒危等级：易危（VU）

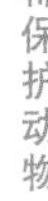

长江流域分布 / 长江流域记录分布

本种广泛分布于长江流域，分布记录于青海、四川、湖北、湖南、江西、安徽、江苏、上海、河南、浙江等地。

形态特征

大中型游禽，体长：雄性 821~930mm，雌性 800~850mm；体重：雄性 2850~4250g，雌性 2800~3450g。上喙基衔接额头处有一条棕白色狭纹。颈部背面棕色，腹面白色。前颈下部和胸部均为肉桂色，向后渐淡至下腹基尾下覆羽纯白色。两胁暗褐，羽端棕白，翅下覆羽及腋羽暗灰色。

物种习性

常栖息于旷野、河川、湖泊、沼泽，特别是水生植物丛生的水边，有时也活动于山区、平原和海湾等处。性喜结群，迁徙时，常汇集成数百上千只的大群。飞翔时，经常排成“一”字形或“人”字形，飞行速度较缓慢，徐徐向前。飞行时，颈向前伸直，脚贴腹下。雁群发出的鸣叫，可传至数公里之外。

繁殖期在 4—6 月，常成对营巢繁殖。巢中心呈凹陷状，多筑于草原湖泊岸边或芦苇丛中，巢材主要为干芦苇和干草，内垫以细软的禾本科植物、干草和绒羽。窝卵数 4~8 枚，卵乳白色，大小 55~80mm，重约 131g。雌鸟单独孵卵，雄鸟通常守候在巢附近警戒。孵化期 28~30 天。幼鸟 2~3 年性成熟。

鸿雁主要以各种草本植物，包括水生和陆生植物、藻类等为食，也吃少量的软体动物。

保护意义

鸿雁为国家Ⅱ级重点保护野生动物。它们是家鹅的祖先，也是长期以来传统的狩猎对象，曾拥有很大的种群数量。由于排水、围湖造田、越冬和繁殖环境的丧失和过度狩猎，导致其数量大幅度下降。应加强对鸿雁种群和栖息环境的保护。

雁形目 ANSERIFORMES
鸭科 Anatidae

小白额雁

Anser erythropus (Linnaeus,1758)

濒危等级：易危（VU）

长江流域分布 / 长江流域记录分布

本种广泛分布于长江流域，分布记录于四川、湖北、湖南、江西、安徽、江苏、上海、河南、浙江等地。

形态特征

中型涉禽，体长 560~600mm；体重 1440~1750g。雌雄两性相似。喙基和额上白色斑纹显著，伸展至两眼。头顶、后颈暗褐色。前颈、上胸暗褐，下胸灰褐，羽端棕白。尾羽暗褐，羽尖纯白；腹白而杂以黑色不规则斑块。两胁灰褐，肛周及尾下覆羽纯白。虹膜褐色，喙肉色或玫瑰肉色。脚和腿橄榄黄，蹼淡色，爪淡白。

物种习性

栖息于富有矮小植物和灌丛的湖泊、水塘、河流、沼泽及其附近苔原等各类生境，从苔原海岸到高出海平面 200m 以上的苔原高地和森林苔原地带均可被利用。每年入秋后成群迁至我国境内。

繁殖于北极苔原地区，繁殖期在 6—7 月。营巢在紧靠水边的苔原上或低矮的灌木下。巢由干草和苔藓构成，内垫少许绒羽。窝卵数 4~7 枚，卵淡黄色或赭色，大小 28~80mm。雌鸟孵卵，雄鸟在巢附近警戒，孵化期 25 天。

小白额雁以各种湖草为食，有时亦吃谷类、种子、菱白根茎及各种小秋作物的幼叶、嫩芽等。

保护意义

因环境破坏、栖息地条件恶化和人为捕杀等原因，该物种遭受严重威胁，种群数量急剧减少，且尚未恢复。在中国境内更是难得一见。该物种具有重要的生态学价值，亟须保护。

雁形目 ANSERIFORMES
鸭科 Anatidae

青头潜鸭

Aythya baeri (Radde,1863)

濒危等级：极危（CR）

长江流域分布 / 长江流域记录分布

本种广泛分布于长江流域，分布记录于青海、西藏、四川、云南、湖北（武汉、石首、洪湖）、湖南、江西（九江）、安徽、江苏、上海、甘肃、河南、浙江等地。

形态特征

小型游禽，体长：雄性430~470mm，雌性420~734mm；体重：雄性500~730g，雌性590~655g。雄鸭头和颈黑色，并具绿色光泽。上体黑褐色，胸部暗栗色，腹部白色，截然分开，次级飞羽白色，形成明显的翼镜，端部有一暗褐色横带，边缘有白色狭纹，三级飞羽暗褐色，并有绿色光泽。雌鸭头、颈黑褐色，胸部淡棕色。翼镜和尾下覆羽两性均白色，两翅羽色与雄性成鸟略同。

物种习性

冬季多发现于大的湖泊、江河、海湾、河口、水塘和沿海沼泽地带。成对或成小群活动在水边水生植物丛中或附近水面上。常与凤头潜鸭或其他潜鸭混群，觅食时会潜入水下。

每年3月中旬从南方越冬地迁往北方繁殖，婚配制度为一雄多雌。繁殖期主要栖息在富有挺水植物的小湖中，近年发现武汉地区有大量青头潜鸭繁殖。营巢于富有挺水植被间的台地上，巢大小160mm×200mm左右。窝卵数通常9~13枚，卵淡黄色，略呈圆形，大小为38mm×50mm左右。雌性承担孵卵工作，孵化期25天，雏鸟由雌性抚育。

青头潜鸭以水草为主食，也吃软体动物、水生昆虫、甲壳类、蛙等动物性食物。

保护意义

2000年以前，青头潜鸭尚属常见游禽。之后，由于过度狩猎和生境恶化，其繁殖和越冬的湿地被破坏等原因，总体数量在衰落。水位降低或水体完全枯竭，导致该物种栖息地面积大幅度下降。

2013年，对全国的27个湿地调查中，仅在5个地点记录到青头潜鸭11只。2015年4月，黑龙江林甸、泰康一带记录到青头潜鸭200只；2016年3月，九江记录到青头潜鸭200余只；2018年3月，武汉地区单日记录到青头潜鸭302只。

据估计，全球的青头潜鸭数量不足1000只。该物种引起了社会各界的高度关注，同时也有相关机构为保护该物种积极奔走。

雁形目 ANSERIFORMES
鸭科 Anatidae

小天鹅

Cygnus columbianus (Ord,1815)

濒危等级：近危（NT）

长江流域分布 / 长江流域记录分布

本种广泛分布于长江流域，分布记录于四川、湖北、湖南（洞庭湖）、江西（鄱阳湖）、安徽、江苏、上海、甘肃、河南、浙江等地。

形态特征

大型游禽，体长：雄性 1130~1300mm，雌性 1100~1132mm；体重：雄性 4510~7000g，雌性 5010~6400g。体羽洁白，比大天鹅稍小。喙基部两侧黄斑沿喙缘未至于鼻孔之下。在野外看来，与大天鹅极相似，颈也经常直伸，颈和嘴均显得短些。遍体雪白，仅头顶至枕略沾淡棕黄色。雌雄同色，雌体略小。虹膜棕色，喙黑灰色，上嘴基部两侧黄斑向前延伸接近鼻孔。跗跖、蹼、爪等均黑色。

物种习性

栖息于多蒲苇的湖泊、水库和池塘中。性较活泼，结群时常发出“kouk~kouk”的清脆叫声。

小天鹅 6—7 月间于西伯利亚的苔原带繁殖，婚配制度为一雄一雌制。巢呈盘状，主要由芦苇、三棱草等干草构成，内垫有绒羽。雌鸟独自营巢，并有利用旧巢的习性。窝卵数 2~5 枚，卵白色。雌鸟孵卵，雄鸟担任警戒。孵化期为 30 天左右，雏鸟孵化后 40~45 天后就可以飞翔。

小天鹅主要以水生植物的根、茎和种子等为食，也兼吃少量的水生昆虫和螺类等，有时还吃农作物的种子、幼苗和粮食。

保护意义

小天鹅为国家Ⅱ级重点保护野生动物，它们属大型游禽，需要大面积的湿地作为栖息地，随着每年栖息地面积的不断缩减，加上狩猎等因素，小天鹅数量明显减少。它们也被列入了国家重点保护野生动物名录。因此，对小天鹅的保护工作亟须加强。

雁形目 ANSERIFORMES
鸭科 Anatidae

大天鹅

Cygnus cygnus (Linnaeus,1758)

濒危等级：近危（NT）

长江流域分布 / 长江流域记录分布

本种广泛分布于长江流域，分布记录于青海、四川、云南、重庆、湖南、湖北、江西、上海、甘肃、河南等地。

形态特征

大型游禽，属雁形目中体型最大的鸟类，体长：雄性 1215~1635mm，雌性 1421~1480mm; 体重: 雄性 7000~12000g，雌性 6500~9000g。通体雪白，虹膜暗褐色，喙黑色，上喙基部黄色，此黄斑沿两侧向前延伸至鼻孔之下，形成一喇叭形。喙端黑色。跗跖、蹼、爪亦为黑色。幼鸟全身灰褐色，头和颈部较暗，下体、尾和飞羽较淡，喙基部粉红色，喙端黑色。

物种习性

大天鹅常栖居于多蒲苇的大型湖泊中，食料较丰富的池塘、水库里也常见到它们的踪迹。性喜集群，除繁殖期外常成群生活，特别是冬季，常呈家族群活动。由于体躯大而笨重，起飞时需在水面助跑一段距离。

繁殖期在 5—6 月。营巢于湖泊、水塘的岸边。巢呈圆帽状，由干芦苇、三棱草和苔藓等构成，巢庞大，直径可达 1m。由雌鸟独自营巢。窝卵数 4~7 枚，卵白色或微黄灰色，大小 113mm × 73mm 左右，重约 330g，孵化期 35 天左右。孵卵由雌鸟单独承担，雄鸟在巢附近警戒。

大天鹅主要以种子、茎、叶和杂草种子为食，也兼食少量的软体动物、水生昆虫和蚯蚓等。

保护意义

大天鹅为国家Ⅱ级重点保护野生动物，属珍稀游禽，由于体型巨大，羽色洁白，曾一度是人们重要的狩猎对象。在我国，青海湖每年都有超过 2000 只大天鹅越冬；陕西平陆黄河湿地超过 1500 只，山东荣成 1500 只左右；陕西榆林最高记录 5006 只。与小天鹅一样，由于较大的体型，栖息地的破坏，严重挤压了该物种的生存空间，使其野外种群数量受到较大威胁。对大天鹅的保护亟须行动。

雁形目 ANSERIFORMES
鸭科 Anatidae

中华秋沙鸭

Mergus squamatus (Gould,1864)

濒危等级：濒危（EN）

长江流域分布 / 长江流域记录分布

本种广泛分布于长江流域，分布记录于四川、云南、湖南、江西、江苏、贵州、甘肃等地。

形态特征

中小型游禽，体长：雄性542~635mm，雌性491~584mm；体重：雄性1025~1170g，雌性800~1000g。喙形与鸭科大部分物种不同，前端尖，且尖端具钩。雄性的头、羽冠和颈的上半部黑色，具绿色金属辉光。上背及肩羽黑色，下背、腰和尾上覆羽白色，杂以黑色斑纹。雌鸟头颈棕褐色，上背褐色，下背、腰和尾上覆羽由褐色到灰色，具白色横斑，尾黑褐色，下体白色，肩和下体两侧具鳞状斑。

物种习性

中华秋沙鸭活动于阔叶林或针阔混交林的溪流、河谷、草甸、水塘及草地等处。性机警，稍有惊动就昂首缩颈不动，随即起飞或急剧游至隐蔽处。

4月初到4月中旬产卵，中华秋沙鸭在树上营巢，把巢建在粗壮的活体阔叶树的树洞里，树洞距离地面一般都超过10m。窝孵数10枚左右，卵浅灰蓝色，遍布不规则的锈斑，钝端尤为明显，呈长椭圆形。大小63mm×46mm左右，重约62g，孵化期约30天。

保护意义

中华秋沙鸭为国家Ⅰ级重点保护野生动物。是与大熊猫、华南虎、滇金丝猴齐名的国宝。它们是第三纪冰川期后残存下来的物种，距今已有1000多万年，是中国特产稀有鸟类，具有重要的生态学和保护生物学意义。

中国是秋沙鸭的越冬地之一，据调查，1990年共记录到28只；1991年20只；1992年11只；1999—2000年，共记录到30只。

科学家对弋阳地区进行连续调查，2000年18只；2001年13只；2002年18只；2003年31只；2004年39只；2005—2006年34只。

我国婺源地区是中华秋沙鸭的重要越冬地，2004年，记录到60只；2006年记录到41只。

中华秋沙鸭野外种群数量稀少，据估计，全球仅存不足1000只，亟待保护。

雁形目 ANSERIFORMES
鸭科 Anatidae

棉凫

Nettapus coromandelianus (Gmelin,1789)

濒危等级：濒危（EN）

长江流域分布 / 长江流域记录分布

本种广泛分布于长江流域，分布记录于四川、云南、湖北、湖南、江西、安徽、江苏、贵州、河南等地。

形态特征

小型游禽，体长300~310mm；体重：雄性200~312g，雌性190~260g。喙基高，向前渐狭。羽色主要为绿、灰、黑及白色；雌雄两性羽毛稍异。

雄性面颊及颈脖白色，具黑色贯顶纹，颈基部有一较宽的黑色领环。肩、腰以及翅上覆羽均黑褐色，具金属绿色闪光。尾羽暗褐色，尾下覆羽白而具褐端，下体余部为白色。雌性额、头顶暗褐色，额部杂以白色，眉纹白色，贯眼纹黑色。后颈浅褐色，背、肩以及两翅的覆羽和飞羽均褐色，具不明显的绿色金属闪光。下颈两侧及胸部均污白色，具黑褐色细斑，两胁白色具褐纹。

物种习性

栖息于江河、湖泊、水塘和沼泽地带，偏好水生植物丰富的开阔水域。常成对或成几只至数十只的小群活动。多数时间于水中活动，有时站立于突出水面物体上。主要在白天活动，夜晚多栖息于湖中或树枝上。

繁殖期在6—8月。筑巢于水面附近的树洞。卵白色，卵大小45mm×32mm左右，重约30g。雌鸟孵卵，雄鸟警戒，孵化期15天左右，一年繁殖1~2窝。

棉凫主要以稻谷和陆生植物嫩芽为食，也食水生植物、软体动物、水生昆虫及其幼虫、小鱼等。

保护意义

棉凫在中国数量稀少，该物种体型较小，在食物和筑巢点的竞争中，往往会受到同域分布的近源种挤压。人为干扰及偷猎也对它们的生存造成了一定的影响。需要采取加强湿地管理、繁殖期禁止猎捕和捡蛋等措施予以保护。

鹰形目 ACCIPITRIFORMES
鹰科 Accipitridae

金雕

Aquila chrysaetos (Linnaeus,1758)

濒危等级：易危（VU）

长江流域分布 / 长江流域记录分布

本种广泛分布于长江流域，分布记录于青海、西藏、四川、云南、重庆、湖北（神农架、宜昌、恩施）、湖南、江西、安徽、江苏、上海、贵州、甘肃、陕西、河南、浙江等地。

形态特征

大型猛禽，体长：雄性 785~912mm，雌性 825~1015mm；体重：雄性 2000~5900g，雌性 3260~5500g。翼展达 2.3m，头顶黑褐色，后头至后颈羽毛尖长，呈柳叶状，羽端金黄色。上体暗褐色，肩部较淡，背肩部微缀紫色光泽。耳羽黑褐色。下体颏、喉和前颈黑褐色。胸、腹亦为黑褐色，羽轴纹较淡，覆腿羽、尾下覆羽和翅下覆羽及腋羽均为暗褐色，覆腿羽具赤色纵纹。

物种习性

通常单独或成对活动，冬天有时会结成较小的群体。善于翱翔和滑翔，常在高空盘旋。发现猎物后，常以每小时 300km 的速度从天而降，将利爪戳进猎物的头骨，使其立即丧命。

繁殖期 3—5 月。窝卵数通常 2 枚，卵壳白色或青灰白色，具红褐色斑点和斑纹，呈卵圆形，大小为 75mm × 59mm 左右。第一枚卵产出后即开始孵卵，雌雄亲鸟轮流孵卵，孵化期 45 天。雏鸟 80 天后即可离巢。

捕食的猎物有数十种之多，如雁鸭类、雉鸡类、松鼠、狍子、鹿、山羊、狐狸、旱獭、野兔等等，有时也吃鼠类等小型兽类。

保护意义

金雕为国家Ⅰ级重点保护野生动物，由于体型巨大，具有较高的观赏价值，常遭到非法捕捉和饲养。金雕食性广泛，对维持生态平衡具有重要作用，对该物种的保护应该引起重视。

鹰形目 ACCIPITRIFORMES
鹰科 Accipitridae

大鵟

Buteo hemilasius Temminck and Schlegel,1844

濒危等级：易危（VU）

长江流域分布 / 长江流域记录分布

本种广泛分布于长江流域，分布记录于青海、西藏、四川、云南、重庆、湖北、江西、江苏、上海、甘肃、陕西、河南、浙江等地。

形态特征

大中型猛禽，体长：雄性 582~622mm，雌性 569~676mm；体重：雄性 1320~1800g，雌性 1950~2100g。具两种色型，暗色型和淡色型。

暗色型上体暗褐色，肩和翼上覆羽缘淡褐色，头和颈部羽色稍淡，羽缘棕黄色，眉纹黑色，尾淡褐色，翅暗褐色，翅下飞羽基部白色，形成白斑。下体淡棕色，具暗色羽干纹及横纹。

淡色型头顶、后颈几为纯白色，具暗色羽干纹。耳羽暗褐，背、肩、腹暗褐色，具棕白色纵纹的羽缘。上覆羽淡棕色，具暗褐色横斑，飞羽的斑纹与暗型的相似，但羽色较暗型为淡。

物种习性

栖息于山地、山脚平原和草原等地区，垂直分布高度可以达到 4000m 以上的高原和山区。喜停息在高树上或高凸物上。

繁殖期在 5—7 月份。营巢于悬崖峭壁上或树上，巢呈盘状，主要由干树枝构成，可以多年利用，直径可达 1m。窝卵数 2~4 枚，卵淡赭黄色，被有红褐色和鼠灰色斑点。孵化期 30 天左右。双亲共同抚育后代，雏鸟 45 天左右离巢。

大鵟主要以蛙、蜥蜴、野兔、蛇、黄鼠、鼠兔、旱獭、雉鸡、石鸡、昆虫等动物性食物为食。

保护意义

大鵟为国家Ⅱ级重点保护野生动物，它们以鼠类和鼠兔等为主要食物，在草原生态系统的保护和平衡上具有重要生态学价值。随着草原的破坏、毒药的投放以及对该物种的猎捕，其种群数量日趋下降，对其野生种群的保护，应引起社会各界的关注。

鹰形目 ACCIPITRIFORMES
鹰科 Accipitridae

乌雕

Clanga clanga Pallas,1811

濒危等级：濒危（EN）

长江流域分布 / 长江流域记录分布

本种广泛分布于长江流域，分布记录于青海、西藏、四川、云南、湖北、湖南、江西、安徽、江苏、上海、河南、浙江等地。

形态特征

大中型猛禽，体长700mm左右，体重可达2000g。通体暗褐色，背部略有紫色辉光，喉部和胸部为黑褐色，其余下体颜色稍淡。尾羽圆且短，基部有一个“V”字形白斑和白色的端斑。虹膜为褐色，喙黑色，基部较浅淡。蜡膜和趾为黄色，爪为黑褐色。

物种习性

栖息于低山丘陵和开阔平原地区的森林中，特别是河流、湖泊和沼泽地带的疏林和平原森林。也出现在水域附近的平原草地和林缘地带，有时沿河谷进入到针叶林带。迁徙时栖于开阔地区。

繁殖期为5—7月。营巢于高大的乔木，距地面的高度通常8~20m，最高可超过25m。巢为平盘状，结构较为简陋，主要由枯树枝构成，垫有细枝和新鲜的小枝叶。窝卵数通常2枚，卵白色被红褐色斑点，大小69mm × 55mm左右，重约90g。雌鸟单独孵卵，孵化期43天左右。雏鸟孵化后63天左右离巢。

乌雕主要以野兔、鼠类、野鸭、蛙、蜥蜴、鱼和鸟类等小型动物为食，有时也吃动物尸体和大型昆虫。

保护意义

乌雕为国家Ⅱ级重点保护野生动物。20世纪60年代长白山原始森林状态保持很好，大量乌雕聚集。从70年代以后，除自然保护区以外，森林已被砍伐殆尽。乌雕的栖息环境被破坏，广阔范围的取食地也不断缩小，种群数量急剧下降。草原灭鼠施放大量农药，使得以吃鼠类为主的乌雕富集剧毒农药，出现第二次中毒或产卵畸形等问题。除此之外，当地猎民的捕猎也导致其数量大幅减少。该物种对维护生态平衡具有重要作用，需加强保护。

隼形目 FALCONIFORMES
鹰科 Accipitridae

玉带海雕

Haliaeetus leucoryphus (Pallas,1771)

濒危等级：濒危（EN）

长江流域分布 / 长江流域记录分布

本种广泛分布于长江流域，分布记录于青海、西藏、江苏、上海、甘肃、河南、浙江等地。

形态特征

大型猛禽，体长：雄性756~785mm，雌性770~880mm，翼展2300mm；体重：雄性2620~3760g，雌性约3250g。头部、颈部和喙部相对细长。头顶赭褐色，上体暗褐色，羽毛呈矛纹状且具淡棕色条纹。肩部羽具棕色条纹，下背和腰羽端棕黄色。尾羽中间具一道宽阔的白色横带斑，宽约100mm，形似玉带，该物种也因此而得名。

物种习性

玉带海雕栖息于有湖泊、河流和水塘等水域开阔的地区。

繁殖期从11月到翌年3月，于3月间开始营巢，一般在高大的树上。巢结构庞大，直径可达1m，由枯树枝和芦苇等构成，内铺细枝、兽毛、马粪等。窝卵数2~4枚，卵白色，光滑无斑具光泽。主要由雌鸟孵卵，孵化期30~40天。双亲共同抚育后代，雏鸟70~105天后离巢。

玉带海雕以鱼和水禽为食，常在水面捕捉各种水禽，如大雁、天鹅幼雏和其他鸟类，也吃蛙和爬行类动物。草原及荒漠地带以旱獭、黄鼠、鼠兔等啮齿动物为主要食物。

保护意义

玉带海雕为国家Ⅰ级重点保护野生动物，其尾羽被作为珍贵的羽饰而遭到人类的捕杀，种群数量非常稀少。2004年，第一次陆生脊椎动物调查结果中，玉带海雕仅发现数只。草原大面积灭鼠灭虫以及玉带海雕赖以生存的自然条件的破坏，是导致玉带海雕致危的主要因素。该物种具有重要的生态学和研究价值，且具有重要的保护意义。

隼形目 FALCONIFORMES
鹰科 Accipitridae

猎隼

Falco cherrug J.E.Gray,1834

濒危等级：濒危（EN）

长江流域分布 / 长江流域记录分布

本种广泛分布于长江流域，分布记录于青海、西藏、四川、湖北、甘肃、河南、浙江等地。

形态特征

中型猛禽，体长：雄性450mm，雌性550mm；体重：雄性730~990g，雌性970~1300g。颈背偏白，头顶浅褐。眼下方具不明显黑色线条，眉纹白。尾具狭窄的白色羽端。下体偏白，翼下大覆羽具黑色细纹。颊部白色，背、肩、腰暗褐色，具砖红色点斑和横斑，翼相对钝且色浅。幼鸟上体褐色深沉，下体满布黑色纵纹。虹膜为褐色；喙为灰色，蜡膜浅黄色；脚为浅黄色。

物种习性

猎隼主要栖息于内陆草原和丘陵，活动于开阔地带、河谷、沙漠和草地，常常从天空一掠而过，叫声似游隼但较沙哑。

繁殖期在4—6月，大多在人迹罕见的悬崖峭壁上的缝隙中营巢。巢材以枯枝为主，内垫有兽毛、羽毛等物。窝卵数通常3~5枚，卵赭黄色或红褐色，大小54mm×40mm左右。双亲轮流孵卵，孵化期28~30天。雏鸟40~50天后离巢。

猎隼主要以中小型鸟类、野兔、鼠类等动物为食。

保护意义

猎隼为国家Ⅱ级重点保护野生动物，具有较强的观赏性，常作为供人类捕猎娱乐的宠物贩卖。有的国家曾大量出口猎隼，后于2012年开始禁止出口。野外的过量诱捕，导致该物种数量大幅度减少。而该物种处于食物链顶端，对于维持生态平衡具有重要意义。

鸡形目 GALLIFORMES
雉科 Phasianidae

四川山鹧鸪

Arborophila rufipectus Boulton,1932

濒危等级：濒危（EN）

长江流域分布 / 长江流域记录分布

本种分布于长江上游，分布地狭窄，记录于四川的老君山、攀枝花、麻咪泽自然保护区等少数地区。

形态特征

中型陆禽，体长：雄性303~320mm，雌性285~295mm；体重：雄性410~470g，雌性350~380g。雄鸟额白，眼先、颊前部和眉纹黑色，头顶栗赤，耳羽栗色，后颈和颈侧赭橙色，均具黑色条纹。颏、上喉黑，下喉纯白，上胸和两胁灰色，杂以栗斑。下胸和腹白色，尾下覆羽黑色，末端白色。

雌鸟额基、眼先及眉纹均黑，头顶和枕部橄榄褐。背、腰及尾上覆羽等均为橄榄褐，腰和尾上覆羽的横斑常成块状。颏、喉淡黄色，上胸灰棕，下胸的灰色和棕色渐淡。腹白，两胁灰色，尾下覆羽黑色，杂以棕色横斑与棕白色端斑。

虹膜灰褐，眼周裸露皮肤绯红。喙黑色，跗蹠新鲜时为赭褐色，干后变暗，爪黄褐色。

物种习性

栖息于海拔800~1300m间的阔叶林下，常单独或组成5~6只的小群活动。白天常在地面觅食，夜间上竹枝或灌丛休息。鸣声酷似“ho~wo，ho~wo”，受惊时常边跑边发出“sheer，sheer”和“ka~ka~ka~ka”的鸣声。

繁殖期在4—6月，营巢在海拔1300~1500m的森林地面。巢呈球形，侧面开口，与树叶堆相似，难以发现。窝卵数3~7枚，卵纯白色，大小45mm×33mm左右，重23~24g。孵卵主要由雌鸟承担，雄鸟负责警戒。雏鸟孵出后不久即可随亲鸟活动。

四川山鹧鸪主要食物有栎、胡颓子、悬钩子等，也吃蚯蚓、蜗牛和昆虫等动物性食物。

保护意义

四川山鹧鸪为国家Ⅰ级重点保护野生动物，也是中国特有鸟类。由R. Boulton根据F. T.Smith原西康省的一只标本命名。

国际鸟盟评估其种群数量为1000~2500只，栖息地面积1793km²。因分布区狭窄，数量极为稀少，在数量最多的马边县数量尚不足1000只。

人类经济活动是四川山鹧鸪致危的重要因素，特别是过度地砍伐森林，已严重破坏了它的栖息环境。此外，人为捕杀是其数量下降的又一重要因素。该物种作为中国特有雉科鸟类，具有重要的生态学和研究价值，保护意义深远。

鸡形目 GALLIFORMES
雉科 Phasianidae

红腹锦鸡

Chrysolophus pictus (Linnaeus,1758)

濒危等级：近危（NT）

长江流域分布 / 长江流域记录分布

本种广泛分布于长江流域，分布记录于青海、四川、云南、重庆、湖北（神农架、宜昌、恩施）、湖南（桑植）、贵州、甘肃、陕西、河南（信阳）等地。

形态特征

中型陆禽，体长：雄性861~1078mm，雌性590~700mm；体重：雄性680~750g，雌性550~670g。雄性头具金黄色丝状羽冠，覆盖于后颈上。颊、颏、喉及前颈等均锈红色，后颈围以橙棕色的扇状羽。尾羽18枚，中央一对呈黑褐色，布满桂黄色点斑，最外侧3对尾羽暗栗褐色。喉以下几乎纯深红色，肛周羽暗橘黄色。虹膜、肉垂、眼周的裸出部均淡黄，喙和脚均角黄色。

雌性头顶棕黄，具黑褐色横斑。颊部棕黄具黑斑，耳羽暗银灰色。背棕黄以至棕红，具黑褐色横斑。腰及尾上覆羽棕黄，密布黑褐色细点和粗斑。尾棕黄，具不规则黑褐色横斑。胸、两胁及尾下覆羽棕黄，具黑色横斑。腹纯淡棕黄色，无斑点。虹膜褐色，眼周裸出部分黄色，喙和脚均角黄色。

物种习性

栖息于海拔500~2500m的阔叶林、针阔叶混交林和林缘疏林灌丛地带。成群活动，冬季集群数量可达30只以上。性机警，胆怯怕人。听觉和视觉敏锐，稍有声响，立刻逃遁。常常在林中边走边觅食，早晚亦到林缘和耕地中觅食。

繁殖期在4—6月。求偶炫耀十分华丽。婚配制度为一雄多雌。营巢于野草和岩石较多的地区。巢简陋，通常为一椭圆形土坑，内垫以树叶、枯草和羽毛，大小20cm×17cm左右。窝卵数5~9枚，卵浅黄褐色、光滑无斑，呈椭圆形，重约26g。

红腹锦鸡主要以植物的叶、芽、花、果实和种子为食，也吃小麦、大豆、玉米、四季豆等农作物。此外也吃甲虫、蠕虫、双翅目和鳞翅目昆虫等动物性食物。

保护意义

红腹锦鸡为国家Ⅱ级重点保护野生动物，为中国特有珍稀鸟类。雄性个体美丽的外表使得它成为偷猎者热衷的目标。因其羽色艳丽，雄鸟皮张可外销供装饰用，活鸟供观赏展出用，每年各产地捕杀数量相当惊人。另外，其肉用价值也在一定程度上刺激了对该物种的捕猎。其野外种群数量急剧下降，亟须保护。

鸡形目 GALLIFORMES
雉科 Phasianidae

褐马鸡

Crossoptilon mantchuricum Swinhoe,1863

濒危等级：易危（VU）

长江流域分布 / 长江流域记录分布

本种分布于长江中游，分布记录于陕西（黄龙山）。

形态特征

大型陆禽，体长：雄性985~1074mm，雌性830~1050mm；体重：雄性1650~2475g，雌性1450~2026g。头顶和颈浓褐色，枕后具不明显的白色带斑，耳羽簇白色，向后延长为角状。上背及两肩浓棕褐色，下背、腰及尾上覆羽银白色。两翅表面纯棕褐，飞羽稍淡，而具浓棕褐色羽干。下体具浓棕褐色，尾下覆羽棕灰色。

物种习性

栖息于山区森林地带，常数十只成群活动。性极机警。飞行缓慢，常不远飞，善奔走。叫声急且粗厉。冬季多活动于1000~1500m高山地带，夏秋两季多在1500~1800m的山谷、山坡和有清泉的山坳里活动。

一般在春季3月份进行交配繁殖。雄鸟之间为争夺配偶，会发生激烈搏斗。通常营巢于海拔1800~2500m的针阔叶混交林的林下灌丛、枯枝堆或倒木下。巢简陋，呈碗状或长盘状，大小为29cm×32cm左右，一般利用地面凹处，垫以草叶、树叶、草茎和羽毛即成。窝卵数4~17枚，卵淡赭色、鸭蛋青色或鱼肚白色，光滑无斑，呈椭圆形，大小60mm×44mm左右，重约59g。孵卵由雌鸟承担，雄鸟在巢附近活动和警戒，孵化期26~27天。

褐马鸡以块茎、细根等为主食，也兼吃昆虫。

保护意义

褐马鸡为国家Ⅰ级重点保护野生动物，为中国特有珍稀鸟类，其野生种群数量稀少。更新世（距今约200万年）便已存在，是一个古老的物种，具有重要的研究价值。

由于褐马鸡的羽毛在欧洲市场上价格高昂，偷猎行为未能杜绝。20世纪60年代曾有人一个月就捕杀褐马鸡300余只；1972年，天津海港截获褐马鸡200余只。直到《野生动物保护法》颁布，大规模猎杀行为才得到遏制。

我国褐马鸡分布范围在13000km^2，实际分布面积约为4000km^2。1993年的研究认为我国现存的褐马鸡大约在500只左右。2009年的研究则认为，我国现存褐马鸡的野生种群应在17900只以上。

人为活动和环境变迁，对该物种的影响仍然存在。我国正处在一个经济建设迅猛发展的时代，但在发展经济的同时如何保护环境、保护野生动物，使这些稀世珍宝免遭灭顶之灾，是摆在人们面前的一个重要课题。

鸡形目 GALLIFORMES
雉科 Phasianidae

绿尾虹雉

Lophophorus lhuysii Geoffroy and Hilaire,1866

濒危等级：濒危（EN）

长江流域分布 / 长江流域记录分布

本种广泛分布于长江流域，分布记录于安徽、贵州、湖南、江西、云南、浙江等地。

形态特征

大型陆禽，体长：雄性 740~810mm，雌性 750~783mm；体重：雄性 2050~3250g，雌性 1650~3220g。雄性前额及鼻孔下缘羽簇黑色，头顶、颊部及耳羽具绿色辉光，不同角度可呈红色。冠羽青铜色，不同角度可呈红铜色。后颈、颈侧以及背前部呈金属红铜色，背中部、肩羽及翅上覆羽等铜紫色。背后部和腰前部白色。尾羽蓝绿色，下体黑，泛金属蓝绿色。虹膜褐色，仅具单个短钝的距。

雌性颊、颏及喉等乳白色，背面暗褐，具不规则的杂斑。背白，尾具辉棕色和暗褐色横斑。上胸和前颈暗褐色，杂以白色斑点，下胸及胸侧暗褐，且具白色矛状粗纹。腹部呈灰色和白色细斑错杂状，尾下覆羽具白斑。虹膜褐色，嘴角灰色，脚黄灰色。

物种习性

栖息于林线以上海拔 3000~5000m 左右的高山草甸、灌丛和裸岩地带，尤其喜欢多陡崖和岩石的高山灌丛和灌丛草甸，平时结成小群活动。冬季常下到 3000m 左右的林缘灌丛地带活动。

繁殖期在 4—6 月。营巢于林下植被较为稀疏的森林中，巢多置于隐蔽的地上或大树洞中。巢较简陋，每窝产卵 3~5 枚，卵大小 73mm × 51mm 左右，重约 104g。卵棕黄色或黄褐色，布有紫色或褐色斑点，孵化期 28 天。

以植物的果实、种子和浆果等为食，会挖掘植物的根、地下茎、球茎等地下部分为食。

保护意义

绿尾虹雉为国家Ⅰ级重点保护野生动物，是我国特有物种，野外数量稀少。四川局部尚有一定数量，甘肃不足 200 只，西藏不足 100 只。

栖息地破坏和非法捕猎是对绿尾虹雉最大的威胁，绿尾虹雉适宜的栖息地是高海拔的草甸和灌丛，这些生境生态承载力差，当地山民的放牧和采药等活动对它们的栖息地造成一定程度的破坏。另外由于该物种体型较大，使其成为山民狩猎的目标。

鸡形目 GALLIFORMES
雉科 Phasianidae

白颈长尾雉

Syrmaticus ellioti (Swinhoe,1872)

濒危等级：易危（VU）

长江流域分布 / 长江流域记录分布

本种广泛分布于长江流域，分布记录于重庆、湖北（通山）、湖南、江西（官山）、安徽、贵州、浙江等地。

形态特征

大型陆禽，体长800mm左右。雄性额、头顶及枕部淡橄榄褐色。眉褐色，耳羽淡褐，后颈灰色。颏、喉及前颈黑色。背部和胸部栗色，具金属辉光。下背、腰及尾上覆羽黑色，蓝色辉光，具狭形白色横斑和羽缘。尾橄榄灰，较长，腹大多为棕白，胁部栗色。雌性额、头顶及枕部栗褐，颈背面灰褐色，喉和腹面颈黑色。背部黑色且具浅栗色横斑，下背至尾上覆羽棕褐色。飞羽与雄性相似，胸及两胁均浅棕褐色，下体余部大多为白色。

虹膜褐以至浅栗色，脸裸出部辉红，喙黄褐色，脚蓝灰色，雄者具距。

物种习性

栖息于海拔1000m以下的低山丘陵地区的阔叶林、混交林、针叶林、竹林和林缘灌丛地带。冬季有时可下到海拔500m左右的疏林灌丛地带活动。常呈3~8只的小群活动，很少与其他雉类相混杂。性怯懦，少鸣叫，善奔走及飞翔，不易见到。

繁殖期4—6月。一雄多雌制，交配结束后雌雄各自分开。营巢于隐蔽的林下或林缘岩石下、草丛中、灌丛间和大树脚下。巢较简陋，呈盘状，以枯枝落叶和草茎等构成，大小24~29cm。窝卵数5~8枚，卵奶油色或玫瑰白色、光滑无斑，大小45mm×34mm左右，重约24.7~27.3g。雌鸟承担孵化任务，孵化期24~25天。

白颈长尾雉主要以植物叶、茎、芽、花、果实、种子和农作物等植物性食物为食，也吃昆虫等动物性食物。

保护意义

白颈长尾雉为国家I级重点保护野生动物，是中国特有珍稀鸟类，其野外种群稀少，全世界仅存10000~50000只。

江西官山自然保护区约有1000只，其种群在稳定增加。人工繁殖的实现，使得该物种得到一定程度的恢复。但由于过去大量森林被砍伐，毁林开荒和林型改造，使白颈长尾雉的栖息生境遭到很大破坏。加之大量猎取，使种群数量日趋下降，数量稀少。该物种的野外种群仍然面临一定的生存压力，对该物种的保护应继续得到重视。

鸡形目 GALLIFORMES
雉科 Phasianidae

白冠长尾雉

Syrmaticus reevesii (J.E.Gray,1829)

濒危等级：濒危（EN）

长江流域分布 / 长江流域记录分布

本种广泛分布于长江流域，分布记录于四川、云南、重庆、湖北、湖南、安徽、贵州、甘肃、陕西、河南等地。

形态特征

大型陆禽，雄性体长可达1900mm左右，雌性650mm左右。雄性头顶、颏、喉及颈等均白色，眼下具白色斑块。额、眼先、颊、眉纹、耳羽及枕部等黑色。尾羽20枚，中央2对最长，呈银白色，且具黑色及栗色横斑。翅上覆羽白、具宽阔的栗色羽端。胸部深栗色，具少量黑白斑点。两胁与胸部相似，腹部中央黑色，尾下覆羽黑褐色。

雌性额、眉纹、头侧、颏、喉以及颈部均淡棕黄色。眼前和眼后各一小簇短羽，以及耳羽黑褐色。背部黑色，胸浅栗色，腹部淡皮黄或棕白色。

物种习性

栖息于海拔约600m的山区，最高达到2000m左右。通常成群活动，性机警，善飞行，常发出高音节的叫声，反复6~20次，偶然带颤声，颇为悦耳，跟鸣禽类小鸟的鸣声相似。

繁殖期在3—6月。3月中旬雄性便开始占区。婚配制度通常为一雄一雌，偶见一雄多雌。雄性会为争夺雌性而发生激烈的打斗。通常营巢于林下或林缘灌木丛和草丛中地上。巢隐蔽且简陋，通常为地上一浅窝，内垫以枯草、松针、树叶和羽毛，大小为24cm×23cm左右。窝卵数6~10枚，卵油灰色、橄榄褐色、淡青灰色和皮黄色等多种色型，微缀有稀疏的淡蓝色或灰褐色斑或无斑，大小47mm×36mm，重约30g。卵产齐后开始孵卵，由雌鸟承担，孵化期24~25天。

白冠长尾雉主要以植物果实、种子、幼芽、嫩叶、花、块茎、块根和农作物幼苗和谷粒为食，也吃鞘翅目和鳞翅目昆虫、蜗牛、蚱蜢、螽斯等动物性食物。

保护意义

白冠长尾雉为国家Ⅱ级重点保护野生动物，为中国特有珍稀鸟类。曾广泛地分布于我国的中部和北部山区。1970年以来的调查表明，其分布区多呈破碎的岛屿状，且大部分种群数量呈下降趋势，曾经的分布点，有46%已经不见它们的踪迹。

森林砍伐、毁林开荒使其失去了赖以生存的栖息环境，其种群数量也因此急剧下降。狩猎和毒杀白冠长尾雉的现象在某些山区也还十分普遍，直接影响了白冠长尾雉在当地的种群数量。若无法得到有效的保护，该物种很快会在部分地区彻底灭绝。

鸡形目 GALLIFORMES
雉科 Phasianidae

黄腹角雉

Tragopan caboti (Gould,1857)

濒危等级：濒危（EN）

长江流域分布 / 长江流域记录分布

本种分布于长江中下游，分布记录于江西（官山）、浙江等地。

形态特征

大型陆禽，体长607~700mm；雄性体重可达400g。雄性额、后颈、上体、两翅以及头顶均黑色，羽冠前黑，后橙红。颈两侧深橙红色，向下几乎伸到胸的中部。羽端具皮黄色卵圆斑，各羽两侧杂以栗红色三角形斑。下体纯皮黄色，仅两胁及覆腿羽稍杂以与上体近似的羽色。

雌性上体棕褐色，杂以黑色和棕白色矢状斑。头顶黑色较多，尾上黑色呈横斑状。下体淡皮黄色，胸多黑色粗斑，腹部杂以明显的白斑，肛周羽和尾下覆羽灰白。

物种习性

栖息于海拔800~1400m的亚热带山地常绿阔叶林和针叶阔叶混交林中。常成5~9只的小群活动。好隐蔽，善于奔走，常在茂密的林下灌丛和草丛中活动，非迫不得已，一般不起飞。

3月末4月初开始产卵。通常营巢阔叶林或混交林中接近山脊的阴坡或半阴坡处。巢较简陋，巢材主要为苔藓和落叶，巢大小17mm×25cm左右，窝卵数通常3~4枚，卵土棕黄色、密被细密的褐色或红褐色斑点，偶尔布有大而稀疏的灰紫色斑，卵大小55mm×41mm左右，重50~57.4g，孵化期28天。

黄腹角雉主要以蕨类及植物的茎、叶、花、果实和种子为食，也吃昆虫如白蚁和毛虫等少量动物性食物，尤其是繁殖季节。

保护意义

黄腹角雉为国家Ⅰ级重点保护野生动物，是我国特有珍稀雉类。其窝卵数小，孵化率低，天敌危害严重，加之森林砍伐、生境丧失和盗猎等人为干扰，使黄腹角雉的分布区愈来愈缩小，种群数量亦不断下降。

据2005年文献记载，当时在中国的野生种群数量约为4000只。1986年，我国实现人工繁殖，现已育成了三代，其部分个体通过野化训练后被放归野外，科学家对其种群持续跟踪研究。

虽然在各界努力下，该物种得到了一定程度的保护和恢复，但对其保护工作仍不能怠慢。

鹤形目 GRUIFORMES
鹤科 Gruidae

丹顶鹤

Grus japonensis Statius Müller,1776

濒危等级：濒危（EN）

长江流域分布 / 长江流域记录分布

本种分布于长江中下游地区，分布记录于江西（鄱阳湖）、江苏（盐城）等地。

形态特征

大型涉禽，体长为1200~1600mm，体重为9000~10000g。两性相似，雌鹤略小。全身几纯白，头顶裸露皮肤朱红色，其上有黑色毛状短羽。前额、眼先、喉和颈灰黑色，眼后具白色带，至枕延伸到后颈。三级飞羽延长并弯成弓状，收翅时覆盖在白色尾羽之上，酷似黑尾。虹膜褐色，喙灰绿色，尖端略近黄色，脚灰黑色。

物种习性

栖息于开阔平原、湖泊、草地、海边滩涂、芦苇、沼泽以及河岸沼泽地带，有时也出现于农田和耕地。具集群性，大群可超过100只。无论觅食或休息时，常有一只成鸟特别警觉，不断抬头四外张望，发现危险时则发出嘹亮的警告声。

繁殖期在4—6月。婚配制度单配制。具有华丽优雅的求偶行为，雌雄鸟彼此对鸣、跳跃和舞蹈。多营巢于具一定水深的芦苇丛中。浮巢，呈浅盘状，较简陋，主要由芦苇、乌拉草、三棱草和芦花构成，大小104~170cm左右。窝卵数2枚，卵苍灰色或灰白色、钝端被有锈褐色或紫灰色斑，愈往尖端斑愈稀和愈淡，呈椭圆形，大小110mm×690mm左右，重为222~282g。卵产齐后即开始孵卵，双亲轮流孵卵，孵化期30~33天。丹顶鹤2龄性成熟，寿命可达50~60年。

丹顶鹤食物很杂，主要有鱼、虾、水生昆虫、软体动物、蝌蚪、沙蚕、蛤蜊、钉螺以及水生植物的茎、叶、块根、球茎和果实等。

保护意义

丹顶鹤为国家I级重点保护野生动物，其野外种群数量稀少。

2006年，丹顶鹤在全世界的数量为3000只左右，在世界濒危鹤类中位居倒数第2位。2010年估计全世界丹顶鹤野生种群数量仅有1500只左右，其中在中国境内越冬的有1000只左右。

不少地区由于人为进行围湖筑堤，使堤内水位上涨，挺水植物带基本消失，堤外湖漫滩干涸，垦为农田，丹顶鹤也从此绝迹。丹顶鹤栖息地内，放牧和狩猎不断增多，使丹顶鹤的数量急剧减少。丹顶鹤对环境要求较高，是重要的湿地环境指示物种之一，中国已经建立的以保护丹顶鹤为主的自然保护区已经超过18个。

鹤形目 GRUIFORMES
鹤科 Gruidae

白鹤

Grus leucogeranus (Pallas,1773)

濒危等级：极危（CR）

长江流域分布 / 长江流域记录分布

本种广泛分布于长江流域，分布记录于青海、云南、湖北（武汉）、湖南（洞庭湖）、江西（鄱阳湖）、安徽、江苏、上海、河南、浙江等地。

形态特征

大型涉禽，体长 1350mm 左右。白鹤头顶和脸裸露无羽、鲜红色，体羽白色，初级飞羽黑色，三级飞羽延长呈镰刀状，覆盖于尾上，盖住黑色初级飞羽，因此站立时通体都呈白色，飞翔时可见黑色初级飞羽。

物种习性

对栖息地要求高，喜浅水湿地生境。东部种群在俄罗斯的雅库特繁殖，不在北极苔原营巢，也不在近海河口低地和河流泛滩或高地营巢，而喜欢低地苔原和大面积的淡水区域。

5 月下旬到达繁殖地，婚配制度为单配制。营巢于开阔沼泽的岸边，或周围水深 20~60 ㎝有草的土墩上。巢简陋，呈扁平形，巢材以枯草为主。窝卵数 2 枚，卵暗橄榄色，钝端有大小不等的深褐色斑点。双亲轮流孵卵，但以雌鹤为主，孵化期约为 27 天。雏鸟 70~75 日龄长出飞羽，90 日龄能够飞翔。

白鹤主要以苦草、眼子菜、苔草、荸荠等植物的茎和块根为食，也吃水生植物的叶、嫩芽以及少量蚌、螺、昆虫、甲壳动物等动物性食物。

保护意义

白鹤为国家 I 级重点保护野生动物，其野外种群数量稀少。

中国是白鹤重要的越冬地点，在 2011—2012 年调查中发现白鹤在鄱阳湖越冬数量为 3800~4000 只，占全世界总数量的 99% 以上。

该物种濒临灭绝的原因中，栖息地破坏和改变占 60%，人类捕杀占 29%，其次是外来引入种群竞争、自身繁殖成活率低、国际性的环境污染等。该物种是重要的湿地鸟类，具有举足轻重的生态学和美学价值。

鹤形目 GRUIFORMES
鹤科 Gruidae

白头鹤

Grus monacha Temminck,1835

濒危等级：濒危（EN）

长江流域分布 / 长江流域记录分布

本种广泛分布于长江流域，分布记录于湖北、湖南、江西（鄱阳湖）、江苏（盐城）、上海（崇明岛）、安徽（升金湖）、贵州、河南、浙江等地。

形态特征

大型涉禽，体长950mm左右，体重3284~4870g。两性相似，雌鹤略小。头顶前半部裸出皮肤呈红色，着生黑色毛状短羽，眼先亦有毛状羽。后头至上颈为纯白色，后颈的纯白色向下延伸。上体自后颈下部至背以及翅的覆羽呈灰黑色，各羽羽轴黑色，羽端黑色，其边缘沾有暗棕褐色，因此形成鳞状斑。飞羽及尾羽灰黑色，三级飞羽延长，覆盖在尾羽上。

虹膜棕褐色，喙的端部暗灰绿色，其余大部分为角黄色。腿和脚灰黑色，趾的下面沾有绿色。

物种习性

主要栖息在河流、湖泊的沼泽地带和沿海滩涂，迁徙途中停歇地主要在东北西部的芦苇沼泽、薹草沼泽和草甸。飞翔时常排成一字形，鸣叫声像丹顶鹤，但声音尖细，不及丹顶鹤洪亮。

繁殖期在5—7月，具婚舞与对唱等求偶行为。营巢于生长有稀疏落叶松和灌木的沼泽地上，巢主要由枯草和苔藓所构成，大小97cm×107 cm左右。窝卵数2枚，卵绿红色，其上被有大的暗色斑点，大小57mm×92mm左右，重约149g。雌雄轮流孵卵，孵化期为28~29天。

白头鹤杂食性，以植物为主，食物随季节和地点不同而有变化。在越冬期主要吃苦草的根、海三棱藨草的地下球茎以及散落在田间的稻谷、小麦、玉米、草籽和软体动物、昆虫等。

保护意义

白头鹤为国家Ⅰ级重点保护野生动物，其野外种群数量稀少。

该物种的越冬地仅有10个左右，面积较小，且种群数量在大部分越冬地呈现下降趋势。我国黑龙江为白头鹤重要的越冬地之一。该物种全世界仅存不足10000只。

白头鹤具有重要生态学和研究价值，应加强对该物种的保护力度。

鹤形目 GRUIFORMES
鹤科 Gruidae

黑颈鹤

Grus nigricollis Przevalski,1876

濒危等级：易危（VU）

长江流域分布 / 长江流域记录分布

本种分布于长江上游区域，分布记录于青海、西藏、云南、贵州、甘肃等地。

形态特征

大型涉禽，体长 1100–1200mm，体重 4~6kg。颈、脚甚长，通体羽毛灰白色，头部、前颈及飞羽黑色，眼先和头顶前方裸露的皮肤呈暗红色，尾羽褐黑色。虹膜黄褐色，喙肉红色，尖端沾黄，腿和脚灰褐色。尾羽黑色，羽缘沾棕黄色。

物种习性

黑颈鹤是在高原淡水湿地生活的鹤类，主要栖息于高山沼泽、草甸、湖周沼泽地和河谷沼泽区。繁殖地分散，主要在中国西南的青藏高原和甘肃、四川北部等海拔 3500~5000m 的沼泽地带。

繁殖期在 5—7 月。婚配制度为单配制。求偶时具跳舞和共鸣行为。通常营巢于四周环水的草墩上或茂密的芦苇丛中，先产卵，后营巢。巢简陋平坦，就近用薹草、三棱草、莎草和其他干枯的水草筑成，大小 86~90cm。窝卵数 2 枚，卵暗绿色、淡绿色或橄榄灰色，其上密被褐色或棕褐色斑，尤以钝端较密，呈椭圆形，大小 105mm × 62mm 左右，重约 220g。第一枚卵产出后即开始孵卵，双亲共同承担，以雌鸟为主，孵化期 30~33 天。

黑颈鹤杂食性，以植物的根、昆虫、鱼、蛙以及农田中残留的作物种子等为食。

保护意义

黑颈鹤为国家 I 级重点保护野生动物，其数量极其稀少。

在中国，20 世纪 80 年代，调查发现 700~800 只；90 年代已知在西藏越冬的黑颈鹤有 4277 只；2002 年云贵高原记录 3261 只。据估计，到 2011 年止，全世界总数量约 10000 只。

高原地区湖泊的开发利用、道路的修建，大规模排水、改造沼泽、游牧区域扩展等人为活动，严重缩小了黑颈鹤的栖息地。除此之外，黑颈鹤不断遭到人们的违法盗猎，也是导致其种群数量减少的因素之一。该物种作为稀有的高原大型涉禽，具有举足轻重的生态学价值，极具保护意义。

鹤形目 GRUIFORMES
鹤科 Gruidae

白枕鹤

Grus vipio Pallas,1811

濒危等级：濒危（EN）

长江流域分布 / 长江流域记录分布

本种广泛分布于长江流域，分布记录于湖南（洞庭湖）、江西（鄱阳湖）、安徽、江苏、上海、河南、浙江等地。

形态特征

大型涉禽，体长：雄性 1200mm，雌性 1180~1500mm；体重：雄性 4750~5120g，雌性 5150~6500g。两性相似。头顶前部、眼先、眼周及两颊的皮肤裸露呈鲜红色，着生黑色毛状短羽，耳羽烟灰色。上体石板灰，尾羽暗灰色，末端具黑色宽横斑。初级飞羽黑色，下颈前部、下喉及腹面呈暗石板灰色。虹膜橘红色；喙灰绿色，端部现黄色，脚暗红色。

物种习性

主要栖息于芦苇沼泽和沼泽化草甸，在迁徙和越冬时，喜栖在淡水湖或河流滩地、休闲稻田以及沿海滩涂活动。取食时主要用喙啄食，或用喙先拨开表层土壤，然后啄食埋藏在下面的种子和根茎，边走边啄食。

繁殖期在 5—7 月。婚配制度为单配制，雄鸟具求偶行为。营巢于芦苇沼泽或水草沼泽中，巢露出水面高度 7~16cm。双亲共同营巢，以雌鸟为主。巢呈浅盘状，主要由枯芦三棱草、苔草、莎草和芦苇花、叶构成，大小为 80~120cm。窝卵数 2 枚，灰色或淡紫色、密布紫褐色斑点，尤其以钝端较著，卵随圆形。大小 93mm×61mm 左右，重约 167g。产出第一枚卵后即开始孵卵，由雌雄亲鸟共同承担，以雌鸟为主。孵化期 29~30 天。

白枕鹤主要以植物种子、草根、嫩叶、嫩芽、谷粒、鱼、蛙、蜥蜴、蝌蚪、虾、软体动物和昆虫等为食。

保护意义

白枕鹤为国家Ⅱ级重点保护野生动物。栖息地的丧失和人为捕杀，以及食物资源的减少，造成该物种数量锐减。

在中国，1990—1992 年，其数量为 2000~2700 只；1995 年 3000 只；2002 年 4000 只；2003—2006 年 3000 只；2011 年仅有 1000~1500 只。

白枕鹤种群数量在近十年来呈急剧下降的趋势。以鄱阳湖越冬白枕鹤数量为例，1996 年至 2004 年白枕鹤的平均数量为 2278 只，2005 年至 2012 年的平均数量已降至 1167 只。最大数量为 1994 年记录到的 3716 只，2011 年仅有 885 只。

该物种具有重要生态学价值，亟须保护。

鹤形目 GRUIFORMES
秧鸡科 Rallidae

紫水鸡

Porphyrio porphyrio (Linnaeus,1758)

濒危等级：易危（VU）

长江流域分布 / 长江流域记录分布

本种分布于长江上游地区，分布记录于四川、云南（滇池）、湖北（洪湖、蕲春）、江西、上海、贵州等地。

形态特征

中型涉禽，体长450~500mm左右，体重550g左右。两性相似，雌鸟略小。头顶、后颈灰褐略具紫色。额甲宽大，橙红色。背至尾上覆羽紫蓝色。头侧、颏、喉灰白，具蓝绿色光泽。上胸浅蓝绿色，胸侧、下胸和两胁紫蓝色。不同亚种体型大小不同，羽毛颜色的深浅也有一定区别。虹膜深血红色，雌鸟和幼鸟多为褐红色。喙和额甲血红色，脚和趾暗红或棕黄色。

物种习性

主要栖息于有水生植物的淡水或咸水湖泊、河流、池塘、水坝、漫滩或沼泽地中，其垂直分布可达1400m。常成5~10只小群在晨昏时活动，白天隐藏在水草丛中，能发出响亮的咯咯声。常在水边、漂浮植物上或稻田中觅食。

繁殖期在4—7月。多营巢于水面倒伏的芦苇或漂浮的水草堆。巢呈盘状，主要由干芦苇茎叶或其他水草构成，直径30 cm左右。窝卵数3~7枚，卵淡黄色到红皮黄色，被有红褐色斑点，大小50mm×36mm左右。孵化期23~27天，1~2岁可开始繁殖，在一些地区，可繁殖2窝。

紫水鸡主要以植物为食，吃水生和半水生植物的嫩枝、叶、根、茎、花和种子。动物性食物占小部分，包括鱼类、节肢动物、软体动物等。

保护意义

紫水鸡对生存环境具有一定要求，随着水污染、过度开采以及人类对湿地的不断破坏，其栖息地面积不断缩减。曾经因美丽的羽色和肉用，紫水鸡常遭到盗猎者的捕杀。对该物种的保护，应引起社会的重视。

鸨形目 OTIDIFORMES
鸨科 Otididae

大鸨

Otis tarda Linnaeus,1758

濒危等级：濒危（EN）

长江流域分布 / 长江流域记录分布

本种广泛分布于长江流域，分布记录于青海、四川、湖北（龙感湖）、江西（鄱阳湖）、安徽（升金湖）、江苏（泗洪、沭阳）、上海、湖南（洞庭湖）、甘肃、陕西等地。

形态特征

大型地栖性鸟类，体长750~1050mm，体重3800~8750g。两性体型和羽色相似，雌鸟较小。繁殖期的雄鸟前颈及上胸呈蓝灰色，头顶中央从喙基到枕部有一黑褐色纵纹，颏、喉及喙角有细长的白色纤羽，在喉侧向外突出如须，长达100~120mm。后颈基部栗棕色，上体栗棕色满布黑色粗横斑和黑色虫蠹状细横斑。中央尾羽栗棕色，先端白色，具稀疏黑色横斑。雄鸟在非繁殖期须状羽较短，前胸栗色横带不明显，颏下须状羽消失。

物种习性

栖息于草原、稀树草原、荒漠草原和半荒漠地带，常在农田中活动。耐寒、机警、善奔走、不鸣叫。大部分时间集群活动。由于体重较大，起飞时需要助跑，飞行时颈、腿伸直，是当今世界上最大的飞行鸟类之一。

大鸨每年4月中旬开始繁殖，雄鸟具求偶炫耀行为。于地面上挖一浅坑即为巢，无巢材，或把原处的草踩倒用作铺垫。直径36cm左右。窝卵数通常2枚，卵暗绿色或橄榄色，有浅褐色或深褐色斑点，光滑、有光泽，大小77mm×56mm左右，重约104g。孵化期31天左右，雏鸟30~35日龄长出飞羽，第1年冬独立生活。

大鸨的食物很杂，主要吃嫩叶、嫩芽、嫩草、种子以及昆虫、蚱蜢、蛙等动物性食物，特别是象鼻虫、油菜金花虫、蝗虫等农田害虫，有时也在农田中取食散落在地的谷粒等。

保护意义

大鸨为我国Ⅰ级重点保护野生动物。在世界范围内的种群数量普遍处于下降趋势，据2010年资料表明，全世界大鸨种群数量为44100~57000只，西班牙占种群数量的57%~70%，俄罗斯欧洲地区占15%~25%，仅有4%~10%分布于中国、蒙古及俄罗斯的东南部，另有小部分分布于其他10余个国家。

在中国的种群数量曾经十分丰富，经常可见数十只的大群。如今变得相当稀少，估计总数仅有1600~2400只。该物种栖息地特殊，具有重要的生态价值，亟须保护。

鸻形目 CHARADRIIFORMES
鹬科 Scolopacidae

红腹滨鹬

Calidris canutus (Linnaeus,1758)

濒危等级：易危（VU）

长江流域分布 / 长江流域记录分布

本种分布于长江下游地区，分布记录于江苏、上海（崇明岛）、浙江等地。

形态特征

小型涉禽，体长250mm左右，体重80~150g。成鸟头顶黑褐色，渲染锈红色。嘴基部周边有狭窄的白色。上体灰褐色，飞羽黑褐色，具白色翼线。下腰至尾上覆羽灰白色，具暗色斑纹。尾羽褐灰色。下体自脸部、前颈、胸、上腹概为纯粹的栗红色，下腹和肛区泛白。腋、翼下覆羽灰色或灰白色。非繁殖期，下体鲜艳的栗红色消失，变成白色。前颈、胸、胁部有灰色斑纹。眉纹白色。上体包括头顶、后颈纯灰色，有纤细的黑色羽干纹。虹膜暗褐色。嘴黑色，微向下弯。腿绿或黄绿色。

物种习性

繁殖期主要栖息于环北极海岸和沿海岛屿及其冻原地带的山地、丘陵和冻原草甸，冬季主要栖息于沿海海岸、河口，迁徙期间也深入到内陆河流与湖泊。常单独或成小群活动，冬季亦常集成大群觅食。常在水边浅水处或海边潮间地带泥地上慢慢地边走边觅食。

繁殖期在6—8月。营巢于冻原山地和低山丘陵地带，周围通常被覆有苔藓和草的岩石地区。巢为地面上的一浅坑，内垫有枯草和苔藓，直径10~11cm左右。窝卵数通常4枚，卵橄榄绿色或橄榄皮黄色，被有褐色或黑褐色斑点，大小为43mm×30mm左右。双亲轮流孵卵。

红腹滨鹬主要以软体动物、甲壳类、昆虫、昆虫幼虫等小型无脊椎动物为食，也吃部分植物嫩芽和种子与果实。

保护意义

红腹滨鹬繁殖于环北极地区，属长距离迁徙鸟类，每年迁徙的红腹滨鹬数量约220000只，全球的种群数量估计数为891000~979000只。由于栖息地的丧失和农药在其体内的富集，导致种群大幅度下降。作为重要的湿地鸟类，对维持湿地生态系统具有积极的生态学意义。

鸻形目 CHARADRIIFORMES
鹬科 Scolopacidae

勺嘴鹬

Calidris pygmeus (Linnaeus,1758)

濒危等级：极危（CR）

长江流域分布 / 长江流域记录分布

本种广泛分布于长江流域，分布记录于湖北、湖南、江西、江苏、上海（崇明岛）、浙江等地。

形态特征

小型涉禽，体长为140~160mm。繁殖期头前、头顶、颈后弥漫栗红色及暗褐色纹，喙基周围白色，额和眉纹白色。上体黑褐色，上背羽缘白色，形成白线条。飞羽黑色，翼面具白色翼斑。腰、尾上覆羽黑色，两侧白色，尾羽灰色。颊、前颈、上胸棕栗色，胸前及两侧具暗褐色斑纹。下体余部白色。虹膜黑褐色。喙和腿黑色，端部扁平呈匙状。

冬羽头顶和上体灰褐色，微具暗色羽轴纹。后颈较淡，翅覆羽灰色。具窄的白色羽缘。前额、眉纹和下体辉亮白色。颈侧及上胸两侧具褐灰色纵纹。

物种习性

勺嘴鹬繁殖期主要栖息于北极海岸冻原沼泽、草地和湖泊、溪流、水塘等水域岸边。非繁殖期主要栖息于海岸与河口地区的浅滩与泥地，以及海岸附近的水体边，不深入内陆水域。行走时，将喙伸入滩涂，边走边左右来回扫动前进，以此觅食。

繁殖期在6—7月，繁殖于西伯利亚东北部海岸冻原地带。营巢于冻原沼泽、湖泊、水塘、溪流岸边和海岸苔原与草地。巢甚简陋，在苔原地上挖掘一圆形凹坑即成，内垫苔藓、枯草等。窝卵数3~4枚。卵淡褐色，被有细小的褐色斑点，大小31mm×22mm左右。

勺嘴鹬主要以昆虫、昆虫幼虫、甲壳类和其他小型无脊椎动物为食。

保护意义

勺嘴鹬属于古北界东部的孑遗物种，是极为罕见的物种，其繁殖区也较为狭窄。全球数量少于200对。

在过去40多年间，勺嘴鹬的种群数量一直呈下降趋势。20世纪70年代估计其繁殖种群数量为2000~2800对；2000年估计繁殖种群数量为1000对；2003年和2005年的调查表明，勺嘴鹬的繁殖种群分别为402~573对和350~380对；2009—2010年估计的繁殖种群数量为120~200对，总数量为500~800只；2015年估计其种群数量为360~600只。

人为干扰和环境变迁，使得该物种处于灭绝的边缘。该物种具有重要的生态学和研究价值，若不能得到足够的关注和保护，可能将走上灭绝之路。

鸻形目 CHARADRIIFORMES
鹬科 Scolopacidae

小青脚鹬

Tringa guttifer (Nordmann,1835)

濒危等级：濒危（EN）

长江流域分布 / 长江流域记录分布

本种广泛分布于长江流域，分布记录于江西（鄱阳湖）、安徽、江苏（盐城）、上海（崇明岛）、浙江等地。

形态特征

小型涉禽，体长 300mm 左右。喙较粗而微向上翘，尖端黑色，基部淡黄褐色。头部暗褐色，多白色细纹。上体包括上背、肩和翼上覆羽黑褐色，具白色斑点和羽缘。下背、腰、尾上覆羽白色。尾羽白色或灰白色，部分个体具不规则灰暗色纹。下体除了前颈、胸、上腹、两胁密布暗色斑，余概为白色。冬季，背部灰褐色，羽缘白色，下体纯白色。飞翔时脚不伸出尾羽的后面。虹膜暗褐色。喙端部黑色，基部黄褐色或绿色。腿黄、绿或黄褐色。

物种习性

栖息于稀疏的落叶松林中的沼泽、水塘和湿地上，非繁殖期主要栖息于海边沙滩、开阔而平坦的泥地、河口沙洲和沿海沼泽地带。常单独在水边沙滩或泥地上活动，常涉水到齐腹深的水中去觅食。在中国为罕见的旅鸟。

繁殖期在 6—8 月。营巢于落叶松疏林中的沼泽、水塘或林缘湿地的落叶松或其他树上，距地面的高度为 2~4m。巢主要由落叶松的树枝、苔藓和地衣构成。

主要以水生小型无脊椎动物和小型鱼类为食

保护意义

小青脚鹬为国家Ⅱ级重点保护野生动物，其分布区域狭窄，数量稀少，栖息地丧失和过度捕猎可能是小青脚鹬数量持续下降的主要原因。至 1997 年，有科学家认为全球仅存约 1000 只小青脚鹬，属于全球濒危物种。作为典型的湿地鸟类，该物种对湿地生态系统有着重要的生态学价值，亟须保护。

鸻形目 CHARADRIIFORMES
鸥科 Laridae

遗鸥

Ichthyaetus relictus (Lonnberg,1931)

濒危等级：濒危（EN）

长江流域分布 / 长江流域记录分布

本种广泛分布于长江流域，分布记录于青海、云南、湖北、江苏、上海、甘肃、陕西等地。

形态特征

中型游禽，体长 400mm 左右，繁殖羽，头部深棕褐至黑色，背面延伸至后颈，腹面延伸至下喉。颈部白色，背淡灰色，腰、尾上覆羽、尾羽和下体纯白色。冬羽，头白色，头侧耳羽具一暗黑色斑，后颈暗黑色。

物种习性

栖息于开阔平原和荒漠与半荒漠地带的咸水或淡水湖泊中，常成群活动。具护巢行为，如有天敌接近巢区，成千上万只亲鸟倾巢而出，采取各种方法攻击入侵者。

繁殖期在 5—7 月，营巢于荒漠湖泊的湖心岛，成群营巢，形成巢群。巢主要由枯草构成，内垫有羽毛，巢直径 25cm 左右。窝卵数通常 2~3 枚，卵白色，被有褐色或黑色斑点，孵化期 24~26 天。

遗鸥主要以昆虫、小鱼、水生无脊椎动物等动物性食物为食。植物性食物不多，有藻类、眼子菜、寸薹草、白刺等。

保护意义

遗鸥为国家Ⅰ级重点保护野生动物。1929 年 4 月，Lonnberg 采集到一号鸥类标本，起初认为是黑头鸥的新亚种 *Larus melanocephalus relictus*，后将其命名为 *Larus relictus* 遗鸥。随后的几十年，Dement' yev 和 Gladkov 视其为棕头鸥 *Larus brunnicephalus* 的变型；Vaurie 则推断它是渔鸥 *Larus ichthyaetus* 与棕头鸥的杂交产物。1971 年，苏联鸟类学家 Auezov 依据在哈萨克斯坦发现的标本提出应将 *Larus relictus*（*lchthyaetus relictus*）视为有效物种。

该物种繁殖地要求苛刻，行为习性特殊，具有重要的生态学和研究价值。

鸽形目 COLUMBIFORMES
鸠鸽科 Columbidae

楔尾绿鸠

Treron sphenurus (Vigors,1832)

濒危等级：近危（NT）

长江流域分布 / 长江流域记录分布

本种分布于长江中上游地区，分布记录于西藏、四川、云南、湖北等地。

形态特征

中型陆禽，体长：雄性 284~349mm，雌性 285~330mm；体重：雄性 180~260g，雌性 160~240g。雄性头颈部亮黄绿色，头顶橙棕色，背部及肩部为灰色，稍具栗红色，下背及尾上覆羽暗绿色或橄榄绿色，尾羽呈楔形。翅上具紫红色斑。颏部、喉部亮黄绿色，胸部橙黄色，腹面其余区域亮橄榄色。雌鸟背面绿色部分较雄鸟晦暗，无栗色，头顶和胸部为淡黄绿色，其余部分与雄鸟相似。

虹膜的内圈蓝色，外圈红色，眼周裸皮浅蓝色。喙基浅蓝色，端部灰色具橙色，脚红色。

物种习性

主要栖息于海拔 3000m 以下的山地阔叶林或混交林中。留鸟，常单个、成对或成小群活动。尤以早晨和傍晚活动较频繁，主要在树冠层活动和觅食。叫声非常悦耳动听，富有箫笛的音韵。觅食主要在树上 和灌木丛之间。常抓住悬垂的小树枝取食野果。

繁殖期在 4—7 月。雄鸟具丰富的求偶行为。营巢于森林中高大乔木，巢简陋，呈平盘状。窝卵数 2 枚，卵白色。孵化期 13 天左右。雏鸟孵化后 12 天即可离巢。

主要以树木和其他植物的果实与种子为食。

保护意义

楔尾绿鸠为国家Ⅱ级重点保护野生动物。该物种为重要的森林生态系统鸟类，具有一定的生态学和研究价值，同时具有较强的观赏价值。

鸮形目 STRIGIFORMES
鸱鸮科 Strigidae

短耳鸮

Asio flammeus (Pontoppidan,1763)

濒危等级：近危（NT）

长江流域分布 / 长江流域记录分布

本种广泛分布于长江流域，分布记录于青海、云南、湖北、江苏、上海、甘肃、陕西等地。

形态特征

中型猛禽，体长：雄性 344~393mm，雌性 345~398mm；体重：雄性 251~366g，雌性 326~450g。面盘显著，眼周黑色，耳短小而不外露。面盘内，眼先及眉斑白色，其余黄色，羽干纹黑色。背面大都棕黄色，腰和尾上覆羽几纯棕黄色，其余部分具黑褐色羽干纹。腹面下棕白色，胸部较多棕色，并满布有黑褐色纵纹，下腹中央、尾下覆羽及覆腿羽无斑杂。

跗跖和趾被羽，棕黄色。虹膜金黄色，嘴和爪黑色。

物种习性

多栖息于地上或潜伏于草丛中，很少栖于树上。多在黄昏和晚上活动和猎食。通常不高飞。繁殖期间常一边飞翔一边鸣叫，其声似“不~不~不~”，重复多次。

繁殖期 4—6 月。通常营巢于沼泽附近地面，一般由枯草构成。窝卵数通常 3~8 枚，卵白色，呈卵圆形，大小 40mm × 32mm 左右。雌鸟孵卵，孵化期 24~28 天。雏鸟孵化后 24~27 天即可飞翔。

主要以鼠类为食，也吃小鸟、蜥蜴和昆虫，偶尔也吃植物果实和种子。

保护意义

短耳鸮为国家Ⅱ级重点保护野生动物。该物种主要以鼠类为食，对维持生态系统的平衡具有重要的生态学意义。

鸮形目 STRIGIFORMES
鸱鸮科 Strigidae

黄腿渔鸮

Ketupa flavipes (Hodgson,1836)

濒危等级：濒危（EN）

长江流域分布 / 长江流域记录分布

本种广泛分布于长江流域，分布记录于青海、西藏、四川、云南、重庆、湖北、湖南、江西、安徽、江苏、上海、贵州、甘肃、陕西、河南、浙江等地。

形态特征

大型猛禽，体长630mm左右，体重超过2000g。头、颈和耳羽簇橙棕色，眼先白色。前额至上背，包括肩羽在内的上体橙褐色，两翼黑褐色。下背、腰和尾上覆羽深茶黄色。尾黑褐色，具5道“V”形橙棕色斑和羽端斑，大部分羽毛具黑色或黑褐色羽干纹，下腹和尾下覆羽黑色羽干纹不明显或缺失。

虹膜鲜黄色，喙角黑色，上喙先端角黄色，蜡膜暗绿色，跗跖灰黄色，爪暗角黄色。

物种习性

栖息于密林之中，常单独活动，主要在下午和黄昏外出捕食，有时白天也活动和猎食。捕食时常栖于河边高高的树枝上，俯视水面，见有食物，则猛扑下来，用爪抓捕食物。受到惊扰时不轻易飞走，鸣声似“whoo~hoo”。

繁殖期从11月到翌年2月。喜欢利用其他鸟类旧巢，并直接在巢内产卵，也会产卵于地洞或岩洞中，繁殖期雌雄成对生活。窝卵数通常2枚，卵的大小为58mm×47mm左右。

黄腿渔鸮主要以鱼类为食，也兼食鼠类、昆虫、蛇、蛙、蜥蜴、蟹和鸟类。

保护意义

黄腿渔鸮为国家Ⅱ级重点保护野生动物。该物种的行为与鸮形目其他物种略有差异，在森林生态系统中具有重要的生态学价值。

鸮形目 STRIGIFORMES
鸱鸮科 Strigidae

褐渔鸮

Ketupa zeylonensis (Gmelin,1788)

濒危等级：濒危（EN）

长江流域分布 / 长江流域记录分布

本种分布于长江中游地区，分布记录于湖北。

形态特征

大中型猛禽，体长：雄性532~545mm，雌性510~522mm；体重：雄性1150~1500g，雌性1080~1450g。褐渔鸮头和背面浅棕褐色，肩浅黄褐色，飞羽暗褐色。眼先具黑色须状羽，颊及耳羽浅棕褐色，颏、喉白色。腹面其余部分浅黄褐色，尾下覆羽较淡，大部分羽毛具黑色或褐色羽干纹。尾羽暗褐色，具6道浅皮黄色横斑和褐色斑点。

物种习性

栖息在森林中的枝叶稠密处，常单独活动。常在下午就出来活动，站立在水边的树桩、枯枝等处，等待机会猎捕鱼类。可像涉禽一样在浅水中行走。叫声似“boom~O~boom”或“gloom~oh~gloom”。

繁殖期通常在6—8月。通常营巢于悬崖、岸边岩洞或树洞中，也会利用其他鸟类旧巢，窝卵数通常2枚，大小59mm×47mm左右。

褐渔鸮主要以鱼、蛙、水生昆虫等为食，有时也吃小型哺乳类、鸟类、蛇、蜥蜴和昆虫。

保护意义

褐渔鸮为国家Ⅱ级重点保护野生动物。该物种的行为与鸮形目其他物种略有差异，在森林生态系统中具有重要的生态学价值。

雀形目 PASSERIFORMES
八色鸫科 Pittidae

仙八色鸫

Pitta nympha Temminck and Schlegel,1850

濒危等级：易危（VU）

长江流域分布 / 长江流域记录分布

本种分布于长江上游地区，分布记录于青海、甘肃、陕西等地。

形态特征

中小型鸣禽，体长：雄性 185~192mm，雌性 176~212mm，体重：雄性 49~70g，雌性 48~50g。仙八色鸫雌雄羽色相似。头深栗褐色，中央冠纹黑色，眉纹皮黄白色，额基白色，延伸至后颈。具宽阔黑色贯眼纹。背、肩和内侧次级飞羽亮深绿色，腰、尾上覆羽和翅上小覆羽钴蓝色。具显著白色翼斑。尾黑色，羽端钴蓝色。喉白色，胸淡茶黄色或皮黄白色，腹中部和尾下覆羽血红色。虹膜褐色或暗褐色，嘴黑色，跗跖和趾肉红色或淡黄褐色。

物种习性

栖息于平原至低山的次生阔叶林内。常单独在灌木下活动，性机警，行动敏捷，善跳跃，多在地上跳跃行走。

繁殖期在 5—7 月。通常营巢于密林的乔木上。巢呈球状，由枯枝、枯叶、苔藓、杂草等构成，侧面开孔。窝卵数 4~6 枚，卵污白色，缀有灰色。双亲轮流孵卵。

仙八色鸫主要以昆虫为食，常在落叶丛中以喙掘土觅食蚯蚓、蜈蚣及鳞翅目幼虫，也食鞘翅目等昆虫。

保护意义

仙八色鸫为国家Ⅱ级重点保护野生动物。该物种十分珍贵，其色泽鲜艳，具有较高的观赏价值。其数量随着人为活动和环境破坏，呈下降趋势。该物种具有重要的生态学价值和观赏价值。

雀形目 PASSERIFORMES
鹟科 Muscicapidae

贺兰山红尾鸲

Phoenicurus alaschanicus (Przevalski,1876)

濒危等级：濒危（EN）

长江流域分布 / 长江流域记录分布

本种广泛分布于长江流域，分布记录于青海、云南、湖北、江苏、上海、甘肃、陕西等地。

形态特征

中小型鸣禽，体长160mm左右。胸赤褐色，雄鸟头顶至上背蓝灰色，下背及尾橙褐色，中央尾羽褐色。颏至胸部橙褐，腹部白偏橘黄，翼褐色具白色块斑。雌鸟褐色较重，背面色暗，腹面灰色，两翼褐色并具皮黄色斑块。

物种习性

贺兰山红尾鸲为山地针叶林罕见的繁殖鸟类，喜稠密灌丛，常在溪流边活动。此物种种群稀少，物种习性资料稀缺。对其鸣声尚无资料。

贺兰山红尾鸲主要以昆虫为食。

保护意义

贺兰山红尾鸲为中国特有种，其种群数量稀少，且栖息地生境相对独特，具有较高的研究和生态学价值，应加强保护。

雀形目 PASSERIFORMES
鹀科 Emberizidae

黄胸鹀

Emberiza aureola Pallas,1773

濒危等级：濒危（EN）

长江流域分布 / 长江流域记录分布

本种广泛分布于长江流域，分布记录于青海、四川、云南、重庆、湖北、湖南、江西、安徽、江苏、上海、贵州、甘肃、陕西、河南、浙江等地。

形态特征

小型鸣禽，体长：雄性134~159mm，雌性130~158mm；体重：雄性20~29g，雌性18.5~24g。雄鸟头顶和上体栗色或栗红色，眉纹皮黄白色，额、颊、喉黑色，尾黑褐色。外侧两对尾羽具楔状白斑，两翅黑褐色，翅上具两道白色横纹，一宽一窄。下体鲜黄色，胸部具深栗色横带。雌鸟上体棕褐色或黄褐色，腰和尾上覆羽栗红色。两翅和尾黑褐色，具两道淡色翅斑。下体淡黄色，胸无横带，两胁具栗褐色纵纹。

雌雄个体，腰和尾上覆羽都为栗红色，飞行时翼上的白色斑块明显可见。上喙灰色，下喙粉褐色。脚呈淡褐色。

物种习性

栖息于低山丘陵和开阔平原地带的灌丛、草甸、草地和林缘地带，尤其喜欢溪流、湖泊和沼泽附近的灌丛、草地，是典型的河谷草甸灌丛草地鸟类。喜成群，迁徙季节和冬季，更可集群达数千只。

繁殖期5—7月。求偶鸣声清脆婉转。多营巢于草原、沼泽和河流与湖泊岸边地上草丛中或灌木与草丛下的浅坑内。巢呈碗状，主要由枯草茎和草叶构成，内垫有动物毛发。窝卵数3~6枚。卵绿灰色，被有灰褐色或褐色斑纹，呈卵圆形。双亲共同孵卵，孵化期13天左右。雏鸟由双亲共同抚育。

黄胸鹀繁殖季节主要以昆虫为食，也吃部分小型无脊椎动物和草籽、种子和果实等植物性食物。迁徙期间主要以谷子、稻谷、高粱、麦粒等农作物为食。

保护意义

黄胸鹀俗名禾花雀，在鸟类贸易中占有很大份额，由于鸣声婉转，大量个体被当作宠物流入市场。13年间，黄胸鹀从“无危”变“极危”。2004年，黄胸鹀由“无危”改为“近危”，2008年“易危”，2013年“濒危”，直到2017年变为“极危”。本书按2016年，中国脊椎动物红色名录记录濒危等级EN。

据估计，仅2001年，在广东省就有100万只黄胸鹀被食用。1980—2013年，其野生种群下降约90%，已处于灭绝的边缘。

第五部分

兽类

（哺乳动物）

长江流域内共记录兽类（哺乳动物）280种，隶属于11目36科135属，特有种和受威胁物种分别有14种和154种。一共有2/3的中国兽类特有种在长江流域分布，兽类物种丰富度高，是重点保护区域。长江流域内被《国家重点保护野生动物名录》收录的物种共有52种，其中Ⅰ级保护动物18种，Ⅱ级保护动物34种。被列入《中国物种红色名录》内的受威胁物种有154种，占整个长江流域兽类总数的55%，长江流域的兽类生存面临着较为严重的威胁。物种数量最多的5目（啮齿目、翼手目、食虫目、食肉目以及偶蹄目）与全国及世界上分布趋势相同。以上5个目的物种，在长江流域的分布数达到全世界兽类总数的10%以上，由此可见长江流域兽类多样性的重要地位。物种多样性整体水平呈现上游到下游区域逐渐递减的趋势。上游的四川盆地、横断山脉以及云贵高原物种数量最多；中下游流域包括江南丘陵、两湖平原、鄱阳湖平原、淮阳山地、长江三角洲等中下游低海拔区域物种数量最少。目前，加强公众保护意识、保护自然环境、增加森林植被覆盖率、减少人为活动对野生动物的干扰以及保护其栖息地是保护长江流域兽类物种多样性的必然途径和基本要求。

本书主要根据《中国物种红色名录》和《国家重点保护野生动物名录》并结合物种的分布，选择其中分布在长江流域的EN等级以上的物种、国家重点保护野生动物以及中国（含长江流域或局部区域）特有物种进行统计；濒危等级评估较低，但其分布较为狭窄，其栖息地在历史上受人为破坏严重以及过度捕杀等影响，亟需加大保护力度的部分物种也收录其中。本书选编的长江流域珍稀保护兽类（哺乳动物）共29种，按濒危等级分，CR：8种；EN：8种；VU：7种；NT：4种；LC：2种。珍稀保护兽类（哺乳动物）中有国家Ⅰ级保护物种16种，Ⅱ级保护物种8种，中国特有种9种。

翼手目 CHIROPTERA
蝙蝠科 Vespertilionidae

彩蝠

Kerivoula picta (Pallas,1767)

濒危等级：濒危（EN）

长江流域分布 / 长江流域记录分布

本种分布于长江中下游，分布记录于福建、广东、广西、贵州等地。

形态特征

体长37~53mm，尾长36~45mm，前臂长37~49mm。耳壳较大，耳基部管状，形似漏斗，耳内缘凸起，耳屏细长披针形。足背有黑色短毛，背腹毛橙色，但腹毛较浅，前臂、掌和指部附近为橙色，指间的翼膜为黑褐色。头骨吻部狭长，略上翘，脑颅圆而高凸。

物种习性

喜欢栖息在宽叶子的植物较多的环境中，从森林到香蕉、甘蔗等种植园皆有分布。白天蛰伏，常选择靠近水源的叶片下方作为栖息地，方便它们饮水，通常1~4天更换一次停歇点，通常离地高度1~1.5m。

彩蝠通常一夫一妻制，大多数具有稳定的觅食区域。雌性彩蝠更偏向于待在固定的栖息范围内，雄性则经常前往较远处，不少个体因此死亡或不再折返。这也导致大多数个体会更换伴侣。高频、宽频带、短持续时间和低强度的回声定位结构，使得彩蝠得以在高度杂乱的空间里精准地完成捕食。

彩蝠的食物以结网蜘蛛为主，一些鞘翅目、双翅目等昆虫也会成为它们的食物。

保护意义

此物种野生种群稀少，且具有重要的生态学和研究价值，应加强对它们和它们栖息地的保护。

灵长目 PRIMATES
猴科 Cercopithecidae

川金丝猴

Rhinopithecus roxellana (Milne-Edwards,1870)

濒危等级：易危（VU）

长江流域分布 / 长江流域记录分布

本种分布于长江中游，分布记录于甘肃（文县、武都、舟曲）、湖北（巴东、房县、兴山、神农架大龙潭金丝猴野外研究基地）、陕西（佛坪、宁陕、太白、洋县、周至等县的金丝猴自然保护区）、四川（安县、宝兴、北川、崇庆、大邑、都江堰、黑水、康定、理县、泸定、芦山、马边、茂汶、绵竹、岷山、南坪、彭县、平武、青川、邛崃山、什邡、松潘、天全、汶川、小凉山）等地。

形态特征

雄性体长 520~780mm，尾长 570~800mm，雌猴体型较小。全身毛色鲜艳，金黄略带灰色。两耳丛毛乳黄色，眉骨处生有稀疏的黑色长毛，两颊棕红，金黄色长毛伸出四肢外侧。头顶毛发深灰褐色，颈颊侧及腹部红黄至黄褐色，尾灰白色。头圆，耳短，嘴唇宽厚，嘴角处有瘤状的突起，随着年龄的增长而变大和变硬。脸部天蓝色，鼻孔上仰，鼻骨极度退化而形成上仰的鼻孔。雄性肩部披细而密的金色长毛，毛长达 30cm，雌性背毛灰褐色无金色长毛。幼仔毛发乳黄色，两岁以后毛色金黄。

物种习性

栖息于海拔 1500~3500m 的针阔混交林或针叶林内。白天活动，树栖，很少下地。群居生活，一般 100~200 只成群，少则 20~30 只。

川金丝猴存在两种社会单元，一种是由一只雄猴和几只雌猴及幼猴组成的家庭单元；另一种是由多个雄性组成的全雄单元。全年均能繁殖，8—10 月为交配盛期，妊娠期约 6 个月。每胎 1 仔，哺乳期 5~6 个月。雌性 4~5 岁达性成熟，雄性约 7 岁才能达到性成熟。

川金丝猴食性较广，但以植物性食物为主，春季主要以植物嫩叶、幼芽和花序等为食；夏季主要以野樱桃、构树等果实为食；秋季主要捕食幼鸟、昆虫等，同时采果实与种子；冬季主要以林中树皮、藤皮及残留花序、果序、苔藓等为食。

保护意义

川金丝猴为国家Ⅰ级重点保护野生动物，为中国特有种。我国分布的三种金丝猴，20 世纪 40 年代前，认为它们是 3 个单型种。60 年代开始，被认为是 1 个种和另外 2 个亚种。直到 80 年代以后，研究表明，其为 3 个独立的物种。而关于金丝猴属，直到 70 年代，仍有不同观点，后对其骨骼等进行深入的比较研究，最终独立成属。属内物种皆为珍稀物种，而川金丝猴对于该属的研究具有举足轻重的作用。

第四纪的全球气候变化以及青藏高原隆起，使得金丝猴有 2 次较大的向东迁徙。约 100 万年前，从四川—甘肃迁徙到秦岭地区；约 50 万年前，迁徙到达湖北神农架地区。至此，川金丝猴形成三个相对独立的分布区。其在各山系的分布面积如下：岷山约为 1300km^2，邛崃山约为 10000km^2，大雪山和小凉山约为 2000km^2，秦岭约为 3600km^2，神农架约为 7447km^2，摩天岭北坡约为 2138km^2。根据研究论文记录，现存川金丝猴数量约 22000 只，四川和甘肃约有 16000 只；陕西 5500 只左右，湖北 1000 只左右。

灵长目 PRIMATES
猴科 Cercopithecidae

黑叶猴

Trachypithecus francoisi Pousargues,1898

濒危等级：濒危（EN）

长江流域分布 / 长江流域记录分布

本种分布于长江中游地区，分布记录于重庆（秀山县、酉阳县）、贵州西南部等地。此外，在重庆（南川、武隆），贵州北部的道真、绥阳、桐梓曾经发现过黑叶猴的分布，但因栖息生境丧失，目前已绝迹或几乎绝迹。

形态特征

体长520~710mm，尾长700~900mm。全身黑色有光泽，耳基至两颊有白毛，手足均为黑色。喉、腋和腹部颜色稍浅，为黑灰色，尾尖白色。头顶有直立的毛冠，体背毛比腹面的毛长而密，臀疣较大。耳上缘内侧长有少量黄白色毛，基部一圈为浅白毛，从耳前方基部到口角，左右各有一条由白毛构成的白色带。头小，头顶有一撮直立的黑色冠毛，尾长，身体纤瘦，四肢细长，无颊囊。初生幼猴的头顶、背部和尾灰褐色，其他部位橘黄色。1月龄后，全身开始逐渐转黑，半岁时基本接近成猴体色。

物种习性

典型的东南亚热带、南亚热带树栖猴类，栖息于亚热带石灰岩地区或河谷两岸森林中。行动敏捷，善于跳跃攀爬，树栖或栖于岩石上。白天成群活动，每群有一只成年雄性为领头猴，数只雌性及幼猴。每天活动之前，领头猴先观察洞外动静，随后其他成员相继外出活动。夜晚不再活动，一般蹲坐、蜷曲在一起休息。通常在树木上层活动觅食，活动规律，有较为固定的住所，活动范围为3~5km^2。全年均可繁殖，但多在秋冬季发情，妊娠期为6~7个月，多在春季产仔。雌性一般每年产仔一次，每胎多1仔，哺乳期约6个月，幼仔4~5岁性成熟。

黑叶猴主要以芽、嫩叶、花和果实为食，同时也捕食昆虫。研究表明，黑叶猴取食62种植物，其中乔木11种，灌木32种，草本植物3种，藤本植物16种。

保护意义

科学家推测，最早的叶猴化石于800万年前，在巴基斯坦被发现，印巴次大陆因此被认为是叶猴类的发祥地，叶猴从中心向中南亚扩散，沿河谷或低地进入中国南部，从而逐渐在中国形成叶猴种群。1898年，Pousargus将广西西南部龙州县获得的一叶猴标本命名为黑叶猴 *Semnopithecus francoisi*。黑叶猴分布极其狭窄，是亚洲石山食叶灵长类分布最北的种类，对于研究该类群的进化具有极其重要的作用。

黑叶猴在我国数量极其稀少，属于国家Ⅰ级重点保护野生动物。据文献记载，分布于我国的3个省（自治区、市），其中广西21个县，贵州11个县，重庆4个县。导致黑叶猴个体数量下降的因素很多，主要原因是环境质量恶化以及非法盗猎。目前，保护现有黑叶猴的栖息地，是保护我国黑叶猴最重要的措施。

鳞甲目 PHOLIDOTA
鲮鲤科 Manidae

中国穿山甲

Manis pentadactyla Linnaeus,1758

濒危等级：极危（CR）

长江流域分布 / 长江流域记录分布

本种分布于长江中下游地区，分布记录于浙江、福建、湖南、湖北、广东、广西、云南、贵州、江西、河南（南部局部地区）、安徽（南部）、四川、重庆、西藏（西南部局部地区）等地。

形态特征

体长370~480mm，尾长240~340mm，体重2200~3700g。体被覆瓦状鳞片，但面部、腹部、尾基及四肢内侧无鳞甲，鳞片呈黑褐色。鳞片间及无鳞区有稀疏硬毛，耳背及耳缘光滑无毛。体中部鳞片环的数量为15~18片，尾边缘鳞片数16~19片。体型狭长，四肢粗短，尾扁平而长。头呈圆锥状，眼小，舌长，无齿，耳壳明显，长约20mm，前趾具强爪。

物种习性

地栖性哺乳动物，栖息于山地丘陵的森林或灌丛中，环境一般湿度较高，土质松软、灌丛茂密。多单独活动，平时独居于洞穴之中，只有繁殖期才成对生活。白昼常匿居洞中，夜晚活动觅食，能爬树，会游泳，善挖土。行走时前足掌背着地，受惊时卷缩成团，头及无鳞部位被鳞片包在内部，受到保护。秋季发情，妊娠期约140天，早春产仔。每年1胎，每胎多1仔，偶尔2仔。幼兽能抓住母兽鳞片，伏背而随之外出活动。

中国穿山甲主要以白蚁和各种蚂蚁为食，靠前足巨爪扒开蚁巢，伸出多黏液的长舌黏食大量蚁类。

保护意义

中国穿山甲为国家Ⅰ级重点保护野生动物。被人们疯狂捕杀，由此引起的非法捕杀屡禁不止。

广东省在1960年拥有野生中国穿山甲100000余头，2000年，这个数字下降到6000~14000头。2008年，广东省已经很少能够见到野生中国穿山甲了。福建省在1960年拥有野生中国穿山甲近100000头，1994年，下降至20000头，分布地也大幅缩减。2016年，科学家对重庆的14个县进行了调查，未发现中国穿山甲。2004—2014年，全世界有超过100万只中国穿山甲被用于非法贸易，中国穿山甲现已与象、虎并列成为世界上受非法贸易影响最严重的三大哺乳动物。在国内，1999—2017年，仅查获的中国穿山甲非法贸易案件就有394起，相关案件涉及全国23个省（自治区、市）。其中活体3585只，死体22925只，甲片35072.71kg，实际交易数量或许远大于此。

目前，中国境内野生中国穿山甲已到达枯竭的边缘，如果再不加以保护，此物种终将走向灭绝。

食肉目 CARNIVORA
犬科 Canidae

狼

Canis lupus Linnaeus,1758

濒危等级：近危（NT）

长江流域分布 / 长江流域记录分布

本种分布于整个长江流域，过去在各地区种群数量均较多，现仅于西藏等人口密度较小的地区分布较多，华北平原、长江中下游、华南地区的分布相对较少。

形态特征

体长 1000~1500mm，尾长 310~5l0mm，雄性略大于雌性，为犬科中体型最大的一种。体背及体侧的长毛毛尖为黑色，绒毛为污灰色并略染棕黄色调，尾背面毛色与体背面相似，但尾端略带黑色，尾腹面棕黄色。腹面及四肢内侧颜色浅淡，毛色呈浅棕色或棕白色，具有乳头 5 对。吻部、口角、两颊、腮部、下颌以及喉部均呈浅灰棕或污白色，双耳浅棕色，耳尖转暗棕灰色。与大型家犬很难区分，但吻部较尖，口须黑色，耳直立，尾下垂不能上卷。前足第三、四趾最长，拇指最小，位置偏高。

物种习性

栖息于森林、草原、冻原、半荒漠、山地丘陵。喜集群活动，家族群由 5~8 头组成，主要在夜间活动。野生个体通常可以存活 12~16 年。成年后，每年繁殖一次，繁殖季节有巢穴，常连续数年在同一巢穴抚育幼仔。产仔期间以岩洞、小坑为窝或利用其他动物的洞穴，多为僻静近水之处。每年早春发情，妊娠期 2 个月左右，春末产仔，每胎 2~11 仔。初生幼仔全身长有灰黑色细而短的绒毛，尚未睁眼，不能独立行走，微微蠕动，幼仔 6~8 周后断奶，2 岁性成熟。

狼主要以有蹄类及野兔、旱獭等小型哺乳类为食。

保护意义

狼为国家Ⅱ级重点保护野生动物。它们喜欢在人类活动较少、食物丰富且有一定隐蔽条件的地方栖息。但随着近几十年人口的迅速增长，人类活动范围迅速增大，使得适合狼群的生态环境被严重破坏，能够活动的分布范围日益减小。

过去，我国长期把狼当作害兽而大量捕杀，并为鼓励捕杀害兽而给予一定奖励。蒙古草原的狼曾经数量众多，但因为人类的“剿狼行动”，现大部分个体都已迁移到了蒙古。同时狼的毛皮质量好，部分器官可以入药，也是导致其被捕杀的一个重要因素。多种威胁因素共同导致狼的种群数量越来越少，许多过去狼的分布区已不见其踪迹。目前，狼在某些国家已被列为保护物种，但很多国家仍未将其列入保护动物，保护任务迫在眉睫。

食肉目 CARNIVORA
犬科 Canidae

豺

Cuon alpinus (Pallas,1811)

濒危等级：濒危（EN）

长江流域分布 / 长江流域记录分布

本种广泛分布于长江流域，但是各地区数量均稀少，分布记录于陕西（佛坪县的观音山自然保护区、长安、柞水、宁陕三县交界处的牛背梁国家级自然保护区）、甘肃、青海、安徽（大别山区）、湖北（三峡万朝山自然保护区）、江苏、江西、四川（卧龙国家级自然保护区、海子山自然保护区）、云南、贵州、福建、西藏等地。

形态特征

体长 880~1100mm，尾长 400~500mm，雄性体重 15~21kg，雌性体重 10~17kg，大小及外形似黄色家犬。体毛厚密而粗糙，体色随季节和产地的不同而异，体背一般呈深褐色至红棕色，毛尖黑色。腹毛较浅淡，腹部及四肢内侧为淡白色、黄色或浅棕色。尾较粗，尾毛蓬松而下垂，形似狐尾，比狼略长，尾毛色与躯体相似，愈靠远端毛色愈深，至尾端几近黑色，形成黑尾尖。头部、颈部、肩部及背部色调较重，掺有黑色毛尖的针毛，口角部位及喉部亦近乎棕白色。四肢较短，耳端圆钝，吻较狼短而头较宽，身躯较狼为短但具有 6~7 对乳头。

物种习性

由低海拔的沿海地区到高山均有分布，但主要以有森林覆盖的山地丘陵为主要栖息地。喜晨昏活动，白天也常出没，营群居生活，通常由 5~12 头结群捕食。繁殖季节雌雄成对生活，冬季发情，妊娠期约 2 个月，春季产仔，每胎 4~6 仔。初生幼崽被深褐色绒毛，约 1 岁性成熟，饲养寿命为 15~16 年。性警觉、善追逐，嗅觉发达，可连续追逐数小时。

保护意义

豺为国家Ⅱ级重点保护野生动物。它们常常活动于野猪较多、鼠害严重的地区，表明豺在整个生态系统中所起的重要作用。但长期以来，豺却一直被当作害兽。这是由于全国各地的自然环境均受到不同程度的破坏，豺失去了栖息和隐蔽的条件，原本可捕食的小型动物也越来越少，环境和捕食的压力迫使其靠近村落活动，以此盗食家畜，从而使得人们将其作为害兽加以猎杀，更加剧其致危的状态。另外，中医传统理论认为豺肉晒干有滋补的功效，因此被不法分子肆意捕杀，导致豺仅零星分布于全国各地山区，数量稀少，亟待保护。

食肉目 CARNIVORA
熊科 Ursidae

黑熊

Ursus thibetanus G.Baron Cuvier,1823

濒危等级：易危（VU）

长江流域分布 / 长江流域记录分布

本种广泛分布于整个长江流域，分布记录于陕西、甘肃、青海、西藏、四川、云南、贵州、广西、湖北、湖南、广东、安徽、浙江、江西、福建等地。

形态特征

体长1500~1700mm，肩高1200~1900mm。雌熊体重40~140kg，雄熊体重60~200kg。是熊类中体型最小的一种。头圆吻短，身体粗壮。眼小，鼻端裸露，耳长100~120mm。胸部具“V”形白色或奶黄色斑，其余部分黑色，面部棕褐色。尾短，仅70~80mm。

物种习性

栖息于山林，喜筑巢于岩洞、地洞、河堤等地。具冬眠习性，秋季会大量进食，存储脂肪。冬季蛰伏于洞中，翌年三、四月份出洞。黑熊嗅觉和听觉灵敏，可嗅到半公里以外的气味，可闻将近200m以外的脚步声。黑熊通常在7—10月交配，幼熊通常会在1—3月出生，新生熊仔很小，体重约500g左右，1个月后方睁开眼，双胞胎很常见，也有1或3仔者。通常在第一年的6至8个月断奶，并在首个冬天和母熊一起生活。

黑熊杂食性，包括各种植物的芽、叶、茎、根、果实，以及菇类、虾、蟹、鱼类、无脊椎动物、鸟类、啮齿类动物和腐肉，也会挖掘蚁窝和蜂巢。

保护意义

黑熊为国家II级重点保护野生动物。中医记载，熊胆主治肝火导致的目赤肿痛、咽喉肿痛等，实际已有54种之多的草药可以达到同样疗效，而且价格更加便宜，但仍然有大量黑熊因贸易遭到捕杀。黑熊的毛皮、胆囊、熊掌以及其他身体部位，被大量销售给中医和野味市场。因此开展黑熊的保护工作，已迫在眉睫。

食肉目 CARNIVORA
熊科 Ursidae

大熊猫

Ailuropoda melanoleuca (David,1869)

濒危等级：易危（VU）

长江流域分布 / 长江流域记录分布

本种分布于长江上游区域，分布记录于甘肃、陕西秦岭、四川等地。

形态特征

雄性体长1500~1800mm，肩高650~700mm，尾长120~140mm，体重一般为80~125kg，雌性比雄性略小。体色为黑白两色，眼圈、耳壳及肩和四肢为深黑色外，其余部分均为乳白色。头圆、体肥、尾短。

物种习性

栖息于海拔1300~3600m的高山森林中，在林下有箭竹、方竹或其他竹丛的针阔混交林中最为常见。善爬树，会游泳，食量较大，且演化出利于抓握竹子的伪拇指。除发情期外，过独居生活，每两年生育一次。3—5月为发情期，每次持续1~3天，妊娠期97~163天。通常在岩洞或树洞内产仔，每胎1仔，偶尔2仔。新生幼仔的体重仅90~130g，3~4月龄能够行走，5~6月龄可以开始食用竹子，8~9月龄断奶，约18月龄离开母兽，5~6岁时性成熟。

大熊猫主要以竹类及竹笋为食，同时也食用猕猴桃等植物果实，偶尔也吃动物尸体，冬季有在水溪边反复饮水或暴饮的习性。

保护意义

大熊猫为国家Ⅰ级重点保护野生动物，为中国特有种，曾广泛分布于中国，北至北京周口店，南至东南沿海地区，其化石曾在16个省（自治区、市）被发现。

它们经历了800万年的演化历史，其种群动态、濒危过程及成因却一直难以诠释。近期的研究表明，现生大熊猫可分为3个遗传种群（秦岭、岷山和邛崃—相岭—凉山种群）。独特的秦岭种群大约在30万年前开始分化，与第四纪倒数第二个冰期的发生相一致，而岷山和其他种群的分化大约在2800年前，可能与人类活动相关。

大熊猫曾一度被认为因繁殖力弱、种群衰退、遗传多样性贫乏等内因而濒危。近期的研究成果显示，传统的调查方法，低估了野生大熊猫的种群数量。通过对159只各大山系的大熊猫进行种群遗传分析，发现大熊猫具有较高的遗传多样性，表明其仍具有较高且长期续存的演化潜力。

最近一次全国性大熊猫调查结果表明，野生大熊猫的数量为1864头，截止到2018年11月，全球圈养大熊猫数量为548头。这些喜人的报告，也使得大熊猫慢慢远离灭绝的危机。

食肉目 CARNIVORA
小熊猫科 Ailuridae

小熊猫

Ailurus fulgens F.G.Cuvier,1825)

濒危等级：易危（VU）

长江流域分布 / 长江流域记录分布

本种分布于长江上游区域，分布记录于四川、西藏、云南等地。此外，原有分布区陕西、甘肃、青海和贵州现已无小熊猫分布。

形态特征

体长 510~730mm，尾长 400~490mm，体重 4~6kg。体背毛红棕色，绒毛灰褐色，两性毛色相似，有的个体在臀背部有鲜亮的橙黄色毛尖。颈下及腹部为黑褐色，腹部毛短，色稍浅。尾毛粗长而蓬松，有棕红色与沙黄色相间的 9 个环纹，尾端为黑褐色。头部前额为棕黄色或淡黄棕色，耳壳外缘及耳内长有白毛。眼圈为黑褐色，胡须为白色，嘴周围、鼻上部、两颊、眼眉上都有白斑。

物种习性

生活于亚热带海拔 1400~4000m 的高山阔叶林或针阔混交林中。活动区域较大，夏季多在阴坡有溪流的河谷活动，冬季则在阳坡河谷盆地活动，喜好在向阳的山崖或大树顶晒太阳，无冬眠习性。白天躲在洞里睡觉，晨昏活动，常 2~5 头成群活动。性温和、胆怯，善于攀爬，遇敌害时，迅速爬上高树躲避。在 2—3 月发情，6—7 月产仔，妊娠期 4~5 个月，每年 1 胎，每胎 1~3 仔。幼仔约 4 月龄能独立生活，但在自然条件下，幼仔随母兽生活的时间长达 1 年。幼兽初生时体长约 200mm，体重 100~150g。由于小熊猫繁殖力较强，所以在自然情况下，种群的比例往往是幼体多于成体。

小熊猫食性杂，以箭竹或其他竹类的笋、叶为食，也吃野果、植物嫩叶、昆虫和动物尸体，尤其喜食带有甜味的食物，取食后有用掌揉擦嘴脸或用舌头把嘴边舐洗干净的习性。

保护意义

我国是小熊猫的集中分布区，已建立 31 个保护区，现有小熊猫 6400~7600 只，估计全球有小熊猫 16000~20000 只。作为食肉目动物，小熊猫已转化为以低营养和低能量的竹子为食，但仍保留食肉动物较短的消化道，不能消化纤维素和木质素，面临着营养和能量利用的问题。

近几十年来，由于人类对森林的过度采伐和乱捕滥猎，导致小熊猫的栖息地破碎化严重，其野生种群急剧下降。分布范围不断向西部高山峡谷地区退缩，原有分布区陕西、甘肃、青海和贵州现已无小熊猫分布。现在小熊猫已被列为国家 I 级重点保护野生动物，我国还建立了多个自然保护区，为野生小熊猫的繁衍提供了庇护所。除此之外，20 世纪 80 年代以后，研究人员在小熊猫的饲养繁殖和营养方面做了很多工作，为小熊猫的保护工作做出了巨大贡献。

食肉目 CARNIVORA
猫科 Felidae

猞猁

Lynx lynx (Linnaeus,1758)

濒危等级：濒危（EN）

长江流域分布 / 长江流域记录分布

本种分布于长江上游区域，分布记录于西藏、青海、甘肃等地。

形态特征

体长 800~1300mm，尾长 110~250mm，体重 18~33kg，为中等体型的猫科动物，雄性略大于雌性。背部颜色变异较大，有灰黄、土黄褐、灰黄褐、棕褐及浅灰褐等多种类型。全身点缀着斑点或小条纹，胸腹部为污白色或沙黄色，尾极短粗，尾端一般纯黑色或褐色。耳朵尖端生长着耸立的簇毛，长达 40~70mm，其间夹杂着几根白毛，两颊有下垂的长毛，腹毛也很长。另外眼周毛色发白，两颊有 2~3 条明显的棕黑色纵纹。体型似猫而远大于猫，四肢粗长而矫健，外侧均具斑纹。

物种习性

栖息环境极富多样性，有生活于森林山地、密集的灌木丛、高寒草甸或高寒草原中，也有部分生活于裸岩地带。善于攀爬及游泳，不畏严寒，喜营独居生活。一般在 2—3 月发情，妊娠期约 63~74 天，每胎 1~5 仔，通常 2~3 仔。幼仔约 1 个月龄时开始食肉，次年开始独立生活，部分幼体会聚集在一起生活，后期再度分散开。雌性约 2 年龄性成熟，雄性约 3 年龄性成熟。

猞猁主要以兔、鼠、鹿等小型哺乳动物为食，有时也捕食鸟类。

保护意义

1980 年，猞猁为国家Ⅱ级重点保护野生动物。它们的毛皮华丽柔软，20 世纪 70 年代以前，猎民可以任意捕杀，仅在青藏高原每年猎捕的猞猁就多达上千只。猞猁被划为国家级保护动物后，偷猎现象仍时有发生，当地的收购部门仍能收购到非法捕得的猞猁毛皮。

近年来由于森林资源的大量开发，人类活动导致森林面积破碎化和缩小，严重地破坏了生态平衡，导致猞猁的栖息地越来越少。尤其是野兔等猞猁的猎物也大幅度减少，使得它们不得不捕食人类饲养的牲畜，也导致它们成为人们的捕杀对象。目前，猞猁的野生种群数量稀少，亟待保护。

食肉目 CARNIVORA
猫科 Felidae

云豹

Neofelis nebulosa (Griffith,1821)

濒危等级：极危（CR）

长江流域分布 / 长江流域记录分布

本种分布于整个长江流域，分布记录于安徽、甘肃、贵州、河南、湖北、湖南、江西（崇仁、大余、高安、黎明、莲花、余南）、四川（雷波）、西藏、云南、浙江等地。

形态特征

体长 610~1060mm，体重 16~32kg。全身黄褐色，布满深色云纹状斑块，斑纹边缘近乎黑色，中心暗黄色。颈背有 4 条黑纹，中间两条止于肩部，外侧两条较粗，延续到尾基部。腹部和四肢内侧颜色较浅，尾部有数个黑色环纹，尾尖黑色。四肢粗短而矫健，爪较大，尾几乎与身体等长。犬齿锋利，能够咬杀体型较大的猎物。口鼻及胸腹为白色，鼻尖粉色带黑点，面颊有两条明显的泪槽，其内具两条黑色纵纹。眼睛四周有黑色环，瞳孔收缩时呈纺锤形。

物种习性

栖息于 1500~3000m 热带、亚热带林区。夜间活动，喜独居，繁殖季节才聚集在一起。善爬树，能利用粗长的尾巴保持身体的平衡，经常在树木上休息和狩猎，能从树上跃下捕食地面猎物。每年 3—8 月产仔，妊娠期 86~92 天，每胎 1~5 仔。哺乳期约 5 个月。

云豹主要以野兔、鼠、鹿等小型哺乳动物为食，有时也捕食鸟，盗食鸡、鸭等家禽。

保护意义

云豹为国家Ⅰ级重点保护野生动物。它们并不属于豹属，而是独立的云豹属。

云豹的威胁主要来自人类，它们遭到盗猎者的肆意捕杀。在 20 世纪 50—60 年代，每年可收到云豹皮 100~200 张。云豹在江西、福建、湖南、湖北、贵州等省份数量较多，20 世纪 70 年代的云豹皮产量均在 100 张左右，其次是四川、浙江、广东，每年数十张。云豹的数量在 80 年代后开始锐减，分布点也急剧减少。2009 年国家林业局调查结果为 2600 只。

目前，云豹的数量并没有可靠的估计，但记录到的数量在不断下降，保护工作亟待开展。

食肉目 CARNIVORA
猫科 Felidae

兔狲

Otocolobus manul (Pallas,1776)

濒危等级：濒危（EN）

长江流域分布 / 长江流域记录分布

本种分布于长江上游区域，分布记录于青海、陕西、四川、西藏等地。

形态特征

体长500~650mm，尾长210~350mm，体重2000~4000g，略大于家猫，四肢短而粗。全身被毛密软，绒毛丰厚似毡状，腹毛较长，为背毛长度的一倍。体背毛发基部浅棕色或沙黄色，毛尖为白色，有2~3条模糊的黑色细横纹。四肢毛色较背部浅，亦有2~3条短而模糊的黑色横纹。腹面的长毛为白色，绒毛为灰色，整体呈现出灰白色或淡黄色，颈下和前胸呈浅褐色。头顶灰色，具有少数黑色斑点。尾粗而浑圆，有6~8条黑细纹，尾尖黑色。两耳分开较远，眼内角为白色，颊部有2条细横纹。头短，面宽，眼大，瞳孔为淡绿色，收缩时呈圆形，但上下方有小的裂隙，呈圆纺锤形。

物种习性

生活于沙漠、高原、岩石山坡等，适应于寒冷、贫瘠地区的生活，有时见于海拔3000~4000m的荒山上。喜欢独居，夜行性，晨昏活动觅食，腹部长毛有利于它们长时间卧伏在冻土或雪地上狩猎。性机警，遇危险则迅速逃窜或隐蔽到临时土洞中。每年2月发情，4—5月产仔，每胎3~6仔，幼仔一般在4~5个月后开始独立。

兔狲主要以鼠、兔、鸟类及其他小型哺乳动物为食。

保护意义

兔狲为国家Ⅱ级重点保护野生动物。目前在俄罗斯、蒙古及蒙古与中国交界的区域数量较多，西藏和西北地区也有部分分布，但在其分布范围内尚未进行过种群现状调查，因此数量难以估计。由于兔狲的生活区大多不适宜人类居住，因此其生境的丧失并不是野生兔狲数目减少的主要原因，由于其皮毛的价值导致的乱捕滥杀才是兔狲数量下降的主要原因。兔狲可捕食兔、鼠等小型哺乳动物，对于维持生态平衡具有重要意义。现在很多地区已开始兔狲的保护工作，一定程度上减少了人们对兔狲的猎杀。

食肉目 CARNIVORA
猫科 Felidae

豹

Panthera pardus (Linnaeus,1758)

濒危等级：濒危（EN）

长江流域分布 / 长江流域记录分布

本种曾分布于全长江流域的山地林区，目前数量已十分稀少，分布记录于河南（济源太行山区）、甘肃东南部、湖北、四川（卧龙国家级自然保护区）、云南等地。

形态特征

体长为1200~1910mm，尾长580~1100mm，雄性体重37~90kg，雌性体重28~60kg。全身灰黄色，布满圆形或椭圆形的黑色斑点，腹面乳白色，杂有黑色斑点，尾尖黑色。头圆耳短，吻和面颊狭而高，四肢强健有力，爪子锐利且伸缩性极强。

物种习性

栖息于山地、丘陵地带，周围森林茂密，具有隐蔽性强的固定巢穴。喜营独居生活，主要在夜间活动。性机警，会游泳，善于跳跃和攀爬，视觉和嗅觉都很灵敏，因此能够捕食多种小型动物，成为食性广泛的凶猛食肉类。另外豹通常会把猎物拖上树，防止其他动物前来抢夺。发情期通常在2—4月，妊娠期90~105天，6—7月份产仔，每年1胎，每胎2~3仔，哺乳期约3个月。幼豹于次年5—6月独立生活，2.5~3岁性成熟。

豹主要捕食中小型动物如野猪、野兔等，有时也捕食鸟类。

保护意义

豹为国家Ⅰ级重点保护野生动物。中国的豹除台湾、海南及新疆等少数省份之外，曾普遍分布于各省。如今豹的数量在中国急剧减少，仅在11个省发现了确凿的分布记录。这些中国豹的分布记录多是在对其他物种调查和研究时所获得的，很少有直接关于豹的研究，信息的缺失使保护工作的有效性大大降低。现存的豹种群小而分散，独立分布于各个保护区，这也导致豹的种群严重退化，面临着较高的灭绝风险。除此之外，长期的过度猎捕及栖息地破坏也是豹数量急剧下降的主要因素之一。

食肉目 CARNIVORA
猫科 Felidae

华南虎

Panthera tigris amoyensis (Hilzheimer,1905)

濒危等级：极危（CR）

长江流域分布 / 长江流域记录分布

本种曾广布于长江上游至下游，分布记录于湖南、贵州、江西、福建、广东、广西、浙江、湖北、四川、重庆、河南、陕西、甘肃等地。目前一般认为野外种群已经灭绝。

形态特征

华南虎在虎类中个体较小。雄性体长约 2500mm，体重约 150 kg，雌性体长约 2300mm，尾长 800~1000mm，体重约 120 kg。头圆，耳短，四肢粗大有力，尾较长，胸腹部杂有较多的乳白色，全身橙黄色并布满黑色横纹。毛皮上有既短又窄的条纹，条纹的间距较孟加拉虎、西伯利亚虎的大，体侧还常出现菱形纹。

物种习性

主要生活在中国南方的森林山地。华南虎虽不喜欢长途泅水，却能游过较狭窄的海峡，所以还出现在像厦门等地的岛屿上。多单独生活，嗅觉发达，行动敏捷，善于游泳，多在夜间活动。怀孕期约为 103 天，平均每次可以产 2~3 头幼虎。

华南虎主要是猎食有蹄类动物，如野猪、鹿、狍等。

保护意义

华南虎为国家Ⅰ级重点保护野生动物。直到 1940 年代在全中国仍然有约 4000 只华南虎，但由于当时人类将虎视为“害兽”而大肆捕杀。湖南省 1952—1953 年捕杀 170 只，江西省 1955—1956 年捕杀 171 只，福建省 1955—1964 年捕杀 334 只。经过 20 世纪 50—60 年代的浩劫，华南虎野生种群数量急剧下降。2000—2001 年，国家林业局和世界自然基金会（WWF）进行的全国野生华南虎及其栖息地大规模调查，却未见其身影，华南虎野生种群已消失殆尽，国内外部分学者甚至认为野生华南虎已经灭绝。

截至 2017 年底，饲养在中国动物园的华南虎数量升至 165 只，全为 6 只华南虎的后代。其中雄性 79 只，雌性 84 只，有 2 只幼崽未知性别。目前如何实现华南虎野化训练，早日放归，实现野生种群自我繁殖更新，是摆在保育工作者面前的一道难题。

食肉目 CARNIVORA
猫科 Felidae

雪豹

Panthera uncia (Schreber,1775)

濒危等级：濒危（EN）

长江流域分布 / 长江流域记录分布

本种分布在长江流域源头，分布记录于四川、青海、甘肃、西藏的高山地区。

形态特征

体长 1100~1300 mm；尾长 900~1000 mm，体重 50~80 kg。全身毛发灰白色，布满大小不一的黑斑。其中头部黑斑小而密，背部、体侧及四肢外缘黑斑大且形成不规则的黑环，越往体后黑环越大。沿脊背有三条由黑斑形成的线纹直至尾巴的根部，尾尖黑色。耳背面为灰白色，边缘为黑色。雪豹相对长而粗大的尾巴（约为体长的 3/4）成为与其他相似物种区分的明显特征。腹下有 4 对乳头。幼体通体带有浅玫瑰紫色，身上的黑色环斑轮廓不清、黑灰相杂。

物种习性

雪豹是高原地区的岩栖性动物。由于其常在雪线附近活动，故名“雪豹”。夏季见于 3000~6000m 的高山上，冬季随着食物迁徙至 2000~3500m 地区。祁连山 4500m 以下至 4100m 以上的山顶脊部以及珠穆朗玛峰北坡 5400m 雪地，都曾有雪豹活动的记录。雪豹通常把巢穴安设在岩洞中或乱石凹、石缝里。通常清晨及黄昏为捕食、活动的高峰。其行动敏捷，善于跳跃。

发情期多在 1—3 月，通常 2 年繁殖一次。妊娠期 98~103 天，于 4—6 月产仔，每胎通常可产 2~3 只幼雪豹。幼仔体质很弱，叫声似小猪，约 2~3 岁时性成熟。野外的寿命一般超过 10 年。

雪豹以岩羊、北山羊、盘羊等高原动物为主食，也捕食高原兔、旱獭、鼠类等小动物以及雪鸡、马鸡、虹雉等鸟类，在食物缺乏时也盗食家畜、家禽。

保护意义

雪豹为国家Ⅰ级重点保护野生动物，是亚洲高原地区最具代表性的物种，被人们称为“高海拔生态系统健康与否的气压计”。

由于非法捕猎、栖息地缩小等多种人为因素，雪豹数量正急剧减少，全球个体总数估计仅有 4080~6590 只。中国是雪豹数量最多的国家，2018 年发布的《中国雪豹调查与保护现状 2018》报告显示，全球雪豹 60% 的栖息地位于中国。青海雪豹总数不低于 1000 只。加上西藏、甘肃、新疆和四川西北部，估计全国雪豹总数在 2000~3000 只。

1990 年，青海省湟中县，5 位农民捕猎雪豹 14 只。20 世纪 70—80 年代，青海报道偷猎雪豹的数量就达 60 只。1972—1984 年间，青海省天峻县 12 名矿工共偷猎雪豹 28 只。1983 年春，青海都兰县 8 人 2—5 月间偷猎雪豹 19 只。

动物园收购对种群下降也不可忽视。1968 年至 1984 年，仅西宁市动物园在青海 5 州 11 县就收购雪豹 73 只。1982—1984 年西宁动物园从天峻县前后沟收购雪豹 21 只。但罕见动物园中成功繁殖的统计报道。

奇蹄目 PERISSODACTYLA
马科 Equodae

藏野驴

Equus kiang Moorcroft,1841

濒危等级：近危（NT）

长江流域分布 / 长江流域记录分布

本种分布于长江源头区域，分布记录于青海、西藏、甘肃、四川等地。

形态特征

体长1820 ~ 2140mm；尾长320 ~ 450mm；肩高1320 ~ 1420mm；体重250 ~ 400kg，其中雄性个体较大。头短而宽，吻部稍圆钝，耳壳长超过170mm，鬣鬃短而直，尾鬃生于尾后半段或距尾端1/3段，四肢粗，蹄较窄而高。吻部呈乳白色，体背呈棕色或暗棕色（夏毛略带黑色）。胁毛色较深，至深棕色，自肩部颈鬣的后端沿背脊至尾部。具明显较窄的棕褐色或黑褐色脊纹，俗称“背绒”。肩胛部外侧各具一明显的褐色条纹，肩后侧面具典型的白色楔形斑。腹部及四肢内侧呈白色，腹部的淡色区域明显向体侧扩展，四肢外侧呈淡棕色，臂部的白色与周围的体色相混合而无明显的界限。成体夏毛较深。

物种习性

藏野驴栖息于高寒荒漠地带，夏季在海拔5000m左右的高山活动，冬季则到海拔较低的地方。藏野驴极耐干旱，可以数日不饮水。它们的听觉、嗅觉、视觉均很灵敏，能察觉距离自己数百米外的情况。好集群生活，雌驴、雄驴和幼驴终年一起游荡。每群5 ~ 8头或20 ~ 30头，有随季节短距离迁移的习性。平时活动规律，清晨到水源处饮水，白天在草场上采食、休息，傍晚回到山地深处过夜。藏野驴喜排成一路纵队，鱼贯而行，在草场、水源附近，经常留下特有的“驴径”。藏野驴在干旱缺水的时候，会在河湾处选择地下水位高的地方“掘井”，当地牧民称为“驴井”。7—12月份为繁殖季节，雌性每胎产1仔，幼仔出生时体重可达35kg，3 ~ 4岁性成熟，寿命20岁左右。

藏野驴为典型的草食动物，喜欢吃茅草、苔草和蒿类。

保护意义

藏野驴为国家Ⅰ级重点保护野生动物，也是列入《华盛顿公约》CITES Ⅰ级保护动物。过去，藏野驴生活在人烟稀少的青藏高原地区，受到天然保护。但近些年来，一些地区由于人类过度放牧而造成食物极度贫乏，或因人类淘金等活动的干扰，违法偷猎的现象也时有发生，其种群数量不断下降。因此，全面植被封育，减少人为活动对植被的破坏，保护藏野驴的栖息地，是让藏野驴的种群自然恢复的有效手段。

偶蹄目 ARTIODACTYLA
麝科 Moschidae

林麝

Moschus berezovskii (Flerov,1929)

濒危等级：极危（CR）

长江流域分布 / 长江流域记录分布

林麝广泛分布于长江流域，分布记录于陕西、四川、甘肃、西藏、湖北、安徽等地。

形态特征

体长 700~800mm，尾长 40mm，体重 6000~9000g。全身暗褐色，背侧无斑点，一个较为明显的特征是颈部两侧各有一条白色带纹延伸到腋下。耳背褐色，内缘有白色短毛。幼体斑点明显，斑点在 1~2 月龄胎毛脱换后消失，部分个体可保持到成体。尾巴短粗，四肢细长，因其后肢比前肢长，因此站立时后部明显比前部高出许多。雌雄都不长角，但雄性的上犬齿比较发达，又长又尖，露出口外，呈獠牙状。

物种习性

栖息于海拔 1000~3800m 的针叶林、阔叶林或混交林中。性胆小，视觉和听觉均较为灵敏，受到惊扰立即逃离，白天休息，晨昏活动。喜独居，雄性一般独自生活，雌性和幼体一起生活。善于在崎岖的山上跳跃，能敏捷地在悬崖峭壁上行走。

各地繁殖时间有所差异，一般在 9—12 月发情，妊娠期约 6 个月。第一胎常产 1 仔，以后每胎 2~3 仔，哺乳期 3 个月，幼仔 1.5 岁性成熟。

林麝所食的植物有 100 多种，主要以灌木及草本植物的嫩叶为食。

保护意义

林麝为国家 I 级重点保护野生动物。1758 年，林奈命名麝属的第一个物种原麝 *Moschus moschiferus*，而林麝曾一度被认为是原麝的亚种，直到 Flerov 将其独立成种，而林麝的分类学地位，也在一段时间内存在争议，随着分子及形态学证据的积累，最终被独立为种。

林麝在我国分布广，全国有 13 个省、自治区都有分布，其中四川、陕西数量较多。20 世纪 50 年代，中国的野生林麝大概有 200 万 ~300 万头，60 年代下降至 125 万 ~150 万头，70 年代不足 100 万头，80 年代不足 60 万头，90 年代末仅存 5 万 ~10 万头，将近 50 年的时间内，其资源量下降近 95%。1999—2001 年的调查显示，全国林麝仅存 2.5 万 ~3.5 万头，集中分布于陕、川、甘、藏等省（自治区），以陕、川林麝数量最多。目前，林麝已经走在了灭绝的边缘。

随着野外种群的消逝，人工养殖逐渐兴起，20 世纪 60 年代中期，林麝驯养繁殖、活体取香技术获得成功，20 世纪 80 年代初成功完成低海拔地区林麝饲养研究。20 世纪 90 年代至今，相继在西安、铜川、渭南、留坝等地建场。截至 2013 年 7 月份，陕西 12 家林麝养殖公司家养林麝存栏量曾达 4620 余头。

人工繁育技术的成功，稍微减缓了野外种群受威胁的压力。但该物种的保护，仍然面临十分严峻的挑战。

偶蹄目 ARTIODACTYLA
鹿科 Cervidae

华南梅花鹿

Cervus nippon kopschi Temminck,1838

濒危等级：极危（CR）

长江流域分布 / 长江流域记录分布

本种分布于长江下游区域，分布记录于浙江西北部、安徽南部、江西东北部等地。

形态特征

体长约1400mm。耳直立，尾短小，四肢细长。自耳基到尾端有1条约15mm宽的黑色背中线。背脊两旁到体侧有明显白色斑点排列成纵行，其余斑点自然散布。腹毛白色，有黑色边缘。尾背黑色，腹面白色，露出明显的白色臀部。毛色随着季节的变化而变化，夏季全身呈红棕色，并具有明显的呈椭圆形白色斑点。在背部两侧下缘白色斑点分布成近平行纵行，连成4条条纹，其余呈星状分布，形若梅花点。入冬后毛色呈深棕色，无白色斑点或不明显的白色斑点隐约可见。

华南梅花鹿雄性个体出生后第2年开始生出锥形角，第3年出现枝角，以后每年增加一杈，直至发育完全的4杈型。通常每年4—5月开始长出茸角，8月开始骨化，绒皮脱落，至次年4—5月骨化的角脱落重新长出茸角。雌性无角。

物种习性

群居性，主要活动时间段是在晨昏，生活的区域随着季节的变化而改变，春季多在半阴坡，一般具有固定的夜宿地，常在林间或者草丛中过夜。奔跑迅速，跳跃能力强，尤其擅长攀登陡坡，具较强的游泳能力。繁殖季节，常以鹿角和蹄子作为主要武器争夺配偶。

华南梅花鹿雄性性成熟需要2.5年，雌性1.5年。发情期为每年8月底至9月底，通常于清晨和午后交配，一般连续交配2~3次。妊娠期7~8个月，翌年5—6月末产仔，通常1~2幼仔，哺乳期约为4个月。

华南梅花鹿主要以植物性食物为主，采食种类超过170种，较常取食的植物40~60种。

保护意义

梅花鹿为国家Ⅰ级重点保护野生动物。我国历史上曾经存在6个亚种，其中，山西梅花鹿（*C. nippon mandiarnius*）、河北梅花鹿（*C. nippon grassianus*）和台湾梅花鹿（*C. nippon taiounus*）已在野外灭绝，东北梅花鹿（*C. nippon hortulorum*）的野生种群是否存在还有争论。四川梅花鹿（*C. nippon sichuanicus*）和华南梅花鹿（*C. nippon kopschi*）是仅存的野生种群。

20世纪20—30年代以前，曾广泛分布于长江以南。后来其种群数量急剧减少，分布区也收缩到江西东北部、皖南和浙江西北部。

随着保护工作的持续开展，部分地区华南梅花鹿的数量有所回升，浙江清凉峰保护区，在20世纪90年代约分布有华南梅花鹿100头左右，2008年，达到150头左右。桃红岭保护区，在20世纪90年代约分布有华南梅花鹿200头左右，2011年达到365头。

从1998年对其分布范围和种群数量进行调查后，直到2016年，一直没有系统的野外调查。其基础研究以及对该物种的保护，迫在眉睫。

偶蹄目 ARTIODACTYLA
鹿科 Cervidae

毛冠鹿

Elaphodus cephalophus Milne-Edwards,1872

濒危等级：易危（VU）

长江流域分布 / 长江流域记录分布

本种长江上游至下游均有分布，分布记录于安徽、福建、广东、湖北、湖南、江西、四川、云南、浙江等地。

形态特征

体长 820~1190mm，尾长 80~130mm，体重 15~28kg。全身青灰色或暗褐色，冬毛近于黑色，夏毛赤褐色，耳背黑色，耳缘白色。尾短，尾背面黑色，腹面纯白。幼体毛色暗褐，在背中线两侧有不很显著的白点，排列成纵行。额部有一簇马蹄形的黑色长毛，故名毛冠鹿。雄性角短小，不分杈，陷于毛丛中，雌性无角。鼻端裸露，眼较小，眶下腺比较明显。

物种习性

一般栖息于海拔 1000~4000m 的山上，生活于常绿阔叶林及针阔叶混交林内，不喜欢潮湿。白天隐匿于林下灌丛或竹林中，晨昏成对觅食活动。听觉、嗅觉发达，性情温和。性机警，稍有惊吓便快速逃跑，但逃跑时喜将尾巴高高翘起，内侧白毛使其目标显著，常常因此被猎杀。每年 4—5 月交配，妊娠期约 6 个月，每胎 1~2 仔。一般 1~2 岁性成熟，自然寿命可达 7 年。

毛冠鹿为草食性动物，以杂草及嫩叶为食，喜食蔷薇科、百合科、杜鹃花科植物。

保护意义

毛冠鹿的毛曾是重要的纺织原料，其皮称为“青皮”，曾广泛用于制作皮制产品，因此，其野生种群长期以来都面临盗猎者的捕猎。目前，毛冠鹿的分布范围日益缩小，导致数量逐渐稀少，因此应加强保护和宣传，提高毛冠鹿的分布范围和种群数量。

偶蹄目 ARTIODACTYLA
鹿科 Cervidae

麋鹿

Elaphurus davidianus Milne-Edwards,1866

濒危等级：极危（CR）

长江流域分布 / 长江流域记录分布

本种原产于中国长江中下游沼泽地带，在 3000~10000 年以前相当繁盛，以长江中下游为中心分布，现野生种群已灭绝。

形态特征

雄性体长为1500~2000mm，尾长为500~700mm，体重150~200kg，雌性体长为700~750mm，比雄性比雌性小。夏季毛发红棕色，冬季脱毛后为灰棕黄色，无白色臀斑。尾相对较长，尾端有长毛，这一点有别于其他鹿种。雌性无角，雄性角多杈，角型特殊，每年12月份脱角一次。角型主干在前，没有眉杈，角干在角基上方分为前后两枝。前枝向上延伸，然后再分为前后两枝，每小枝上再长出一些小杈，后枝平直向后伸展，末端有时也长出一些小杈，倒置时能够三足鼎立。

物种习性

栖息于平原的沼泽草地或芦苇地。善游泳，性好合群，喜集群活动。性情温和，即使在争夺配偶时也很少发生伤残现象，对于窥视雌性的流浪雄性，占群雄性也仅用吼叫或驱逐的方式赶走对方。因此逃避敌害的能力差，容易被捕杀。每年6—8月发情，妊娠期250~270天，次年4—5月产仔，每胎1仔或2仔，初生幼仔毛色橘红，并有白斑。

麋鹿植食性，主要以青草和水生植物为食。

保护意义

麋鹿为国家Ⅰ级重点保护野生动物，为中国特有种。考古学发现，4000年前人类遗址中出土的麋鹿骨骼的数量，与家猪骨骼的数量相当，表明当时麋鹿的数量非常可观。然而，如今麋鹿的野生种群早已绝迹多年。主要有以下几方面的因素：麋鹿狭窄的食性是其生存受到威胁的因素之一。另外由于麋鹿喜爱温暖湿润的环境，而中国近年环境变好，沼泽和水域明显减少，导致适宜麋鹿生活的区域越来越狭窄。最重要的是麋鹿可用于制成各种强身和治病的药品，用麋鹿茸、角、骨等作配方的药剂多达几十项，巨大的经济利益刺激着人们乱捕滥杀，这是造成麋鹿数量大幅度下降的主要因素。

偶蹄目 ARTIODACTYLA
鹿科 Cervidae

黑麂

Muntiacus crinifrons (Sclater,1885)

濒危等级：濒危（EN）

长江流域分布 / 长江流域记录分布

本种分布于长江中下游区域，分布记录于安徽南部和江西东部（怀远）等地。

形态特征

黑麂在麂类中体型较大。通常体长 1000~1100 mm，耳长 80~98 mm，尾长 20~40mm，后足长 230~285 mm，颅全长 132~147 mm，肩高 600mm 左右，体重 21~26 kg。冬毛上体暗褐色，夏毛棕色成分增加。雄性具角，角柄较长，头顶部和两角之间有一簇长达 50~70 mm 的棕色冠毛。黑麂体被的粗硬脆性波形状长毛易脱落，且几乎呈一致的黑褐色（包括头部、耳和四肢）。亚成体毛色略淡，多为暗褐，胎儿及初生幼仔体具浅黄色圆形斑点。背面黑色，尾腹及尾侧毛色纯白，白尾十分醒目。眼后的额项部有簇状鲜棕、浅褐或淡黄色的长毛。头骨短小，吻部较窄，鼻骨长直，且其最宽处在前部。泪骨形态与林麝相反，呈长方形，即多数为长大于宽，仅极少数是长宽相近。

物种习性

黑麂胆小怯懦，恐惧感强，大多在早晨和黄昏活动，白天常在大树根下或在石洞中休息，稍有响动立刻跑入灌木丛中隐藏起来。其在陡峭的地方活动时有较为固定的路线，常踩踏出 16~20cm 宽的小道。一般雄雌成对活动，夏季生活于地势较高的林间，常在阴坡或水源附近，偶尔也到高山草甸。冬季则向下迁移，在积雪的时候被迫下迁到山坡下的农田附近，大多在阳坡活动。全年繁殖，雌性 9~10 月龄性成熟，雄性 1.5 岁性成熟。妊娠期 7 个月左右，每胎产 1 只仔，每两年孕 3 只仔或者 3 年 5 只仔。

黑麂主要以草本植物的叶和嫩枝等为食，包括三尖杉、矩圆叶鼠刺、杜鹃、南五味子、爬岩红等。

保护意义

黑麂为国家Ⅰ级重点保护野生动物，为中国特有种。20 世纪 80 年代初期，估计中国有 10000 只，1989 年估计有 5000~6000 只。近年来，面临着分布区面积缩小、偷猎和栖息地破碎化引起的雌性黑麂减少等因素的影响，其种群数量有所下降。因此保护黑麂生存环境，特别是加强自然保护区的管理和建设工作迫在眉睫。

偶蹄目 ARTIODACTYLA
鹿科 Cervidae

小麂

Muntiacus reevesi (Ogilby,1839)

濒危等级：易危（VU）

长江流域分布 / 长江流域记录分布

本种长江上游至下游均有分布，分布记录于安徽、河南、陕西、甘肃、四川、江苏、浙江、福建、广东、广西、湖南、江西、湖北、贵州（梵净山）、云南等地。

形态特征

体长700~960mm，尾长90~150mm，体重10~15kg，属于鹿属中体型较小的种类，又名黄麂。全身栗色或棕褐色，颈背部为较深的暗褐色，形成一条黑线。腹面白色，幼仔具有斑点。眶下腺大，呈弯月形的裂缝，裂缝中部深度较两端浅。雄性有角，但角杈短小，角尖向内下弯曲。成年雄性上犬齿相当发达，露出口外，呈獠牙状，下颌门齿和犬齿均集中在颌骨前端，故与前臼齿形成一个齿间隙。

物种习性

栖息于低山、丘陵、灌丛林木中，单独或以母仔群活动。晨昏活动觅食。性机警，受惊时常发出短促而洪亮的吠叫声。全年繁殖，妊娠期6~7个月，每胎产1仔，幼仔7~8月龄即可性成熟。初生幼仔体重约1kg，全身遍布浅黄色花斑，2月龄时逐渐消失。在自然条件下，寿命长约8年。

小麂主要以各种植物的嫩叶、果实及种子为食，有时也会盗食农作物。

保护意义

小麂为中国特有种，属于我国珍贵的稀有野生动物，曾经因其肉可以食用，常导致其面临巨大的猎捕压力。另外，其栖息地也面临生境破坏及片段化影响，对该物种及栖息地的保护应有所加强。

偶蹄目 ARTIODACTYLA
牛科 Bovidae

野牦牛

Bos mutus (Przewalski,1883)

濒危等级：易危（VU）

长江流域分布 / 长江流域记录分布

本种分布在长江流域源头，分布记录于青海、西藏、四川西部等地。

形态特征

雄牛肩高约2030mm，角长约800mm，体重约820kg，雌牛体重306kg，雄性个体明显大于雌性个体。毛粗而长，全身黑褐色，仅吻周、嘴唇、脸面及脊背一带显霜状的灰白色。颈部、胸部和腹部的毛，几乎下垂到地面，可遮风挡雨。尾部长毛形成簇状，下垂到踵部。四肢强壮，肩峰明显，肩部中央有显著凸起的隆肉，站立时显得前高后低。蹄大而圆，蹄甲小而尖，稳健有力，足掌上有柔软的角质。脸面平直，耳相对小，颈下无垂肉。舌头上有肉齿，凶猛善战，可以舔食很硬的植物。雌、雄个体均有角，角形相似，但雄性的角明显比雌性的角大而粗壮，角为圆锥形，表面光滑，先向头的两侧伸出，然后向上、向后弯曲。通常为400~500mm，最长的角将近1000mm。雌性有2对乳头。

物种习性

栖息于海拔4000~6100m的高山草甸及寒漠地区。典型的高寒动物，性极耐寒，具有很强的适应性。成年雄性常常单独游荡，于夜间和清晨采食，或2~3头为一群活动，雌性及幼体集成数十头的群体活动。发起攻击时首先会竖起尾巴示警，受到伤害时拼命攻击敌害，直到力竭死亡。每两年繁殖一次，9月发情，妊娠期约258天，多在5—6月产仔。幼仔出生后半个月可以随群体活动，3岁时达到性成熟。

野牦牛主要以禾本科植物为食，也食用其他植物及地衣。

保护意义

野牦牛为国家Ⅰ级重点保护野生动物，为中国特有种，目前仅幸存于青藏高原，偶尔季节性地进入印度拉达克和昌成莫山谷，直到近几十年有一些渗入尼泊尔北部。估计在羌塘保护区内有7000~7500头野牦牛。除此之外，可能还有2000~2500头野牦牛幸存于新疆。近年来，由于人类活动范围的扩大，野牦牛分布范围已缩小至海拔4000~5000m的雅鲁藏布江上游、昆仑山脉、阿尔金山脉和祁连山的两端。

除猎杀之外，狼的捕食、各种疾病和食物资源缺乏是导致成年野牦牛死亡的主要原因。除此之外，部分雌性由于布氏病导致胎儿流产或幼仔过早死亡，也使得野牦牛数量日益下降。对该物种的保护工作迫在眉睫。

偶蹄目 ARTIODACTYLA
牛科 Bovidae

藏羚

Pantholops hodgsoni (Abel,1826)

濒危等级：近危（NT）

长江流域分布 / 长江流域记录分布

本种分布于长江源头区域，分布记录于青海、西藏等地。

形态特征

体长 1170 ~ 1460mm，尾长 150~200mm，肩高 750 ~ 910mm，体重 45-60kg。通体的被毛都非常丰厚细密，呈淡黄褐色，略染粉色，腹部、四肢内侧为白色。鼻部肿胀而略微隆起，鼻腔宽阔，向两侧呈半球状鼓胀，鼻端被毛，鼻孔较大，略向下弯。雄性的面部和四肢的前缘为黑色或黑褐色。雄兽具角，且形状特殊，有 20 多个明显的横棱，细长似鞭，乌黑发亮，从头顶几乎垂直向上，仅光滑的角尖向内稍倾，长度通常 600mm 左右，最长的纪录为 724mm。

物种习性

栖息于海拔 4600 ~ 6000m 的荒漠草甸高原、高原草原等环境中，尤其喜欢水源附近的平坦草滩。这些区域气温较低，很多地区积雪覆盖期超越 6 个月。为适应恶劣环境，藏羚羊形成了集群迁徙的习性。成年雌性藏羚羊和它们的雌性后代每年从冬季交配地到夏季产羔地迁徙行程 300km。性情胆怯，常隐藏在岩穴中，或者在较为平坦的地方挖掘一个小浅坑，将整个身子匿伏其内，只露出头部，既可以躲避风沙，又可以发现敌害。早晚觅食，善于奔跑，最高时速可达 80km。

藏羚为典型的食草动物，常觅食禾本科和莎草科的杂草以及苔藓、开黄色小花的针茅草和地衣等。

保护意义

藏羚为国家Ⅰ级重点保护野生动物，是一种古老的物种，其祖先可追溯到晚中新世（约 2500 万年前）分布于柴达木盆地的库羊，与藏羚同属的更新世灭绝种 *Pantholops hundesiensis* 化石曾在中印边境尼提山口的高海拔地区被发现。

藏羚的绒被称为“软黄金”，它们也因此遭到疯狂屠杀。

历史记录中，藏羚的数量曾达到百万只之多，但 20 世纪 80 年代末至 90 年代初的调查资料表明：1986 年冬季在青海西南部调查到藏羚分布密度为 0.2 ~ 0.3 只 /km^2，1990 年间，在青海省海西地区竟被杀死 800 只，占该区当年所盗猎珍稀动物总数的 60% 左右。青海境内 1989—1990 年间约盗捕了 1000 多只。1991 年羌塘自然保护区东部藏羚分布密度为 0.2 只 /km^2，并且还能看到集群数量超过 2000 只的藏羚群。1994 年在新疆昆仑山藏羚数量约 43700 只。1995 年中国藏羚总数已急剧下降至约 50000 ~ 75000 只。

所幸，多年来，藏羚的保护取得了重大的成果。西藏境内藏羚种群数量从 1999 年的 7 万只增加到目前的 10 万只以上，2012 年种群数量已上升到 17 万只。2016 年 9 月 4 日，世界自然保护联盟宣布，将藏羚的受威胁程度由濒危降为近危。

偶蹄目 ARTIODACTYLA
牛科 Bovidae

藏原羚

Procapra picticaudata Hodgson,1846

濒危等级：近危（NT）

长江流域分布 / 长江流域记录分布

本种分布在长江流域源头，分布记录于青海、西藏、四川、甘肃等地。

形态特征

体长910~1050mm，尾长20~100mm，肩高540~640mm，体重20~35kg。通体被毛厚而浓密，毛形直而稍粗硬。体背呈褐色或灰褐色，腹面、四肢内侧及尾下部白色，臀部具有一嵌黄棕色边缘的白斑，尾背褐色。头额、四肢下部色较浅，呈灰白色。四肢纤细，蹄狭窄。前额高突，眼大而圆，眼眶发达，泪骨狭，耳短小，尾短。仅雄性具角，角细而略侧扁。

物种习性

典型的高山寒漠动物，生活于高山草甸、高原、荒漠及半荒漠地区，喜欢草本植物茂盛和水源充足的地方。抗病能力强，性情温驯活泼，通常3~5头成群，冬季集成100~200头的群体。性情机警，受惊吓后迅速逃窜，一定距离后停下回头凝望，然后再继续奔逃。晨昏活动，夏季为觅食嫩草而到处游荡，活动范围不固定，冬季迁移到山谷中。

每年冬末春初12月至次年1月发情，妊娠期6个月，在6—8月产仔，每胎1仔，偶2仔。初生幼仔体色与成体相似，但额处常有一白斑，随着生长有消退，幼仔出生后2~3天便能随成体奔跑，第三年性成熟。

藏原羚主要以草本植物为食。

保护意义

藏原羚为中国特有种，具有一定的经济价值。由此带来的巨大经济利益刺激着不法分子滥捕乱杀，使得藏原羚野生种群的数量急剧减少。藏原羚原是西藏有蹄类资源中分布最广的物种，但近几十年来，由于过度放牧导致的生境改变和非法偷猎导致藏原羚越来越少。我国于1988年将其列为国家Ⅱ级重点保护野生动物，同时在藏原羚的分布区相继建立了一批自然保护区，使得乱捕滥猎的现象得到了一定程度的控制。

偶蹄目 ARTIODACTYLA
牛科 Bovidae

岩羊

Pseudois nayaur (Hodgson,1833)

濒危等级：无危（LC）

长江流域分布 / 长江流域记录分布

本种分布在长江上游区域，分布记录于四川西部、云南北部、甘肃、陕西等地。

形态特征

雄性体长为 1080~1400mm，尾长为 130~200mm，体重为 50~75kg，雌性体重 45~50kg。体背面青灰棕色，腹部及四肢内侧白色。吻部和颜面部为灰白色与黑色相混，胸部为黑褐色，向下延伸到前肢的前面，转为明显的黑纹，直达蹄部。两性均具有犄角，雄性角粗大，最长达 820mm，周长达 280mm，雌性的角较小，约 130mm。头部长而狭，耳朵短小，臀部和尾的底部为白色，尾巴背面末端的三分之二为黑色。

物种习性

栖息于海拔 2500~5500m 的高原或山谷间草地。具有较强的耐寒性，躺卧在草地上时，身体的颜色与草地上的裸露岩石极难分辨，因而有保护作用。白天活动，一般由几头到十余头为群，有时集成数百头的大群。没有固定的栖息场所，但有到固定地点饮水的习惯。每年冬季 12 月至次年 1 月为发情期，妊娠期约 160 天，在 5—7 月产仔，每胎 1 仔，哺乳期约 6 个月。幼仔 10 天后便能在岩石上攀登，1.5~2 岁可达性成熟。

岩羊主要以禾本科植物为食，有时也食用其他草本植物及地衣，冬季植物枯黄，靠啃食枯草过冬。

保护意义

岩羊属于典型的高山动物，栖息于高原、丘原和高山裸岩与山谷间的草地，几乎不到森林中活动，偏爱靠近裸岩或悬崖的生境。但随着人类活动的增加，适合岩羊的生境不断缩小，导致岩羊野生个体数量大幅度减少。岩羊的种群特性和生态特性对于维持高山生态系统稳定和物种多样性具有重要意义。目前部分岩羊的分布环境仍处于相对原生状态，它们已被列为我国国家 II 级重点保护野生动物，未经省区级主管部门批准不准任意猎捕，其野外种群也在不断恢复。

鲸目 CETACEA
白鱀豚科 Lipotidae

白鱀豚

Lipotes vexillifer Miller,1918

濒危等级：极危（CR）

长江流域分布 / 长江流域记录分布

本种中国特有，曾分布于长江中下游水域，从三峡地区的宜昌葛洲坝上游35km处，一直到上海附近的长江入海口，包括洞庭湖和鄱阳湖在内，全长约1700km的江水中都有分布，现已功能性灭绝。

形态特征

头尾长 1500~2500mm，体重 130~200kg，雄性最大体重可达 237kg。体背面浅灰色，腹面白色。身体呈纺锤形，全身皮肤裸露无毛。鳍肢和尾鳍上下两面分别与背面和腹面同色。背鳍呈三角形，尾鳍凹陷呈新月形，鳍肢较宽，末端圆钝。鼻孔一个，偏于头顶左侧。眼睛极小，位于口角后上方。无耳壳，耳小似针孔，位于眼的后下方。

物种习性

栖息于淡水江河中，喜欢在江心洲附近、湖泊入口处等食物较为丰富的区域活动。通常 2~16 头成群活动，有时也单独活动。属于用肺呼吸的水生哺乳动物，每隔 10~20s 到水面呼吸一次，每次呼吸时，头顶及呼吸孔先浮出水面，有时会喷出水花。一般在晨昏捕食，每两年繁殖一次，孕期 10~11 个月，3—8 月均有幼豚出生，每胎 1 仔。幼豚身体颜色较成体深，雌性 6 岁可达性成熟，雄豚 4 岁即可性成熟。

白鱀豚主要以 1kg 以下的各种鱼类为食，有时也摄 食少量水生植物和昆虫，幼豚以母乳为食。

保护意义

白鱀豚为国家 I 级重点保护野生动物，为中国特有种。20 世纪初，Hoy 在洞庭湖采集了一副豚类的骨骼，Miler 研究此骨骼后于 1918 年命名了一个新种，即白鱀豚（*Lipotes vexillifer*）。曾有科学家质疑白鱀豚的分类地位，但证据不足，因此，白鱀豚作为独立物种存在。

白鱀豚是世界上仅存的四种淡水豚类之一。20 世纪 50 年代时，长江中尚可见到较大群体，此后白鱀豚的数量却急剧下降。1997—1999 年的调查指出，白鱀豚的数量仅为 100~150 头；2000 年其野外种群已不足 100 头。2002 年估计已不足 50 头，2004 年，在长江南京段发现一头搁浅死去的白鱀豚，这也是野外最后一次发现野生白鱀豚。2007 年 8 月 8 日，白鱀豚被宣布功能性灭绝，彻底在长江及沿江湖泊和支流中消失。

白鱀豚种群数量下降的主要原因是人类对长江的过度开发，严重的污染，使得白鱀豚的栖息地遭到破坏。对鱼虾的过度捕捞，导致白鱀豚食物供给不足。人类活动造成的意外死亡也频繁发生，1973—1985 年间，共有 59 头白鱀豚意外死亡，滚钩或其他渔具致死 29 头，爆破作业致死 11 头，螺旋桨击毙 12 头，搁浅死亡 6 头，误进水闸 1 头。1996 年已被世界自然保护联盟（IUCN）列为最濒危的 12 种动物之一。

鼠海豚科 PHOCOENIDAE
鲸目 Cetacea

长江江豚

Neophocaena asiaeorientalis (Pilleri and Gihr,1972)

濒危等级：极危（CR）

长江流域分布 / 长江流域记录分布

本种分布于长江中下游区域，分布记录于安徽、湖北、江苏、江西、湖南、上海等地。

形态特征

体长1200~1900mm，体重100~220kg。头部较短，近似圆形，额部稍微向前凸出，吻部短而阔，眼小，上下颌几乎一样长，牙齿短小，左右侧扁呈铲形。背脊上没有背鳍，鳍肢较大，呈三角形，末端尖，具有5指。尾鳍较大，分为左右两叶，呈水平状。后背在应该有背鳍的地方生有宽3~4cm的皮肤隆起，并且具有很多角质鳞。全身为蓝灰色或瓦灰色，腹部颜色浅亮，唇部和喉部为黄灰色，腹部有一些形状不规则的灰色斑。一些个体在腹面的两个鳍肢的基部和肛门之间的颜色变淡，有的还带有淡红色，特别是在繁殖期尤为显著。

物种习性

长江江豚在长江能上溯到宜昌、洞庭湖和鄱阳湖一带。长江江豚喜欢单只或成对活动，结成群体一般不超过4~5只，但也有87只在一起的纪录。长江江豚通常10月生产，每胎产1仔，雌豚有明显的保护、帮助幼仔的行为，表现为驮带、携带等方式。

食物包括各种淡水鱼，如鲚鱼、飘鱼等小型鱼类，随着所处的环境不同而改变。

保护意义

长江江豚为国家Ⅱ级重点保护野生动物，为中国特有种。白鳖豚宣布功能性灭绝后，长江江豚成为长江中最后仅剩的鲸豚类动物。其曾经是窄脊长江江豚的指名亚种，2018年4月11日被升级为独立物种，具有重要的生态学和研究价值。

自1984年起，科学家对长江江豚的种群情况进行系统的调查。1984年冬季至1991年夏季，中国科学院水生生物研究所开展了13次科考船调查，5个定点调查。共记录长江江豚2865头次，推算种群数量在2700头左右。宜昌到武汉段约有500头，武汉以下的长江江段约有2200头。后南京师范大学周开亚等根据1989—1992年在南京至湖口段的4次考察的结果推算，长江江阴至武汉段的种群数量为1481头，较之前的数据下降10.35%。按此递减率推测，1999年其数量仅剩2000头左右。调查估计在南京至湖口段长江江豚数量下降至1054头。2006年数据显示长江流域中总数为1800头，其中长江干流1225头。2012年的《2012长江淡水豚考察报告》结果显示长江流域长江江豚总数在1045头，其中长江干流约505头，鄱阳湖是450头，洞庭湖大约是90头。而农业农村部于2017年11月10日—12月31日组织的“长江江豚生态学考察”结果表明，长江江豚的种群数量已经下降到1012头（农业农村部，2018）。长江干流仅445头，鄱阳湖现有457头，洞庭湖现有110头。其数量已在灭绝的边缘。

啮齿目 RODENTIA
松鼠科 Sciuridae

岩松鼠

Sciurotamias davidianus (Milne-Edwards,1867)

濒危等级：无危（LC）

长江流域分布 / 长江流域记录分布

本种长江上游至下游均有分布，分布记录于安徽、重庆、甘肃、贵州、河南、湖北、陕西、四川、云南等地。

形态特征

体长 185~250mm，尾长 120~200mm，体重 235~328g。体背毛基灰色，毛尖浅黄色，整体呈现出暗灰略带黄褐色，中间混有一定数量的全黑色针毛。体腹面橙黄至浅黄褐色，尾蓬松，两侧及远端的毛发有明显的白色毛尖，尾下中央黄褐色。眼眶呈浅黄色或黄褐色，耳黑褐色，耳后有白斑，向后延伸至颈部两侧，形成不甚明显的白色短纹。喉部通常也有白斑，后足背面与体背部毛色相似或呈黑色，后足足底被以密毛。共有乳头 3 对，胸部 1 对，鼠蹊部 2 对。

物种习性

栖息于多岩石的山区、丘陵，在岩石缝隙中筑巢，周围为针阔混交林、阔叶林、果树林、灌木林等生境。地栖性，也善攀爬，性机警，胆大。白天活动，一般随着夜幕降临或当日觅食程度而选定夜宿地，夜宿多数在悬崖峭壁的洞穴、缝隙、石头垒好或水冲沟洞穴缝中。每年繁殖 1 次，春季发情，4—5 月份分娩，每胎可产 2~5 仔，最多 8 仔。

岩松鼠主要以林间的坚果、种子为食，有时盗食谷物等农作物。其食物组成中植物性食物占 90.28 %，动物性食物占 9 .72 %。

保护意义

岩松鼠是中国特有种，属于典型的岩间栖息啮齿动物。虽然岩松鼠为农林业的重要害鼠之一，但其对针叶林的更新起着重要作用。由于外表可爱，常被捕捉当作宠物，而森林破碎化也对该物种的生存带来不小的压力。

第六部分

无脊椎动物

长江流域广袤，水系繁多，为众多无脊椎动物的生存提供了极为良好的条件，其种类甚多。自20世纪50年代以来，由于大型水利工程、过度捕捞、水体污染及围垦等人类活动的影响，长江流域生物多样性开始下降。但人们关注的焦点主要集中在脊椎动物多样性的变化，而有关水生无脊椎动物的状况却知之甚少，因而限制了对流域总生物多样性变化的综合评价。就淡水软体动物而言，长江流域已报道有296种，隶属17科62属，其中有197种是中国特有种（舒望月等，2014）。其中低海拔地区软体动物种数相对较高，而高海拔地区有更多的特有物种。从分布而言，长江支流（202种）及湖泊（210种）中的软体动物多样性远高于干流（31种）（舒望月等，2014）。长江流域软体动物的分布与流域内的地势特点相应，形成了高原、中低海拔山地和低海拔平原的分布格局。田螺科及椎实螺科分布较为广泛，而蚌类有极为集中的分布。长江流域淡水蚌类约70余种，主要分布于长江下游流域，其中鄱阳湖和洞庭湖种类最为丰富，分别可达58种和45种。相关研究表明，云贵高原湖泊、鄱阳湖和洞庭湖软体动物物种多样性丰富，亟待将其列为我国淡水软体动物急需关注和保护的热点地区。长江流域的陆生软体动物尚缺乏统计，可达千余种。受人工造林、石灰岩开采和非林业植被破坏等影响，长江流域陆生软体动物受到多种威胁。《中国物种红色名录》中，坚螺科共评估263种，濒危及以上的达90种之多，其中的大部分物种皆分布于长江流域。

本书主要参考《中国物种红色名录》和《国家重点保护野生动物名录》并结合物种的分布，统计其中分布在长江流域的EN等级以上的物种、国家重点保护野生动物以及中国特有种。此外，虽然部分物种濒危等级评估较低，但其分布较为狭窄，仍面临严重的栖息地丧失风险也将其收录，由于部分资料难以确认和收集，或有所遗漏。无脊椎动物类群庞大，除软体动物外，只选择数种典型的昆虫收录本书，编入本书中长江流域珍稀保护无脊椎动物共28种。按濒危等级分，EX：2种；CR：5种；EN：16种；VU：5种。28种无脊椎动物中收录的24种软体动物和其中1种昆虫为中国特有种。

古纽舌目 ARCHITAENIOGLOSSA
田螺科 Viviparidae

德拉维圆田螺

Cipangopaludina delavayana (Heude,1890)

濒危等级：濒危（EN）

长江流域分布 / 长江流域记录分布

本种分布于长江中上游，分布记录于云南省（滇池）、四川（大邑）等地。

形态特征

壳体卵圆形，略膨胀。壳高约55mm，壳宽约35mm，5个螺层左右，螺塔高而尖，壳表棕色至绿色。数条浅龙骨突，壳体下部与缝合线相交的龙骨突最明显。壳口缘外侧呈黑色。厣黄色至红棕色。

物种习性

生活在云南的高原断陷构造湖内，常以宽大的足部在湖底匍匐生活。以水生植物的叶片及低等藻类为食。

保护意义

物种分布狭窄，且受渔业影响，种群数量下降速度快。贝类商人的大量捕捞，也对该物种的野外种群造成了一定冲击。

古纽舌目 ARCHITAENIOGLOSSA
田螺科 Viviparidae

胀肚圆田螺

Cipangopaludina ventricosa (Heude,1890)

濒危等级：易危（VU）

长江流域分布 / 长江流域记录分布

本种分布于长江上游，分布记录于贵州和云南（滇池、抚仙湖、阳宗海、洱海、剑川西湖、剑湖、杞麓湖、金平）等地。

形态特征

壳高约 70mm，壳宽约 48mm，螺层 7 层。贝壳大，壳质较坚厚，呈圆锥形，各层增长迅速，表面甚膨胀，螺旋部较宽短，体螺层膨大，壳顶尖。缝合线深。壳面深棕色至黑褐色，具有许多四方形的凹陷，壳口呈卵圆形，内唇肥厚，遮盖脐孔。厣卵圆形，角质，黄色至红棕色。

物种习性

生活在云南的高原断陷构造湖内，常以宽大的足部在湖底匍匐生活。死后，空壳常漂浮于水面。

胀肚圆田螺以水生植物的叶子及低等藻类为食。

保护意义

仅分布于云南、贵州某些湖泊，种群个体数量少，受天灾及人为干扰，种群衰退。

古纽舌目 ARCHITAENIOGLOSSA
田螺科 Viviparidae

方氏螺蛳

Margarya francheti (Mabille,1886)

濒危等级：灭绝（EX）

长江流域分布 / 长江流域记录分布

本种分布于长江上游，分布记录于云南省的洱海、剑湖、滇池等地。

形态特征

壳体大，圆锥形，壳高接近 100mm。绿色至红棕色，厚且坚实。壳顶高，具有 7 个螺层，包括两个胎螺层。在下部螺层上有 3 或 4 个螺旋龙骨，每个螺纹肩部的龙骨和主体上的缝合线上的龙骨相对突出，其余部分缩小。不规则地间隔有宽的纵肋，与龙骨形成弱而稀疏的结节。3 或 4 个弱的螺旋肋延伸到脐孔。壳口卵形，通常小于壳高，在外唇的下部和肩部具有钝角，内表面呈蓝白色，有些个体呈紫色。脐部总是被内唇覆盖。厣为卵形角质薄片，红色至黄棕色，具厣核和生长线。

物种习性

本种仅生活在云南的高原断陷构造湖内，常以宽大的足部在湖底匍匐生活。无固定寄主植物，可能是以泥中的硅藻为食。螺蛳是雌雄异体，雄性个体的右触角比左触角粗而短，形成它的交配器官。

保护意义

该物种分布狭窄，且受渔业影响，种群数量下降速度快。野外数量极其稀少，其空壳标本，价值堪比钻石，是不少贝类爱好者收藏的目标。而过度的商业采集，对于这种濒危螺类的命运，更是雪上加霜。

古纽舌目 ARCHITAENIOGLOSSA
田螺科 Viviparidae

普通螺蛳

Margarya melanioides (Nevill,1877)

濒危等级：濒危（EN）

长江流域分布 / 长江流域记录分布

本种分布于长江上游，分布记录于云南省的滇池、洱海、剑湖、茈碧湖、西湖等高原断陷构造湖中。

形态特征

平均成体壳高可达57mm，壳宽42mm。壳高最高可达94.7mm。贝壳大型，壳质坚厚实，外形呈圆锥状。有6~7个螺层，包含两个胎螺层。各层增长均匀，皆外凸，壳顶钝，体螺层膨大。壳面呈绿褐色至红褐色。各螺层中部呈角状，上有2~3条念珠状的螺棱，在体螺层上有5条螺棱，并具有大的棘状突起。壳口近圆形，外唇较薄，在体螺层棘状突起处成沟状突起，内唇厚，外折，上方贴覆于体螺层上，壳口内呈灰白色。脐孔小，经常被内唇所遮盖。厣为角质的红褐色梨形的薄片，具有同心圆的生长纹，厣核略靠近内唇中央处。

物种习性

本种仅生活在云南的高原断陷构造湖内，常以宽大的足部在湖底匍匐生活。无固定寄主植物，可能是以泥中的硅藻为食。螺蛳是雌雄异体，雄性个体的右触角比左触角粗而短，形成它的交配器官。其繁殖情况也和田螺一样，卵在母体的育儿室中受精发育，待生长成小螺蛳后才陆续排出体外。在育儿室内一般只有3~7个胚螺，比田螺怀胎少得多，但是仔螺个体大，螺蛳一年四季皆可繁殖。仔螺出生后，生长迅速，仅一年便可达到性成熟。

保护意义

捕食螺蛳是滇池和洱海当地居民的近百年的传统，湖边众多的贝丘遗迹也证实了这一观点。20世纪80年代滇池和洱海的渔民日平均捕捞螺蛳可达20kg。张迺光等在20世纪90年代对云南淡水腹足动物的资源调查显示，螺蛳在滇池存量约为5400t，在洱海中存量为15000t。而时至今日，洱海鲜有螺蛳出水，滇池在开渔季仅可捕捞螺蛳2kg。种群个体数量少，分布不连续，造成种群持续衰退，种群数量已下降90%。过度捕捞、水体污染、栖息地退化、扩散能力有限、外来食肉鱼类入侵，都给普通螺蛳的生存造成极大的压力。

古纽舌目 ARCHITAENIOGLOSSA
田螺科 Viviparidae

牟氏螺蛳

Margarya monodi (Dautzenberg and Fischer,1905)

濒危等级：濒危 EN（中国物种红色名录 2005）→极危 CR（IUCN 2009）

长江流域分布 / 长江流域记录分布

本种分布于长江上游，分布记录于云南省（滇池）。

形态特征

贝壳大型，壳质坚厚实，外形呈圆锥状，高近 100mm，壳表略带绿色至红棕色。螺塔高，大部分个体为 7 个螺层，包含两个胎螺层。除胎螺层外，每个螺层上部都有发达的斜坡状肋。在体螺层上有 4 条螺棱，第四螺棱常被缝合线覆盖。早生螺层的螺棱为小而规则的密集结节，通常在最后两个螺层出现大而不规则的稀疏的结节或波状突起。四个龙骨交错突出。三或四个较弱的螺棱延伸到脐区。壳口卵圆形，通常小于螺层高度，内表面为淡蓝色。脐孔小，常被内唇遮盖。厣角质，卵形，薄，淡红色到黄褐色，具近中央厣核和同心圆增长线，厣核大，具颗粒或脉纹。外皮瘢痕大，比较粗糙，外光滑，增厚。盖几乎和壳口等大。

物种习性

本种仅生活在云南的高原断陷构造湖内，常以宽大的足部在湖底匍匐生活。无固定寄主植物，可能是以泥中的硅藻为食。螺蛳是雌雄异体，雄性个体的右触角比左触角粗而短，形成它的交配器官。

保护意义

该物种分布狭窄，且受渔业影响，种群数量下降速度快。贝类商人的大量捕捞，也对该物种的野外种群造成了一定冲击。

古纽舌目 ARCHITAENIOGLOSSA
田螺科 Viviparidae

湖南湄公螺

Mekangia hunanensis Yen,1942

濒危等级：灭绝（EX）

长江流域分布 / 长江流域记录分布

本种分布于长江中下游的湘江水系，分布记录于湖南省。

形态特征

壳高 27.2mm，壳宽 21.2mm；壳口高 16.5mm，宽 11.8mm；6 个螺层。

壳无脐孔，坚固但不厚。螺旋部高于体螺层。壳表面几乎无凸起，在外周成钝角，并具有 4 条色带，第一条靠近缝合线，第二条和第三条位于螺层的上方和下方，第四条靠近脐部。在某些情况下，这些色带褪色或不可见。壳表结构由切割的生长线组成，与精细的螺棱相交叉，两者都很清晰；偶尔在体螺层上有一些模糊的螺棱印记。壳口梨形，在下部收缩；外唇相当薄；内唇在螺轴处形成厚胼胝体，在上部减弱。

物种习性

常生活在溪流及湖泊中，匍匐爬行于石块上，若受到惊吓，会迅速将腹足收入壳中，并随水漂流，沉入水底。

湖南涠公螺以齿舌刮取石块上的藻类及植物碎屑为食。

保护意义

本种在中国物种红色名录中因 50 年未发现而评定为灭绝，近年才有一些标本出水。对其种群数量、致危因素、生态习性等方面的研究还存在大量空白，亟须深入研究，以对该物种的保护提出针对性的意见。

柄眼目 STYLOMMATOPHORA
高山蛞蝓科 Anadenidae

扬子高山蛞蝓

Anadenus yangtzeensis Wiktor,Chen and Wu,2000

濒危等级：易危 VU（中国物种红色名录 2005）→濒危 EN

长江流域分布 / 长江流域记录分布

本种分布于长江中上游，分布记录于四川（雅江、甘孜州）、贵州（六盘水）和云南（梅里雪山、香格里拉、哈巴雪山省级自然保护区）等地。

形态特征

体长 63~68 mm，外套长约 30 mm。身体上部和腹足面均呈微微偏红的棕色。足部呈灰白色，体表侧具深色细带。外套膜、背部及两侧具直径约 0.5 mm 的不规则黑点。成荚器和输精管细；交接器内具大型宽舌状结构。栖息于海拔 3500~4000m 的山地。

物种习性

生活在高海拔山区的林地中，常在树枝叶间爬行。

保护意义

中国特有种，种群扩散能力有限，分布区域狭窄。受到人工造林、岩石开采、植被扩散等威胁。

柄眼目 STYLOMMATOPHORA
坚螺科 Camaenidae

谷皮巴蜗牛

Bradybaena carphochroa (Möllendorff,1899)

濒危等级：易危（VU）

长江流域分布 / 长江流域记录分布

本种分布于长江中上游，分布记录于广西、四川等地。

形态特征

壳高约 11.5 mm，壳径约 20.5 mm。贝壳厚凸透镜状，左旋，上部形成拱顶状，胚螺层略凸出。间有放射向土黄色和白色条块，龙骨色白，下接黄褐色色带。螺层数 8.5。螺层平，缝合线上龙骨略上抬。体螺层不向壳口下降，周缘中央具角。壳口桃形，口缘薄，内具厚唇。脐孔径约为壳径的 1/5。

物种习性

生活在山区、丘陵地带潮湿的灌木丛、草丛中，落叶或石块下，石土缝中，多腐殖质的环境。

保护意义

中国特有种，种群现况不详，种群扩散能力有限，分布区域狭窄（$<5000km^2$）。受到人工造林、石灰岩开采和非林业植被破坏等威胁。

柄眼目 STYLOMMATOPHORA
坚螺科 Camaenidae

反向巴蜗牛

Bradybaena controversa Pilsbry,1934

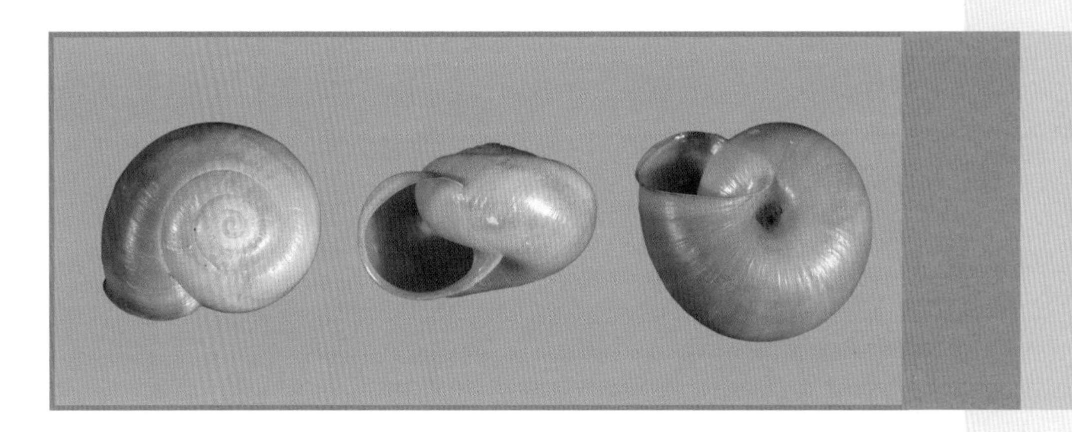

濒危等级：极危（CR）

长江流域分布 / 长江流域记录分布

本种分布于长江中上游，分布记录于四川（汶川）地区。

形态特征

壳高 12.6~17mm，壳宽 22.4~27mm。贝壳左旋，脐孔不遮盖，小，约为壳宽的 1/10；近凹陷，薄而易碎，透明，淡黄色。壳顶低，圆锥状。体螺层中等凸出，生长缓慢。缝合线深，周缘宽圆形，表面光滑，有生长纹，5~5.1 个螺层。壳口强烈倾斜，周口薄，外缘扩大。壳口下部边缘反折，螺轴扩大。胎壳层薄而透明。外套膜萤绿色。

物种习性

生活在海拔 4000~4500m 的山区潮湿的山坡上的灌木丛、草丛中，石块下及河谷地带。

保护意义

中国特有种，种群现况不详，种群扩散能力有限，分布区域狭窄（$<5000km^2$）。受到人工造林、石灰岩开采和非林业植被破坏等威胁。

柄眼目 STYLOMMATOPHORA
坚螺科 Camaenidae

放射华蜗牛

Cathaica radiata Pilsbry,1934

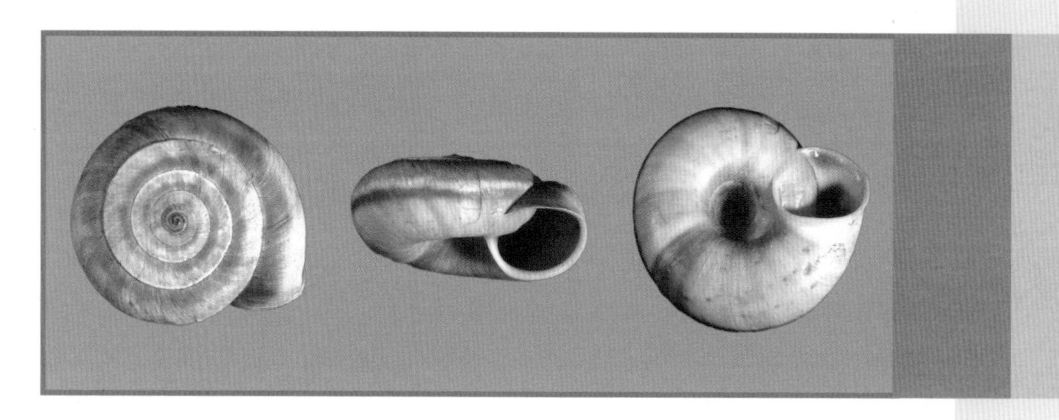

濒危等级：极危（CR）

长江流域分布 / 长江流域记录分布

本种分布于长江中上游，分布记录于四川西北部地区。

形态特征

壳高约 13.1 mm，壳径约 23.1 mm。贝壳扁形，右旋。脐孔孔径为壳径的 1/5。螺旋部低矮，白色，壳顶最初 2 层暗红色，随后螺层具一些灰褐色轴向条纹。体螺层上部充满浅褐色条纹，下部有少许浅褐色条纹。周缘具 1 条暗色色带。螺层数 6.3，螺层略凸出。体螺层向壳口方向下降，周缘圆整。壳口极倾斜，壳口宽略大于壳口高。壳口缘除上部外，均略扩大。

物种习性

仅生活在四川西北部高海拔地区的覆盖有地衣的岩石上，以地衣为食。当地较少的岩石露头、强烈的风化作用和地衣的易破坏是放射华蜗牛扩散受限的主要原因。

保护意义

本种是一种中国特有蜗牛，种群密度极低，成熟个体极少，且种群扩散能力有限，分布区域极狭窄（$<10km^2$）。根据吴岷 2003 年的报道，本种的两个已知分布地小于 $100m^2$，且本种生活在高海拔岩石上，取食地衣。人工造林、放牧、石灰岩碎片化和非林业植被破坏对其威胁极大。

柄眼目 STYLOMMATOPHORA
坚螺科 Camaenidae

薄壳粒雕螺

Coccoglypta pinchoiana (Heude,1886)

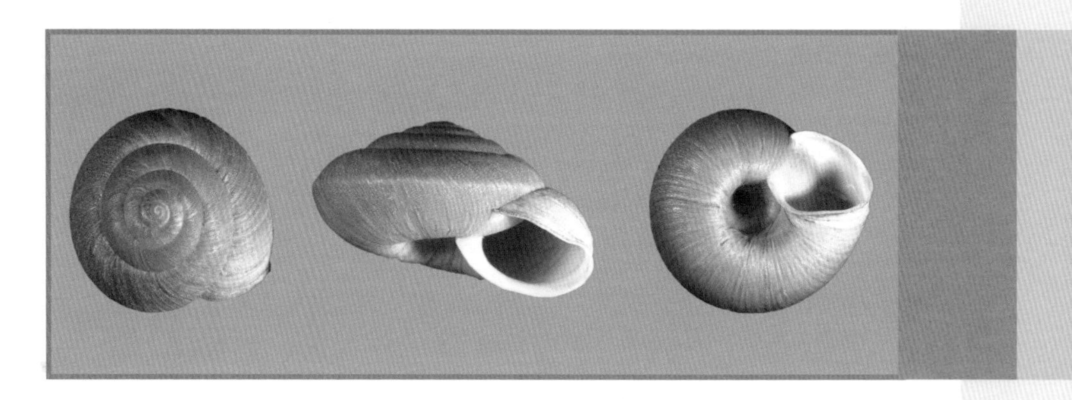

濒危等级：濒危（EN）

长江流域分布 / 长江流域记录分布

本种分布于长江中上游，分布记录于四川地区。

形态特征

壳高约 14mm，宽约 25mm。贝壳大型，壳质薄而坚实，半透明，呈矮圆锥形。有 4.5~5 个螺层，前几个螺层生长缓慢，螺旋部低矮。体螺层增长迅速，腹面突出，其周缘上有一明显的棱角。壳顶钝，缝合线深。壳面黄褐色或黄色，有光泽，具稠密而纤细的生长纹和较粗糙的褶皱，其上还有细小的颗粒。在体螺层底部的生长线呈放射状排列。壳口呈椭圆形，口缘完整锋利，薄而易碎。轴缘在脐孔处略外折。脐孔大而深，其直径约为壳宽的 1/3，呈洞穴状。

物种习性

生活在山区灌木丛、草丛中和潮湿的树干上，也常在苔藓、地衣上爬行。

保护意义

中国特有种，种群现况不详，种群扩散能力有限，分布区域狭窄（<3000km^2）。受到人工造林、石灰岩开采和非林业植被破坏等威胁。

柄眼目 STYLOMMATOPHORA
坚螺科 Camaenidae

黑亮射带蜗牛

Laeocathaica phaeomphala Möllendorff,1899

濒危等级：濒危（EN）

长江流域分布 / 长江流域记录分布

本种分布于长江中游，分布记录于甘肃南部地区。

形态特征

壳高约 11.5 mm，壳径约 20.5 mm。贝壳厚凸透镜状，左旋，上部形成拱顶状，胚螺层略凸出。间有放射向土黄色和白色条块，龙骨色白，下接黄褐色色带。螺层数 8.5。螺层平，缝合线上龙骨略上抬。体螺层不向壳口下降，周缘中央具角。壳口桃形，口缘薄，内具厚唇。脐孔径约为壳径的 1/5。

物种习性

一般生活在丘陵坡地、河谷地区潮湿多腐殖质的灌木丛、草丛中，落叶或石块下。有时亦贴附于岩石壁或石头上，呈休眠状态。

保护意义

中国特有种，种群现况不详，种群扩散能力有限，分布区域狭窄（$<5000km^2$）。受到人工造林、石灰岩开采和非林业植被破坏等威胁。

柄眼目 STYLOMMATOPHORA
坚螺科 Camaenidae

多结射带蜗牛

Laeocathaica polytyla Möllendorff,1899

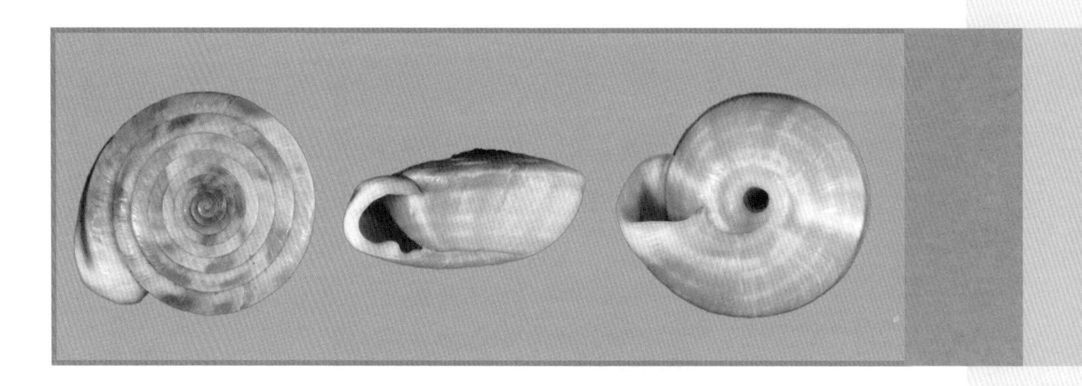

濒危等级：濒危（EN）

长江流域分布 / 长江流域记录分布

本种分布于长江中上游，分布记录于四川北部。

形态特征

壳高 6.25~9.5 mm，壳径 14 ~18 mm。贝壳左旋，螺旋部扁盘状，坚固。灰土黄色，具斑驳栗色纹及色块，周缘角下方具 1 条栗色带。螺层数 10.5，螺层平，增长极缓慢，周缘中上部呈明显角度并延伸至口缘。体螺层末略下降。壳口圆长方形，极倾斜。口缘几不扩张，内唇厚，基部具一齿。

物种习性

一般生活在丘陵坡地、河谷地区潮湿多腐殖质的灌木丛、草丛中，落叶或石块下。有时亦贴附于岩石壁或石头上，呈休眠状态。

保护意义

中国特有种，种群现况不详，种群扩散能力有限，分布区域狭窄（<5000km^2）。受到人工造林、石灰岩开采和非林业植被破坏等威胁。

柄眼目 STYLOMMATOPHORA
坚螺科 Camaenidae

波氏射带蜗牛

Laeocathaica potanini Möllendorff,1899

濒危等级：濒危（EN）

长江流域分布 / 长江流域记录分布

本种分布于长江中游，分布记录于甘肃南部地区。

形态特征

壳高 6.5~8 mm，壳径 18~21 mm。贝壳透镜状，左旋，褐土黄色，龙骨下具 1 条窄栗色带。螺层数 7.5。螺层平，具密集粗肋。边缘均匀游离并抬起。龙骨样突起锋利。体螺层向壳口略下降。壳口菱形，极倾斜，上部扩大而下部反折，内唇明显。脐孔孔径达壳径的 1/4。

物种习性

一般生活在丘陵坡地、河谷地区潮湿多腐殖质的灌木丛、草丛中，落叶或石块下。有时亦贴附于岩石壁或石头上，呈休眠状态。

保护意义

中国特有种，种群现况不详，种群扩散能力有限，分布区域狭窄（<5000km^2）。受到人工造林、石灰岩开采和非林业植被破坏等威胁。

柄眼目 STYLOMMATOPHORA
坚螺科 Camaenidae

狭长间齿螺

Metodontia beresowskii (Möllendorff,1899)

濒危等级：濒危（EN）

长江流域分布 / 长江流域记录分布

本种分布于长江中游，分布记录于甘肃南部地区。

形态特征

壳高 6.36~7.62 mm，壳径 7.10~7.69 mm。贝壳锥形。具 7~8 个螺层。脐孔小。壳表具短角质毛，无肋。周缘圆。体螺层末端下倾。壳口三角形，极倾斜。壳口内增厚。近轴唇处具一粗壮扁平齿。

物种习性

生活在山区谷地的灌木丛、草丛中，石块下或石缝中、土缝中，喜碳酸岩丰富的地区。

保护意义

中国特有种，种群现况不详，种群扩散能力有限，分布区域狭窄（$<3000km^2$）。受到人工造林、石灰岩开采和非林业植被破坏等威胁。

柄眼目 STYLOMMATOPHORA
坚螺科 Camaenidae

茂县拟蛇蜗牛

Pseudiberus maoensis Wu,2002

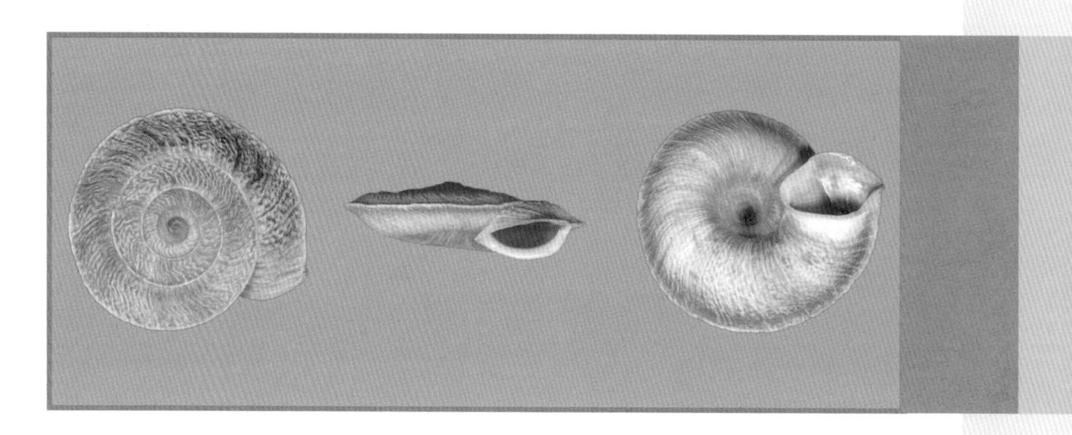

濒危等级：濒危（EN）

长江流域分布 / 长江流域记录分布

本种分布于长江中上游，分布记录于四川（茂县）。

形态特征

壳高 6.09~7.96mm，壳径 16.00~19.17mm。高度与直径之比 0.34~0.45（平均 0.40）壳右旋；厚实。5.125~5.750（平均 5.417）个螺层；1.375~1.750（平均 1.528）个胚螺层，螺层很少凸起。缝合线不明显。脐孔宽，3.13~4.61（平均 3.98）mm；脐孔径与壳直径之比 0.18~0.26（平均 0.22）。螺轴略微弓形，螺轴唇不覆盖脐孔。胚壳具细颗粒状纹。未成熟的壳也在外围形成龙骨突。体螺层迅速增大，有点在前缘近孔中下降；底部凸起。胼胝体明显，增厚，使壳口呈圆形。贝壳黄棕色。体螺层底部颜色较浅，龙骨周围苍白色。

物种习性

常生活在潮湿的灌木丛、草丛中，落叶或石块下及岩缝、腐木下，喜多石灰岩地区。雨水充沛时活动较为频繁，若遇长期干燥，则进入休眠。当有震动或湿度上升时，则再次复苏开始活动。

茂县拟蛇蜗牛以植物、菌类为食，也会经常舔食碳酸钙，以利于壳的生长。

保护意义

茂县拟蛇蜗牛，是 2002 年吴岷教授发表的物种，是中国特有种，种群现况不详，种群扩散能力有限，分布区域狭窄（<3000km^2）。受到人工造林、石灰岩开采和非林业植被破坏等威胁。

柄眼目 STYLOMMATOPHORA
坚螺科 Camaenidae

轮状拟蛇蜗牛

Pseudiberus trochomorphus (Möllendorff,1899)

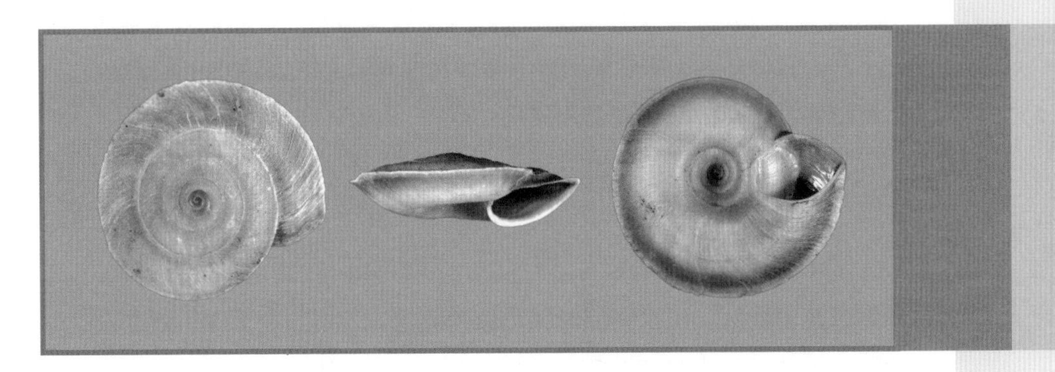

濒危等级：极危（CR）
（中国物种红色名录 2005）

长江流域分布 / 长江流域记录分布

本种分布于长江中上游，分布记录于四川（汶川）。

形态特征

壳高 7~9.5 mm，壳径 12.5~21.5 mm。贝壳凸透镜形，螺旋部低锥形，黄褐色。缝合线下和龙骨下各有 1 条褐色色带（汶川亚种 *P. t. wentschuanensis* 无色带）。螺层数 6，螺层平坦，生长线细密。体螺层略向壳口方向下降，其周缘中央具锋利龙骨。壳口桃形，极倾斜。壳口缘上方直，余部反折。脐孔径约为壳径的 1/4。

物种习性

常生活在潮湿的灌木丛、草丛中，落叶或石块下及岩缝、腐木下，喜多石灰岩地区。雨水充沛时活动较为频繁，若遇长期干燥，则进入休眠。当有震动或湿度上升时，则再次复苏开始活动。

轮状拟蛇蜗牛以植物、菌类为食，也会经常舔食碳酸钙，以利于壳的生长。

保护意义

中国特有种，种群现况不详，种群扩散能力有限，分布区域狭窄（<100km^2）。受到人工造林、石灰岩开采和非林业植被破坏等威胁。

柄眼目 STYLOMMATOPHORA
坚螺科 Camaenidae

多毛假拟锥螺

Pseudobuliminus hirsutus (Möllendorff,1899)

濒危等级：濒危（EN）

长江流域分布 / 长江流域记录分布

本种分布于长江中上游，分布记录于四川北部地区。

形态特征

壳高约 19 mm，壳径 约 6.25 mm。贝壳塔形，褐色。螺层数 12，螺层凸出。生长线纤细。体螺层最膨大，周缘圆整。壳口近圆形。脐孔狭缝状。

物种习性

生活在山区、丘陵地带潮湿的灌木丛、草丛中，落叶或石块下，石土缝中，多腐殖质的环境。

保护意义

中国特有种，种群现况不详，种群扩散能力有限，分布区域狭窄（<3000km^2）。受到人工造林、石灰岩开采和非林业植被破坏等威胁。

柄眼目 STYLOMMATOPHORA
坚螺科 Camaenidae

内唇亮盘螺

Stilpnodiscus entochilus (Möllendorff,1899)

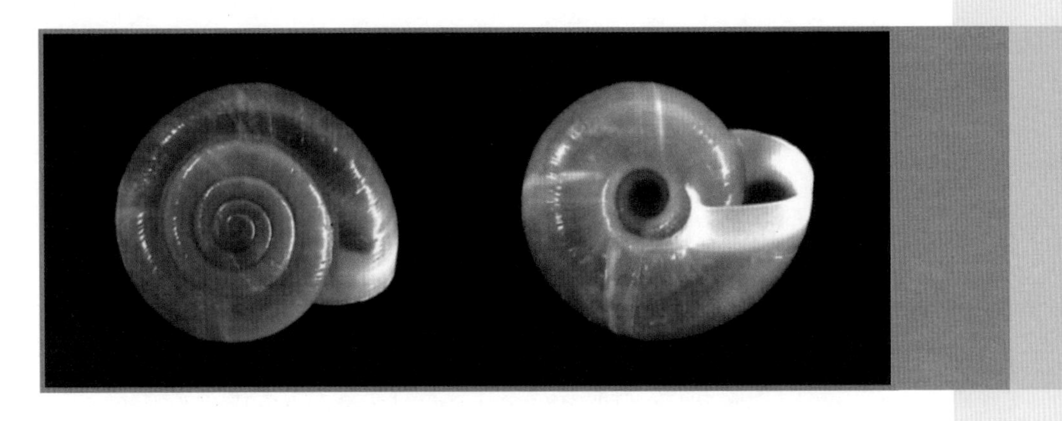

濒危等级：濒危（EN）

长江流域分布 / 长江流域记录分布

本种分布于长江中上游，分布记录于四川省和甘肃省南部等地。

形态特征

顶螺层低，厚，壳高为 7.25~8.89mm，壳宽 16.51~20.32mm。壳口高 5.52~7.29mm，宽 5.72~7.32mm。贝壳闪亮，透明，黄棕色，无色带。螺层数 5.25~6.00，外凸且生长缓慢，胎螺具 1.8~2.25 个螺层。缝合线深。脐孔较宽，直径 4.07~5.06mm。螺轴垂直，螺轴唇不扩张，几乎不覆盖脐孔。生长纹不规则且分布稀疏。体螺层大，不下降。体螺层底部凸起，呈苍白色。壳口圆形至三角形，略有倾斜。壳口无齿，具单侧增厚至环状增厚。壳口不扩大。

物种习性

常生活在山区、丘陵地带潮湿的灌木丛、草丛中，石块或落叶下及多石灰岩的地方。

保护意义

中国特有种，种群现况不详，种群扩散能力有限，分布区域狭窄（<3000km^2）。受到人工造林、石灰岩开采和非林业植被破坏等威胁。

柄眼目 STYLOMMATOPHORA
高山蛞蝓科 Anadenidae

狮纳蛞蝓

Rathouisia leonina Heude, 1885

濒危等级：濒危（EN）

长江流域分布 / 长江流域记录分布

本种分布于长江中下游，分布记录于江苏（南京）、湖北（武汉、宜昌）、重庆等地。

形态特征

体长 35~60mm。体圆筒形，黏液量少而黏性大，红褐色至黄褐色，背面具线形黑点，黑点均匀分布或在背部两侧较密集；上触角黑色，下触角略浅。

物种习性

捕食性蛞蝓，成体以各类无厣蜗牛及其卵为食；在分布地尤以扁平毛巴蜗牛 *Trichobradybaena submissa* 和同型巴蜗牛 *Bradybaena similaris* 为食。幼体取食具硬壳的蜗牛卵。雌雄异体，掘穴产卵。每次产卵 10~49 枚；卵球形，烟蓝色，鲜为浅粉色，彼此不相连。卵被覆厚而透明的角质膜。

保护意义

狮纳蛞蝓是我国特有的捕食性蛞蝓，其分布地区十分狭窄。环境破坏导致本种的猎物减少，有灭亡的威胁。

蚌目 UNIONOIDA
珍珠蚌科 Margaritiferidae

多瘤珍珠蚌

Gibbosula polysticta (Heude,1877)

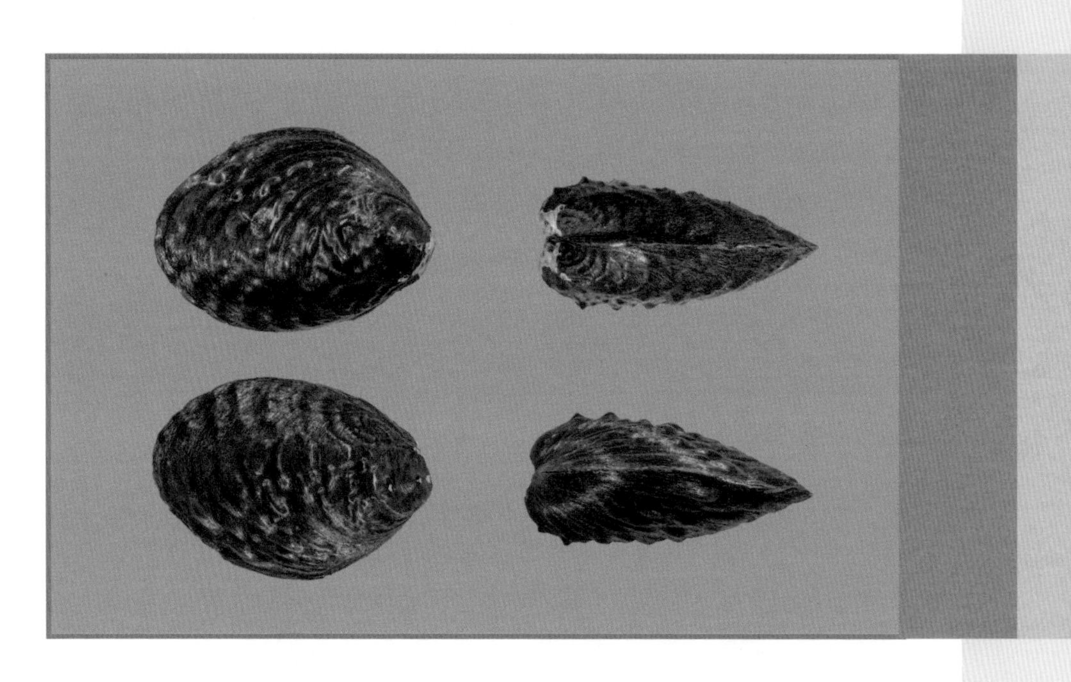

濒危等级：易危（VU）

长江流域分布 / 长江流域记录分布

本种分布于长江中下游部分支流及湖泊中，分布记录于江苏（南京）、江西（鄱阳湖及其相通水域）、湖南（洞庭湖及其相通水域）等地。

形态特征

贝壳坚厚，从长椭圆形到似圆形，略膨胀。壳顶位于背缘的最前端，稍向前突出；前端圆，背缘弯曲，腹缘弧形；壳面除前腹缘外，其余部分瘤状结节，后背缘的结节构成数条规则的斜肋。壳表面呈褐色或棕黄色，稍具光泽。铰合部发达，左壳具两个粗大呈三角锥状的拟主齿和两个片状的长形侧齿；右壳具一个拟主齿和一个侧齿；两壳的侧齿上具粗大锯齿。壳顶窝深，珍珠层乳白色。

物种习性

生活于底质为沙泥底或泥底、底质较硬、水流较急或缓流的河流及湖泊内。

它以小生物及有机碎屑为食。

保护意义

多瘤珍珠蚌具有一定经济价值，其壳质坚厚，较白闪亮，有较广泛的用途。但其种群在60年内个体数量下降30%，速度较快，亟待采取一定的保护措施。

蚌目 UNIONOIDA
珍珠蚌科 Margaritiferidae

猪耳珍珠蚌

Gibbosula rochechouartii (Heude,1875)

濒危等级：易危（VU）

长江流域分布 / 长江流域记录分布

本种分布于长江中下游部分支流及湖泊中，分布记录于江苏（南京）、江西（鄱阳湖及其相通水域）、湖北（梁子湖）、湖南（洞庭湖及其相通水域）等地。

形态特征

贝壳大型，外形似猪耳状，有当地渔民称它为猪耳壳。壳甚坚硬而厚，壳顶不膨胀，与背缘等高，位于背缘前端，壳后缘下斜，末端截状，腹缘弯曲，在近后端处略凹陷，自壳顶至此处的壳面很压缩。壳面黑褐色，初近缘部分外，均散布有瘤状结节，以近壳顶附近的较细小而显锐，腹部的较粗大，后背嵴强壮，后背部具数条粗肋。铰合部发达，左壳具拟主齿和侧齿各两枚，前拟主齿极小，呈三角形的片状，二个侧齿呈长条状，平行排列；右壳有一个三角形拟主齿和一个侧齿。壳内面珍珠层为瓷白色。

物种习性

猪耳珍珠蚌主要栖息于河流内或者栖息于与湖泊相连的河口附近的湖泊，底多为淤泥底，在池塘内少见。它们利用强大的足部，挖掘淤泥，潜入泥中穴居生活。猪耳珍珠蚌以小型生物为食料。

保护意义

猪耳珍珠蚌较广泛的用途类同多瘤珍珠蚌。因水质污染、人为捕捞因素，其种群在60年内个体数量下降30%，速度较快，亟待采取一定的保护措施。

蚌目 UNIONOIDA
珍珠蚌科 Margaritiferidae

三巨瘤珍珠蚌

Lamprotula triclava (Heude,1877)

濒危等级：极危（CR）

长江流域分布 / 长江流域记录分布

本种分布于长江中下游部分支流及湖泊中，见于江西（赣江）、湖南（湘江）等地。

形态特征

贝壳似不等边三角形，质坚厚。壳顶位于背缘最前端，突出且稍向下弯曲，前端宽大，后端窄小；前缘圆，后缘成钝角。壳表面除前腹缘外，满布瘤状结节，背嵴处有三个特别粗大的瘤；背部有数条横肋。外韧带粗大，约占壳长的1/2。壳表面成褐色，具光泽。左壳具拟主齿和侧齿各两枚，前拟主齿不发达；右壳具一个拟主齿和一个侧齿，侧齿较左壳的高大，具齿棱。壳内面为瓷白色，具光泽。

物种习性

生活于底质为沙泥底或泥底、底质较硬、水流较急或缓流的河流及湖泊内。它以微小生物及有机碎屑为食。

保护意义

调查显示，近十年的三巨瘤珍珠蚌标本仅在湘江发现，多处产地已经没有产出标本。三巨瘤珍珠蚌的种群数量下降了80%，亟待保护。

蚌目 UNIONOIDA
蚌科 Unionidae

橄榄蛏蚌

Solenaia carinata (Heude,1877)

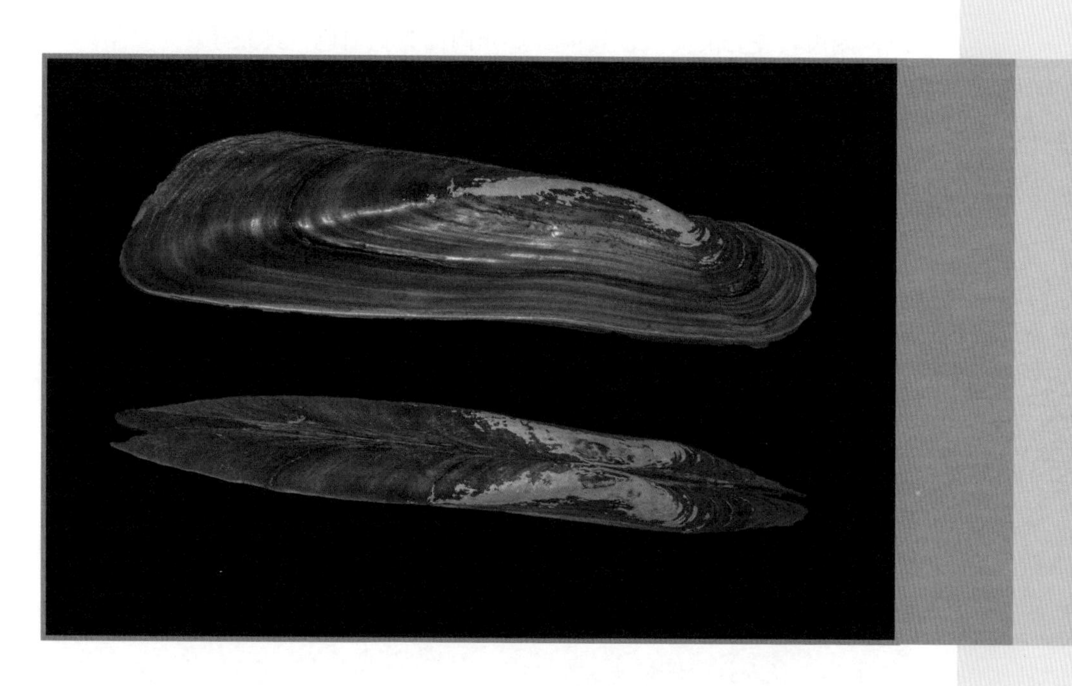

濒危等级：濒危（EN）

长江流域分布 / 长江流域记录分布

本种分布于长江中下游部分支流及湖泊中，分布记录于江西（鄱阳湖河蚌自然保护区）、湖北（天门市橄榄蛏蚌自然保护区、武汉）、安徽（巢湖）、江苏（太湖）、河南（阜阳）等地。

形态特征

贝壳较大型，壳长可达168mm，壳高41mm，壳宽21mm。壳质薄、脆，外形窄长似蛏形，壳长约为壳高的5倍半。贝壳左右相称，但两侧不对称。壳前部短圆，窄长，后缘长斜截状，与后腹部联成一钝角，腹缘中部凹入。贝壳的腹缘和后缘，只有腹缘的后半部两壳合并，其余部分两壳分开，形成宽的缝隙。壳顶低矮，不突出于背缘上，常被腐蚀。后背嵴略高起并有一钝的角度，斜到腹缘基部，前背嵴弱。前背嵴弱，不明显。壳面呈橄榄绿色或淡黄色，有光泽，具有宽大的突起生长线。珍珠层呈蓝白色，略具有珍珠光泽。韧带细长，位于背缘后部，外套痕明显，具有小型的外套窦。前闭壳肌痕深，粗糙，呈不规则状；后闭壳肌痕浅而大，呈长方形，其前端中央具有一缺刻。铰合部甚弱，无主齿，仅有弱的侧齿痕迹。

物种习性

橄榄蛏蚌主要栖息于河流内或者栖息于与湖泊相连的河口附近的湖泊，底多为淤泥底，在池塘内少见。它们利用强大的足部，挖掘淤泥，潜入泥中穴居生活。

橄榄蛏蚌以小型生物为食料。

保护意义

特定区域内禁止捕捞。已建立例如天门市橄榄蛏蚌自然保护区、淮河阜阳段橄榄蛏蚌国家级水产种质资源保护区等保护区，对本种进行重点保护。

鞘翅目 COLEOPTERA
金龟科 Scarabaeidae

阳彩臂金龟

Cheirotonus jansoni (Jordan,1898)

濒危等级：濒危（EN）

长江流域分布 / 长江流域记录分布

本种分布于长江流域中下游，分布记录于湖北省（英山）、江西省（官山、九连山）、四川省（乐山）、贵州省（雷公山）、江苏省等地。

形态特征

体长：雄虫46~69mm，雌虫约50mm，雄虫前足约103mm。身体卵圆形，头部、前胸背板、小盾片呈光亮的金绿色；足、鞘翅大部分为暗铜绿色，鞘翅肩部与缘折内侧具栗色斑点。前胸背板强烈隆突，密布刻点，中部具明显纵沟，侧缘锯齿状，基部凹陷，体腹面密被绒毛。雌虫前足粗短，雄虫前足极长，超过体长。。

物种习性

生活于常绿阔叶林中，成虫产卵于腐朽木屑土中，卵圆形，乳白色，初孵幼虫头淡黄色，胸、腹部白色弯成C形。雄性阳彩臂金龟前足异常长大，不利于爬行，飞行的时候容易碰到树枝等障碍物。雄虫超长的前足与交配有关。阳彩臂金龟的幼虫主要依靠朽木生长和发育，很多时候都生活在树洞中。先期羽化的雄性成虫，往往会守在树洞口，并将前足伸出，逗引雌虫。在交配过程中，长长的前足可以将雌虫牢牢抓住，使其难以逃脱。中足、后足也很强大，足以支撑笨重的身体；众多的刺突和具有2个刺突的侧爪能够使其在树干上自由爬行。

阳彩臂金龟幼虫食用腐质木屑，成虫食用多汁的果实和流淌出的树汁。

保护意义

据王敏君报道，我国曾在1982年宣布阳彩臂金龟灭绝。2018年各地却有了记录，但阳彩臂金龟的生存状况不容乐观，其数量极其稀少。阳彩臂金龟需要较大的活动范围和良好的生存空间，否则容易导致其死亡。其体型庞大，色彩艳丽，雄性前足特别长大，躯体在阳光照射下闪闪发光，多年来一直是热门的另类宠物，日本、东南亚等地有许多爱好者。近年来，中国民众对阳彩臂金龟的玩赏需求越来越大，经济利益的驱使使得野外生存的阳彩臂金龟数量越来越少。再加上其生存环境尤其森林被大量破坏，阳彩臂金龟的生存空间被极度压缩，是导致阳彩臂金龟濒临灭绝的主要原因。作为国家Ⅱ级保护动物，保护阳彩臂金龟的生存空间，维持其生存环境的生物多样性，禁止交易和买卖是保护阳彩臂金龟的有效方法和措施。

鞘翅目 COLEOPTERA
金龟科 Scarabaeidae

戴褐臂金龟指名亚种

Propomacrus davidi davidi Deyrolle,1874

濒危等级：濒危（EN）

长江流域分布 / 长江流域记录分布

本亚种分布于长江中下游，分布记录于江西省。

形态特征

个体大小 37~52mm。体色基本为黄褐色。雄虫呈葫芦状，偏狭长。头小，眼大，触角 10 节，端部为鳃片状 3 节。前胸背板短，宽大，上密布粗大的刻点，有粗浅的中纵沟，中纵沟左右两侧十分隆拱。前缘窄，基部狭于翅基，侧缘钝角状扩出，最阔点后于中点，侧缘为锯齿状，中后段锯齿较大，前胸背板黄褐色。鞘翅肩角黄褐色，黄褐色色斑几乎覆盖整个鞘翅，中缝黑带细。前足黄褐色的胫节上着生的绒毛有弱化现象，胫节外侧突起排列分散，腿节内侧的突起大且明显。

雌虫体型比雄虫小，前胸背板前缘窄，基部狭于翅基，形似梯形，外缘锯齿状突起小，后段有一圆弧形凹入。前足较短，粗壮，无绒毛，内侧无长刺突。其他特征与雄虫相近。

物种习性

栖息于亚热带或热带湿润区的森林中。成虫产卵于腐朽木屑土中，卵椭圆形乳白色，初孵幼虫头淡黄色，胸、腹部白色弯成 C 形。化蛹后常温 1 个月左右羽化，羽化后进入蛰伏期为 2 周左右。

戴褐臂金龟幼虫食用腐质木屑，成虫食用多汁的果实和流淌出的树汁。

保护意义

戴褐臂金龟指名亚种，为国家Ⅱ级保护动物。生境狭窄，而人类获取木材资源导致其生境退化或丧失，又因为颜色靓丽遭到大量采集导致种群数量大减，且在《我国自然保护区内国家重点保护物种保护成效评价》一文中为国家重点保护野生动物中没受到保护的物种，需要加强重视。

鳞翅目 LEPIDOPTERA
大蚕蛾科 Attacinae

乌桕大蚕蛾

Attacus atlas (Linnaeus,1758)

濒危等级：濒危（EN）

长江流域分布 / 长江流域记录分布

本种分布于长江流域上中下游，分布记录于湖南、江西、贵州、广西、云南等地。

形态特征

翅长 90~105mm，体长 30~40mm。体翅赤褐色，前翅顶角明显突出，钝圆形，前、后翅的内线和外线白色，内线内侧和外线外侧有紫红色线与白色线并行，两线间杂有粉红色及白色鳞毛。中室端部有较大的三角形透明斑，雄蛾的透明斑略窄于雌蛾，斑的外围有棕黑色轮廓，前翅透明斑的前方有一个长圆形小透明斑；前、后翅外缘部位黄褐色，并有较细的波浪状纹。前翅顶角粉红色，内侧近前缘有月牙形黑斑一块，黑斑下方橘黄色兼有紫红色纵条纹，黑斑与紫红色条纹间有齿状白色纹相连。后翅内侧棕黑色，内线与外线形成耳状半环形纹，外缘黄褐色并有黑色波浪状端线，黑色线内侧有并行的黄褐色线，围绕着近三角形黑褐色点。前、后翅反面斑纹与正面相同，色彩偏橘黄，鳞毛也较长。

物种习性

江西、福建每年发生两代，成虫在 4—5 月及 7—8 月间出现，以蛹在附着于寄主上的茧中过冬，成虫产卵于主干、枝条或叶片上，有时成堆，排列规则。雌性会释放强烈的性荷尔蒙以吸引雄性接近。雄性的羽状触须拥有敏锐的化学物质接收系统，远在数公里之外，它们就能感应雌性所释放的荷尔蒙。交尾后的雌性，每次生产一定数量的卵，每枚卵直径仅有 2.5mm，它们会把卵藏于树叶的阴暗面待其孕育。约两周后，呈绿色的毛虫出生，并啃食出生处的叶片。幼虫的背部长有一列肌质的角刺，角刺上铺着一层白色的蜡质。幼虫约成长至 120mm 长时，便开始结蛹。成虫约 4 周破蛹。

乌桕大蚕蛾宿主为乌桕、樟、柳、大叶合欢、小檗、甘薯、狗尾草、苹果、冬青、桦木、泡桐、海桐、小叶榕、木荷、黄梁木、油茶、余甘、桂皮、枫、石榴、千斤榆属、重阳木、茶、栓皮栎等。

保护意义

由于栖息地的减少及环境的恶化，加上美丽的色彩和硕大的体型，乌桕大蚕蛾遭到过度的捕捉，种群数量急剧减少。研究大蚕蛾属的区系和与该属其他种比较上有重要意义。

蜻蜓目 ODONATA
蜻蜓科 Libellulidae

低斑蜻

Libellula angelina Selys,1883

濒危等级：极危（CR）

长江流域分布 / 长江流域记录分布

本种分布于长江中下游，分布记录于江苏、安徽、湖北等地。

形态特征

成熟的雄性身体黑褐色；翅透明具三角形黑色斑。雌性通体黄褐色；翅透明具褐色斑；腹部背面中央具1条黑色宽条纹。未熟的雄性与雌性色彩相似。体长38~43 mm，腹长25~27 mm，后翅30~32 mm。

物种习性

低斑蜻生活于海拔500 m以下挺水植物茂盛的湿地。成虫飞行期为每年3—5月。

低斑蜻稚虫捕食水中的小鱼或蝌蚪等小动物，成虫捕食空中的小昆虫。

保护意义

低斑蜻稚虫生活于水中，对于水体质量要求较高。在城市的建设中，进行湿地改造时往往随意清除湿地植被，并用混凝土填塞堤岸，使得植物不能固着生长，加之外来植物引入，人工景观修建，使原生湿地植物遭到破坏，致使低斑蜻种群数量下降。蜻蜓稚虫是水体质量的生物指示物，而低斑蜻这样极为敏感的类群发挥的功能将更为明显，亟待提高重视，加强保护现有的种群。

附录 1：长江流域濒危动物名录

目	科	种名	濒危等级
鱼类			
鲟形目 ACIPENSERIFORME	鲟科 Acipenseridae	达氏鲟 *Acipenser dabryanus*	CR
		中华鲟 *Acipenser sinensis*	CR
	匙吻鲟科 Polyodontidae	白鲟 *Psephurus gladius*	CR
鳗鲡目 ANGUILLIFORMES	鳗鲡科 Anguillidae	日本鳗鲡 *Anguilla japonica*	EN
		花鳗鲡 *Anguilla marmorata*	EN
鲱形目 CLUPIFORMES	鲱科 Clupeidae	鲥 *Tenualosa reevesii*	CR
鲤形目 CYPRINIFORMES	鲤科 Cyprinidae	寡鳞鱊 *Acheilognathus hypselonotus*	LC
		邛海白鱼 *Anabarilius qionghaiensis*	CR
		银白鱼 *Anabarilius alburnops*	EN
		西昌白鱼 *Anabarilius liui*	EN
		多鳞白鱼 *Anabarilius polylepis*	EN
		云南鲴 *Xenocypris yunnanensis*	CR
		滇池金线鲃 *Sinocyclocheilus grahami*	CR
		四川白甲鱼 *Onychostoma angustistomata*	EN
		短身白甲鱼 *Onychostoma brevis*	EN
		大渡白甲鱼 *Onychostoma daduense*	EN
		鲈鲤 *Percocypris pingi*	EN
		华缨鱼 *Sinocrossocheilus guizhouensis*	CR
		大鳞黑线鳌 *Atrilinea macrolepis*	CR
		长须裂腹鱼 *Schizothorax longibarbus*	CR
		细鳞裂腹鱼 *Schizothorax chongi*	EN
		重口裂腹鱼 *Schizothorax davidi*	EN
		昆明裂腹鱼 *Schizothorax grahami*	EN
		灰裂腹鱼 *Schizothorax griseus*	EN
		小口裂腹鱼 *Schizothorax microstomus*	EN
		宁蒗裂腹鱼 *Schizothorax ninglangensis*	EN
		厚唇裂腹鱼 *Schizothorax labrosus*	EN
		小裂腹鱼 *Schizothorax parvus*	EN
		大渡裸裂尻鱼 *Schizopygopsis chengi*	EN
		中甸叶须鱼 *Ptychobarbus chungtienensis*	EN
		松潘裸鲤 *Gymnocypris potanini*	EN

目	科	种名	濒危等级
鲤形目 CYPRINIFORMES	鲤科 Cyprinidae	稀有鮈鲫 *Gobiocypris rarus*	EN
		成都马口鱼 *Opsariichthys chengtui*	EN
		鳤 *Ochetobius elongatus*	CR
		鯮 *Luciobrama macrocephalus*	CR
		长身鱊 *Acheilognathus elongatus*	CR
		彭县似鳎 *Belligobio pengxianensis*	EN
		圆口铜鱼 *Coreius guichenoti*	CR
		长鳍吻鮈 *Rhinogobio ventralis*	EN
		小鲤 *Cyprinus micristius*	CR
		邛海鲤 *Cyprinus qionghaiensis*	CR
	条鳅科 Nemacheilidae	黑斑云南鳅 *Yunnanilus nigromaculatus*	EN
		滇池球鳔鳅 *Sphaerophysa dianchiensis*	CR
	爬鳅科 Balitoridae	窟滩间吸鳅 *Hemimyzon yaotanensis*	EN
	亚口鱼科 Catostomidae	胭脂鱼 *Myxocyprinus asiaticus*	CR
	鲿科 Bagridae	中臀拟鲿 *Pseudobagrus medianalis*	CR
	鲇科 Siluridae	昆明鲇 *Silurus mento*	CR
	钝头鮠科 Amblycipitidae	司氏鉠 *Liobagrus styani*	CR
	鮡科 Sisoridae	青石爬鮡 *Euchiloglanis davidi*	EN
	银鱼科 Salangidae	前颌间银鱼 *Hemisalanx prognathus*	EN
鲑形目 SALMONIFORMES	鲑科 Salmonidae	川陕哲罗鲑 *Hucho bleekeri*	CR
		秦岭细鳞鲑 *Brachymystax tsinlingensis*	EN
鲈形目 PERCIFORMES	杜父鱼科 Cottidae	松江鲈 *Trachidermus fasciatus*	EN
虾虎鱼目 GOBIIFORMES	虾虎鱼科 Gobiidae	神农吻虾虎鱼 *Rhinogobius shennongensis*	EN
		四川吻虾虎鱼 *Rhinogobius szechuanensis*	EN
两栖类			
有尾目 URODELA	小鲵科 Hynobiidae	安吉小鲵 *Hynobius amjiensis*	CR
		中国小鲵 *Hynobius chinensis*	EN
		挂榜山小鲵 *Hynobius guabangshanensis*	CR
		水城拟小鲵 *Pseudohynobius shuichengensis*	EN
		秦巴巴鲵 *Liua tsinpaensis*	EN
	隐鳃鲵科 Cryptobranchidae	中国大鲵 *Andrias davidianus*	CR
	蝾螈科 Salamandridae	大别疣螈 *Tylototriton dabienicus*	EN
		呈贡蝾螈 Cynops chenggongensis	CR
无尾目 ANURA	角蟾科 Megophryidae	川北齿蟾 *Oreolalax chuanbeiensis*	EN
		凉北齿蟾 *Oreolalax liangbeiensis*	CR
		普雄齿蟾 *Oreolalax puxiongensis*	EN

目	科	种名	濒危等级
无尾目 ANURA	角蟾科 Megophryidae	金顶齿突蟾 *Scutiger chintingensis*	EN
		花齿突蟾 *Scutiger maculatus*	CR
		宁陕齿突蟾 *Scutiger ningshanensis*	EN
		平武齿突蟾 *Scutiger pingwuensis*	EN
		峨眉髭蟾 *Leplobrachium boringii*	EN
		尾突角蟾 *Megophrys caudoprocta*	EN
		桑植角蟾 *Megophrys sangzhiensis*	EN
	蛙科 Ranidae	峰斑林蛙 *Rana chevronta*	EN
	叉舌蛙科 Dicroglossidae	虎纹蛙 *Hoplobatrachus chinensis*	EN
		双团棘胸蛙 *Nanorana phrynoides*	EN
	树蛙科 Rhacophoridae	洪佛树蛙 *Zhangixalus hungfuensis*	EN
爬行类			
鳄形目 CROCODYLIA	鼍科 Alligatoridae	扬子鳄 *Alligator sinensis*	CR
龟鳖目 TESTUDINES	鳖科 Trionychidae	山瑞鳖 *Palea steindachneri*	EN
		鼋 *Pelochelys cantorii*	CR
		斑鳖 *Rafetus swinhoei*	CR
	平胸龟科 Platysternidae	平胸龟 *Platysternon megacephalum*	CR
	陆龟科 Testudinidae	凹甲陆龟 *Manouria impressa*	CR
	地龟科 Geoemydidae	乌龟 *Mauremys reevesin*	EN
		黄喉拟水龟 *Mauremys mutica*	EN
		花龟 *Mauremys sinensis*	EN
		黄缘闭壳龟 *Cuora flavomarginata*	CR
		金头闭壳龟 *Cuora aurocapitata*	CR
		潘氏闭壳龟 *Cuora pani*	CR
		云南闭壳龟 *Cuora yunnanensis*	CR
		地龟 *Geoemyda spengleri*	EN
		眼斑水龟 *Sacalia bealei*	EN
		四眼斑水龟 *Sacalia quadriocellata*	EN
有鳞目 SQUAMATA	壁虎科 Gekkonidae	大壁虎 *Gekko gecko*	CR
	蛇蜥科 Anguidae	脆蛇蜥 *Dopasia harti*	EN
	蟒科 Pythonidae	蟒 *Python bivittatus*	CR
	蝰科 Viperidae	莽山原矛头蝮 *Protobothrops mangshanensis*	CR
		尖吻蝮 *Deinagkistrodon acutus*	EN
	眼镜蛇科 Elapidae	眼镜王蛇 *Ophiophagus hannah*	EN
		金环蛇 *Bungarus fasciatus*	EN
		银环蛇 *Bungarus multicinctus*	EN

目	科	种名	濒危等级
有鳞目 SQUAMATA	游蛇科 Colubridae	滑鼠蛇 *Ptyas mucosa*	EN
		横斑锦蛇 *Euprepiophis perlaceus*	EN
		黑眉锦蛇 *Elaphe taeniura*	EN
		王锦蛇 *Elaphe carinata*	EN
		四川温泉蛇 *Thermophis zhaoermii*	CR
		温泉蛇 *Thermophis baileyi*	CR
鸟类			
鹈形目 PELECANIFORMES	鹈鹕科 Pelecanidae	卷羽鹈鹕 *Pelecanus crispus*	EN
	鹮科 Threskiornithidae	朱鹮 *Nipponia nippon*	EN
		黑脸琵鹭 *Platalea minor*	EN
鹳形目 CICONIIFORMES	鹳科 Ciconiidae	白鹳 *Ciconia ciconia*	RE
		东方白鹳 *Ciconia boyciana*	EN
雁形目 ANSERIFORMES	鸭科 Anatidae	棉凫 *Nettapus coromandelianus*	EN
		青头潜鸭 *Aythya baeri*	CR
		长尾鸭 *Clangula hyemalis*	EN
		中华秋沙鸭 *Mergus squamatus*	EN
		白头硬尾鸭 *Oxyura leucocephala*	CR
鹰形目 CIPITRIFORMES	鹰科 Accipitridae	乌雕 *Clanga clanga*	EN
		白肩雕 *Aquila heliaca*	EN
隼形目 FALCONIFORMES	鹰科 Accipitridae	玉带海雕 *Haliaeetus leucoryphus*	EN
	隼科 Falconidae	猎隼 *Falco cherrug*	EN
鸡形目 GALLIFORMES	雉科 Phasianidae	四川山鹧鸪 *Arborophila rufipectus*	EN
		黄腹角雉 *Tragopan caboti*	EN
		绿尾虹雉 *Lophophorus lhuysii*	EN
		白冠长尾雉 *Syrmaticus reevesii*	EN
鹤形目 GRUIFORMES	鹤科 Gruidae	白鹤 *Grus leucogeranus*	CR
		白枕鹤 *Grus vipio*	EN
		白头鹤 *Grus monacha*	EN
鸻形目 CHARADRIIFORMES	鹬科 Scolopacidae	小青脚鹬 *Tringa guttifer*	EN
	鸥科 Laridae	遗鸥 *Ichthyaetus relictus*	EN
鸮形目 STRIGIFORMES	鸱鸮科 Strigidae	黄腿渔鸮 *Ketupa flavipes*	EN
雀形目 PASSERIFORMES	鹀科 Emberizidae	黄胸鹀 *Emberiza aureola*	EN
兽类			
翼手目 CHIROPTERA	蝙蝠科 Vespertilionidae	彩 蝠 *Kerivoula picta*	EN
灵长目 PRIMATES	猴 科 Cercopithecidae	黑叶猴 *Trachypithecus francoisi*	EN
		滇金丝猴 *Rhinopithecus bieti*	EN
		黔金丝猴 *Rhinopithecus brelichi*	CR
鳞甲目 PHOLIDOTA	鲮鲤科 Manidae	中国穿山甲 *Manis pentadactyla*	CR

目	科	种名	濒危等级
食肉目 CARNIVORA	犬科 Canidae	豺 *Cuon alpinus*	EN
	鼬科 Mustelidae	石貂 *Martes foina*	EN
		水獭 *Lutra lutra*	EN
		小爪水獭 *Aonyx cinerea*	EN
	猫科 Felidae	荒漠猫 *Felis bieti*	CR
		丛林猫 *Felis chaus*	EN
		兔狲 *Otocolobus manul*	EN
		猞猁 *Lynx lynx*	EN
		金猫 *Pardofelis temminckii*	CR
		云豹 *Neofelis nebulosa*	CR
		金钱豹 *Panthera pardus*	EN
		华南虎 *Panthera tigris amoyensis*	CR
		雪豹 *Panthera uncia*	EN
偶蹄目 ARTIODACTYLA	麝科 Moschidae	安徽麝 *Moschus anhuiensis*	CR
		林麝 *Moschus berezovskii*	CR
		原麝 *Moschus moschiferus*	CR
	鹿科 Cervidae	黑麂 *Muntiacus crinifrons*	EN
		华南梅花鹿 *Cervus nippon kopschi*	CR
		四川梅花鹿 *Cervus sichuanicus*	CR
		四川马鹿 *Cervus macneilli*	CR
		白唇鹿 *Przewalskium albirostris*	EN
		麋鹿 *Elaphurus davidianus*	CR
	牛科 Bovidae	普氏原羚 *Procapra przewalskii*	CR
		矮岩羊 *Pseudois schaeferi*	CR
鲸目 CETACEA	白鱀豚科 Lipotidae	白鱀豚 *Lipotes vexillifer*	CR
	鼠海豚科 Phocoenidae	长江江豚 *Neophocaena asiaeorientalis*	CR
啮齿目 RODENTIA	鼠科 Muridae	滇攀鼠 *Vernaya fulva*	EN
	睡鼠科 Gliridae	四川毛尾睡鼠 *Chaetocauda sichuanensis*	EN

结合《长江流域兽类物种多样性的分布格局》(2006年)、《长江流域鸟类的初步分析》(2004年)、《长江流域爬行动物物种多样性大尺度格局研究》(2005年)、《长江流域两栖动物物种多样性的大尺度格局》(2005年)、《长江流域鱼类物种多样性大尺度格局研究》(2005年)等研究成果，本附录记录了长江流域濒危等级以上的物种，红色名录等级根据《中国脊椎动物红色名录》(2016年)公布的数据确定：EN为濒危；CR为极危，RE为区域灭绝，EW为野外灭，EX为灭绝

附录 2：长江流域国家重点保护野生动物名录

中文学名	拉丁名	保护级别	
		Ⅰ级	Ⅱ级
鱼纲	PISCES		
鲈形目	PERCIFORMES		
杜父鱼科	Cottidae		
松江鲈	*Trachidermus fasciatus*		Ⅱ
鲤形目	CYPRINIFORMES		
吸口鲤科	Catostomidae		
胭脂鱼	*Myxocyprinus asiaticus*		Ⅱ
鲤科	Cyprinidae		
滇池金线鲃	*Sinocyclocheilus grahami*		Ⅱ
鳗鲡目	ANGUILLIFORMES		
鳗鲡科	Anguillidae		
花鳗鲡	*Anguilla marmorata*		Ⅱ
鲑形目	SALMONIFORMES		
鲑科	Salmonidae		
川陕哲罗鲑	*Hucho bleekeri*		Ⅱ
秦岭细鳞鲑	*Brachymystax tsinlingensis*		Ⅱ
鲟形目	ACIPENSERIFORMES		
鲟科	Acipenseridae		
中华鲟	*Acipenser sinensis*	Ⅰ	
达氏鲟	*Acipenser dabryanus*	Ⅰ	
匙吻鲟科	Polyodontidae		
白鲟	*Psephurus gladius*	Ⅰ	
两栖纲	AMPHIBIA		
有尾目	CAUDATA		
隐鳃鲵科	Cryptobranchidae		
中国大鲵	*Andrias davidianus*		Ⅱ
蝾螈科	Salamandridae		
镇海棘螈	*Echinotriton chinhaiensis*		Ⅱ
细痣疣螈	*Tylototriton asperrimus*		Ⅱ
贵州疣螈	*Tylototriton kweichowensis*		Ⅱ
大凉疣螈	*Tylototriton taliangensis*		Ⅱ

中文学名	拉丁名	保护级别	
		Ⅰ级	Ⅱ级
细瘰疣螈	*Tylototriton verrucosus*		Ⅱ
无尾目	ANURA		
叉舌蛙科	Dicroglossidae		
虎纹蛙	*Hoplobatrachus chinensis*		Ⅱ
爬行纲	REPTILIA		
龟鳖目	TESTUDOFORMES		
龟科	Emydidae		
地龟	*Geoemyda spengleri*		Ⅱ
三线闭壳龟	*Cuora trifasciata*		Ⅱ
云南闭壳龟	*Cuora yunnanensis*		Ⅱ
陆龟科	*Testudinidae*		
凹甲陆龟	*Manouria impressa*		Ⅱ
海龟科	Cheloniidae		
蠵龟	*Caretta caretta*		Ⅱ
鳖科	Trionychidae		
鼋	*Pelochelys bibroni*	Ⅰ	
山瑞鳖	*Trionyx steindachneri*		Ⅱ
蛇目	SERPENTIFORMES		
蟒科	Boidae		
蟒	*Python molurus*	Ⅰ	
鳄目	CROCODILIFORMES		
鼍科	Alligatoridae		
扬子鳄	*Alligator sinensis*	Ⅰ	
鸟纲	AVES		
䴙䴘目	PODICIPEDIFORMES		
䴙䴘科	Podicipedidae		
角䴙䴘	*Podiceps auritus*		Ⅱ
鹈形目	PELECANIFORMES		
鹈鹕科	Pelecanidae		
鹈鹕（所有种）	*Pelecanus* spp.		Ⅱ
鹳形目	CICONIIFORMES		
鹭科	Ardeidae		
黄嘴白鹭	*Egretta eulophotes*		Ⅱ
鹳科	Ciconiidae		
白鹳	*Ciconia ciconia*	Ⅰ	

中文学名	拉丁名	保护级别	
		Ⅰ级	Ⅱ级
黑鹳	*Ciconia nigra*	Ⅰ	
鹮科	Threskiornithidae		
朱鹮	*Nipponia nippon*	Ⅰ	
彩鹮	*Plegadis falcinellus*		Ⅱ
白琵鹭	*Platalea leucorodia*		Ⅱ
黑脸琵鹭	*Platalea minor*		Ⅱ
雁形目	ANSERIFORMES		
鸭科	Anatidae		
红胸黑雁	*Branta ruficollis*		Ⅱ
白额雁	*Anser albifrons*		Ⅱ
天鹅（所有种）	*Cygnus spp.*		Ⅱ
鸳鸯	*Aix galericulata*		Ⅱ
中华秋沙鸭	*Mergus squamatus*	Ⅰ	
鹰形目	ACCIPITRIFORMES		
鹰科	Accipitridae		
金雕	*Aquila chrysaetos*	Ⅰ	
白肩雕	*Aquila heliaca*	Ⅰ	
白尾海雕	*Haliaeetus albcilla*	Ⅰ	
胡兀鹫	*Gypaetus barbatus*	Ⅰ	
其他鹰类	*(Accipitridae)*		Ⅱ
隼形目（所有种）	FALCONIFORMES		Ⅱ
鹰科	Accipitridae		
玉带海雕	*Haliaeetus leucoryphus*	Ⅰ	
鸡形目	GALLIFORMES		
雉科	Phasianidae		
四川山鹧鸪	*Arborophila rufipectus*	Ⅰ	
血雉	*Ithaginis cruentus*		Ⅱ
红胸角雉	*Tragopan satyra*	Ⅰ	
红腹角雉	*Tragopan temminckii*		Ⅱ
黄腹角雉	*Tragopan caboti*	Ⅰ	
藏马鸡	*Crossoptilon crossoptilon*		Ⅱ
蓝马鸡	*Crossoptilon aurtun*		Ⅱ
褐马鸡	*Crossoptilon mantchuricum*	Ⅰ	
白鹇	*Lophura nycthemera*		Ⅱ
原鸡	*Gallus gallus*		Ⅱ

中文学名	拉丁名	保护级别	
		Ⅰ级	Ⅱ级
勺鸡	*Pucrasia macrolopha*		Ⅱ
白冠长尾雉	*Syrmaticus reevesii*		Ⅱ
白颈长尾雉	*Syrmaticus ewllioti*	Ⅰ	
锦鸡（所有种）	*Chrysolophus* spp.		Ⅱ
鹤形目	GRUIFORMES		
鹤科	Gruidae		
灰鹤	*Grus grus*		Ⅱ
黑颈鹤	*Grus nigricollis*	Ⅰ	
白头鹤	*Grus monacha*	Ⅰ	
沙丘鹤	*Grus canadensis*		Ⅱ
丹顶鹤	*Grus japonensis*	Ⅰ	
白枕鹤	*Grus vipio*		Ⅱ
白鹤	*Grus leucogeranus*	Ⅰ	
蓑羽鹤	*Anthropoides virgo*		Ⅱ
秧鸡科	Rallidae		
花田鸡	*Coturnicops noveboracensis*		Ⅱ
鸻形目	CHARADRIIFORMES		
鹬科	Soolopacidae		
小勺鹬	*Numenius borealis*		Ⅱ
小青脚鹬	*Tringa guttifer*		Ⅱ
燕鸻科	Glareolidae		
灰燕鸻	*Glareola lactea*		Ⅱ
鸻形目	CHARADRIIFORMES		
鸥科	Laridae		
遗鸥	*Larus relictus*	Ⅰ	
鹃形目	CUCULIFORMES		
杜鹃科	Cuculidae		
鸦鹃（所有种）	*Centropus* spp.		Ⅱ
鸮形目（所有种）	STRIGIFORMES spp.		Ⅱ
佛法僧目	CORACIIFORMES		
蜂虎科	Meropidae		
绿喉蜂虎	*Merops orientalis*		Ⅱ
雀形目	PASSERIFORMES		
八色鸫科（所有种）	Pittidae spp.		Ⅱ

中文学名	拉丁名	保护级别	
		Ⅰ级	Ⅱ级
兽纲	MAMMALIA		
灵长目	PRIMATES		
懒猴科	Lorisidae		
蜂猴（所有种）	*Nycticebus* spp.	Ⅰ	
猴科	Cercopithecidae		
短尾猴	*Macaca arctoides*		Ⅱ
猕猴	*Macaca mulatta*		Ⅱ
藏酋猴	*Macaca thibetana*		Ⅱ
叶猴（所有种）	*Presbytis* spp.	Ⅰ	
金丝猴（所有种）	*Rhinopithecus* spp.	Ⅰ	
鳞甲目	PHOLIDOTA		
鲮鲤科	Manidae		
中国穿山甲	*Manis pentadactyla*	Ⅰ	
食肉目	CARNIVORA		
犬科	Canidae		
豺	*Cuon alpinus*		Ⅱ
熊科	Ursidae		
黑熊	*Ursus thibetanus*		Ⅱ
小熊猫科	Ailuridae		
小熊猫	*Ailurus fulgens*	Ⅰ	
熊科	Ursidae		
大熊猫	*Ailuropoda melanoleuca*	Ⅰ	
鼬科	*Mustelidae*		
石貂	*Martes foina*		Ⅱ
黄喉貂	*Martes flavigula*		Ⅱ
水獭（所有种）	Lutra spp.		Ⅱ
灵猫科	Viverridae		
斑林狸	*Prionodon pardicolor*		Ⅱ
大灵猫	*Viverra zibetha*		Ⅱ
小灵猫	*Viverricula indica*		Ⅱ
猫科	Felidae		
荒漠猫	*Felis bieti*		Ⅱ
猞猁	*Lynx lynx*		Ⅱ
兔狲	*Otocolobus manul*		Ⅱ
金猫	*Felis temmincki*		Ⅱ

中文学名	拉丁名	保护级别	
		Ⅰ级	Ⅱ级
云豹	*Neofelis nebulosa*	Ⅰ	
豹	*Panthera pardus*	Ⅰ	
虎	*Panthera tigris*	Ⅰ	
雪豹	*Panthera uncia*	Ⅰ	
鲸目	CETACEA		
白鱀豚科	Lipotidae		
白鱀豚	*Lipotes vexillifer*	Ⅰ	
海豚科	Delphinidae		
其他鲸类	（*Cetacea*）		Ⅱ
奇蹄目	PERISSODACTYLA		
马科	Equidae		
西藏野驴	*Equus kiang*	Ⅰ	
偶蹄目	ARTIODACTYLA		
麝科	Moschidae		
麝（所有种）	*Moschus* spp.	Ⅰ	
鹿科	Cervidae		
黑麂	*Muntiacus crinifrons*	Ⅰ	
白唇鹿	*Cervus albirostris*	Ⅰ	
马鹿（包括白臀鹿）	*Cervus elaphus*（*C. e. macneilli*）		Ⅱ
梅花鹿	Cervus nippon	Ⅰ	
水鹿	*Cervus unicolor*		Ⅱ
麋鹿	*Elaphurus davidianus*	Ⅰ	
牛科	Bovidae		
野牦牛	*Bos mutus*	Ⅰ	
普氏原羚	*Procapra przewalskii*	Ⅰ	
藏原羚	*Procapra picticaudata*		Ⅱ
藏羚	*Pantholops hodgsoni*	Ⅰ	
鬣羚	*Capricornis sumatraensis*		Ⅱ
斑羚	*Naemorhedus goral*		Ⅱ
岩羊	*Pseudois nayaur*		Ⅱ

结合《长江流域兽类物种多样性的分布格局》（2006 年）、《长江流域鸟类的初步分析》（2004 年）、《长江流域爬行动物物种多样性大尺度格局研究》（2005 年）、《长江流域两栖动物物种多样性的大尺度格局》（2005 年）、《长江流域鱼类物种多样性大尺度格局研究》（2005 年）、《国家重点保护野生动物名录（第一批）》（1989 年）等研究成果，本附录记录了长江流域国家重点保护野生动物：Ⅰ和Ⅱ分别代表国家Ⅰ级和Ⅱ级重点保护野生动物。

附录 3：本书脊椎动物部分 CITES 附录收录情况

中文学名	拉丁名	CITES 附录 I	CITES 附录 II	CITES 附录 III
鱼类				
达氏鲟	*Acipenser dabryanus*		II	
中华鲟	*Acipenser sinensis*		II	
白鲟	*Psephurus gladius*		II	
花鳗鲡	*Anguilla marmorata*			
鲥	*Tenualosa reevesii*			
刀鲚	*Coilia nasus*			
寡鳞鱊	*Acheilognathus hypselonotus*			
西昌白鱼	*Anabarilius liui*			
圆口铜鱼	*Coreius guichenoti*			
拟尖头鲌	*Culter oxycephaloides*			
稀有𬶋鲫	*Gobiocypris rarus*			
鯮	*Luciobrama macrocephalus*			
长体鲂	*Megalobrama elongata*			
鳤	*Ochetobius elongatus*			
四川白甲鱼	*Onychostoma angustistomata*			
稀有白甲鱼	*Onychosttoma rarum*			
成都马口鱼	*Opsariichthys chengtui*			
鲈鲤	*Percocypris pingi*			
岩原鲤	*Procypris rabaudi*			
长鳍吻𬶋	*Rhinogobio ventralis*			
昆明裂腹鱼	*Schizothorax grahami*			
灰色裂腹鱼	*Schizothorax griseus*			
厚唇裂腹鱼	*Schizothorax labrosus*			
小裂腹鱼	*Schizothorax parvus*			
滇池金线鲃	*Sinocyclocheilus grahami*			
华缨鱼	*Sinocrossocheilus guizhouensis*			
四川爬岩鳅	*Beaufortia szechuanensis*			
犁头鳅	*Lepturichthys fimbriata*			
峨眉后平鳅	*Metahomaloptera omeiensis*			
长薄鳅	*Leptobotia elongata*			

中文学名	拉丁名	CITES 附录Ⅰ	CITES 附录Ⅱ	CITES 附录Ⅲ
小眼薄鳅	*Leptobotia microphthalma*			
红唇薄鳅	*Leptobotia rubrilabris*			
紫薄鳅	*Leptobotia taeniaps*			
中华沙鳅	*Sinibotia superciliaris*			
胭脂鱼	*Myxocyprinus asiaticus*			
细体拟鲿	*Pseudobagrus pratti*			
切尾拟鲿	*Pseudobagrus truncatus*			
青石爬鮡	*Euchiloglanis davidi*			
秦岭细鳞鲑	*Brachymystax tsinlingensis*			
川陕哲罗鲑	*Hucho bleekeri*			
松江鲈	*Trachidermus fasciatus*			
神农吻虾虎鱼	*Rhinogobius shennongensis*			
四川吻虾虎鱼	*Rhinogobius szechuanensis*			
暗纹东方鲀	*Takifugu obscurus*			
两栖类				
安吉小鲵	*Hynobius amjiensis*			Ⅲ
中国小鲵	*Hynobius chinensis*			
中国大鲵	*Andrias davidianus*	Ⅰ		
尾斑瘰螈	*Paramesotriton caudopunctatus*		Ⅱ	
秉志肥螈	*Pachytriton granulosus*			
大凉疣螈	*Tylototriton taliangensis*		Ⅱ	
细痣疣螈	*Tylototriton asperrimus*		Ⅱ	
文县疣螈	*Tylototriton wenxianensis*		Ⅱ	
尾突角蟾	*Megophrys caudoprocta*			
桑植角蟾	*Megophrys sangzhiensis*			
峨眉髭蟾	*Leplobrachium boringii*			
棕点湍蛙	*Amolops loloensis*			
太行隆肛蛙	*Nanorana taihangnica*			
虎纹蛙	*Hoplobatrachus chinensis*			
凹耳臭蛙	*Odorrana tormota*			
务川臭蛙	*Odorrana wuchuanensis*			
棘腹蛙	*Quasipaa boulengeri*			
小棘蛙	*Quasipaa exilispinosa*			
棘胸蛙	*Quasipaa spinosa*			
宝兴树蛙	*Zhangixalus dugritei*			
洪佛树蛙	*Zhangixalus hungfuensis*			

中文学名	拉丁名	CITES 附录Ⅰ	CITES 附录Ⅱ	CITES 附录Ⅲ
		爬行类		
扬子鳄	*Alligator sinensis*	Ⅰ		
中华鳖	*Pelodiscus sinensis*			
斑鳖	*Rafetus swinhoei*		Ⅱ	
平胸龟	*Platysternon megacephalum*	Ⅰ		
黄缘闭壳龟	*Cuora flavomarginata*		Ⅱ	
黄喉拟水龟	*Mauremys mutica*		Ⅱ	
乌龟	*Mauremys reevesin*			Ⅲ
脆蛇蜥	*Dopasia harti*			
钩盲蛇	*Indotyphlops braminus*			
白头蝰	*Azemiops kharini*			
尖吻蝮	*Deinagkistrodon acutus*			
短尾蝮	*Gloydius brevicaudus*			
山烙铁头	*Ovophis monticola*			
大别山原矛头蝮	*Protobothrops dabieshanensis*			
中国水蛇	*Myrrophis chinensis*			
铅色水蛇	*Hypsiscopus plumbea*			
金环蛇	*Bungarus fasciatus*			
银环蛇	*Bungarus multicinctus*			
舟山眼镜蛇	*Naja atra*		Ⅱ	
眼镜王蛇	*Ophiophagus hannah*		Ⅱ	
钝尾两头蛇	*Calamaria septentrionalis*			
赤峰锦蛇	*Elaphe anomala*			
王锦蛇	*Elaphe carinata*			
黑眉锦蛇	*Elaphe taeniura*			
玉斑锦蛇	*Euprepiophis mandarinus*			
横斑锦蛇	*Euprepiophis perlaceus*			
乌梢蛇	*Ptyas dhumnades*			
灰鼠蛇	*Ptyas korros*			
滑鼠蛇	*Ptyas mucosus*		Ⅱ	
赤链华游蛇	*Trimerodytes annularis*			
乌华游蛇	*Trimerodytes percarinatus*			
香格里拉温泉蛇	*Thermophis shangila*			
		鸟类		
角䴙䴘	*Podiceps auritus*			
东方白鹳	*Ciconia boyciana*	Ⅰ		

中文学名	拉丁名	CITES 附录Ⅰ	CITES 附录Ⅱ	CITES 附录Ⅲ
黑鹳	*Ciconia nigra*		Ⅱ	
卷羽鹈鹕	*Pelecanus crispus*	Ⅰ		
黑头白鹮	*Threskiornis melanocephalus*			
朱鹮	*Nipponia nippon*	Ⅰ		
白琵鹭	*Platalea leucorodia*		Ⅱ	
黑脸琵鹭	*Platalea minor*			
鸳鸯	*Aix galericulata*			
鸿雁	*Anser cygnoid*			
小白额雁	*Anser erythropus*			
青头潜鸭	*Aythya baeri*			
小天鹅	*Cygnus columbianus*			
大天鹅	*Cygnus cygnus*			
中华秋沙鸭	*Mergus squamatus*			
棉凫	*Nettapus coromandelianus*			
金雕	*Aquila chrysaetos*		Ⅱ	
大鵟	*Buteo hemilasius*		Ⅱ	
乌雕	*Clanga clanga*		Ⅱ	
玉带海雕	*Haliaeetus leucoryphus*		Ⅱ	
猎隼	*Falco cherrug*		Ⅱ	
四川山鹧鸪	*Arborophila rufipectus*			
红腹锦鸡	*Chrysolophus pictus*			
褐马鸡	*Crossoptilon mantchuricum*	Ⅰ		
绿尾虹雉	*Lophophorus lhuysii*	Ⅰ		
白颈长尾雉	*Syrmaticus ellioti*	Ⅰ		
白冠长尾雉	*Syrmaticus reevesii*		Ⅱ	
黄腹角雉	*Tragopan caboti*	Ⅰ		
丹顶鹤	*Grus japonensis*	Ⅰ		
白鹤	*Grus leucogeranus*	Ⅰ		
白头鹤	*Grus monacha*	Ⅰ		
黑颈鹤	*Grus nigricollis*	Ⅰ		
白枕鹤	*Grus vipio*	Ⅰ		
紫水鸡	*Porphyrio porphyrio*			
大鸨	*Otis tarda*		Ⅱ	
红腹滨鹬	*Calidris canutus*			
勺嘴鹬	*Calidris pygmeus*			
小青脚鹬	*Tringa guttifer*	Ⅰ		

中文学名	拉丁名	CITES 附录 I	CITES 附录 II	CITES 附录 III
遗鸥	*Ichthyaetus relictus*	I		
楔尾绿鸠	*Treron sphenurus*			
短耳鸮	*Asio flammeus*		II	
黄腿渔鸮	*Ketupa flavipes*		II	
褐渔鸮	*Ketupa zeylonensis*		II	
仙八色鸫	*Pitta nympha*		II	
贺兰山红尾鸲	*Phoenicurus alaschanicus*			
黄胸鹀	*Emberiza aureola*			
兽类				
彩蝠	*Kerivoula picta*			
川金丝猴	*Rhinopithecus roxellana*	I		
黑叶猴	*Trachypithecus francoisi*			
中国穿山甲	*Manis pentadactyla*	I		
狼	*Canis lupus*		II	
豺	*Cuon alpinus*		II	
黑熊	*Ursus thibetanus*	I		
大熊猫	*Ailuropoda melanoleuca*	I		
小熊猫	*Ailurus fulgens*	I		
猞猁	*Lynx lynx*		II	
云豹	*Neofelis nebulosa*	I		
兔狲	*Otocolobus manul*		II	
豹	*Panthera pardus*	I		
华南虎	*Panthera tigris Amoyensis*	I		
雪豹	*Panthera uncia*	I		
藏野驴	*Equus kiang*			
林麝	*Moschus berezovskii*		II	
华南梅花鹿	*Cervus nippon kopschi*			
毛冠鹿	*Elaphodus cephalophus*			
麋鹿	*Elaphurus davidianus*			
黑麂	*Muntiacus crinifrons*	I		
小麂	*Muntiacus reevesi*			
野牦牛	*Bos mutus*	I		
藏羚	*Pantholops hodgsoni*			
藏原羚	*Procapra picticaudata*			
岩羊	*Pseudois nayaur*			III
白鱀豚	*Lipotes vexillife*	I		

中文学名	拉丁名	CITES 附录 I	CITES 附录 II	CITES 附录 III
长江江豚	*Neophocaena asiaeorientalis*	I		
岩松鼠	*Sciurotamias davidianus*			
无脊椎动物				
德拉维圆田螺	*Cipangopaludina delavayana*			
胀肚圆田螺	*Cipangopaludina ventricosa*			
方氏螺蛳	*Margarya francheti*			
普通螺蛳	*Margarya melanioides*			
牟氏螺蛳	*Margarya monodi*			
湖南湄公螺	*Mekangia hunanensis*			
扬子高山蛞蝓	*Anadenus yangtzeensis*			
谷皮巴蜗牛	*Bradybaena carphochroa*			
反向巴蜗牛	*Bradybaena controversa*			
放射华蜗牛	*Cathaica radiata*			
薄壳粒雕螺	*Coccoglypta pinchoiana*			
黑亮射带蜗牛	*Laeocathaica phaeomphala*			
多结射带蜗牛	*Laeocathaica polytyla*			
波氏射带蜗牛	*Laeocathaica potanini*			
狭长间齿螺	*Metodontia beresowskii*			
茂县拟蛇蜗牛	*Pseudiberus maoensis*			
轮状拟蛇蜗牛	*Pseudiberus trochomorphus*			
多毛假拟锥螺	*Pseudobuliminus hirsutus*			
内唇亮盘螺	*Stilpnodiscus entochilus*			
狮纳蛞蝓	*Rathouisia leonina*			
多瘤珍珠蚌	*Gibbosula polysticta*			
猪耳珍珠蚌	*Gibbosula rochechouartii*			
三巨瘤珍珠蚌	*Lamprotula triclava*			
橄榄蛏蚌	*Solenaia carinata*			
阳彩臂金龟	*Cheirotonus jansoni*			
戴褐臂金龟指名亚种	*Propomacrus davidi davidi*			
乌桕大蚕蛾	*Attacus atlas*			
低斑蜻	*Libellula angelina*			

本附录依据中华人民共和国濒危物种科学委员会网站发布的最新数据库统计（网址：http://www.cites.org.cn），I、II、III分别代表 CITES 附录 I、CITES 附录 II 及 CITES 附录 III 收录的物种，若无填写则没有收录

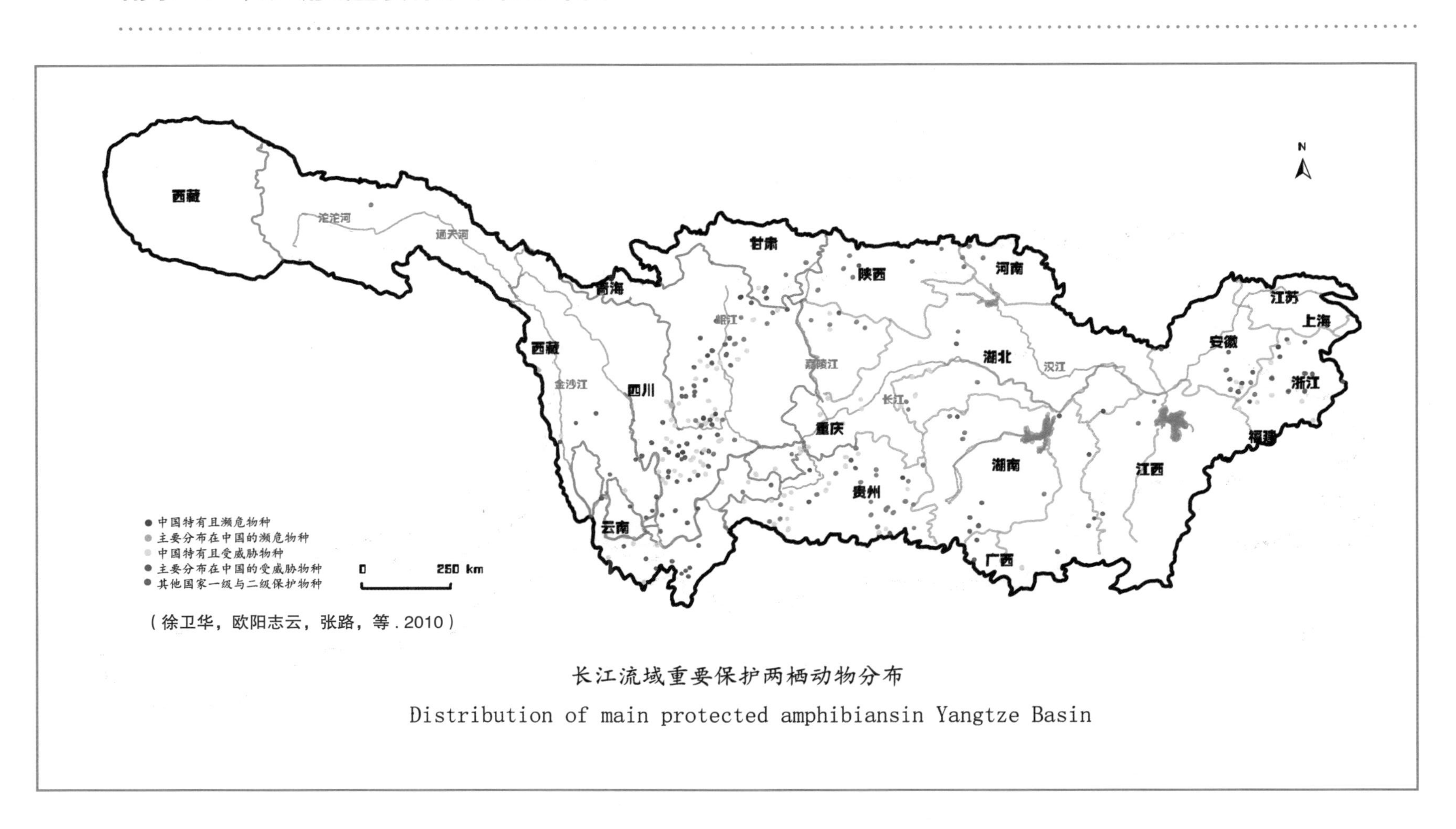

（徐卫华，欧阳志云，张路，等 . 2010）

长江流域重要保护两栖动物分布

Distribution of main protected amphibiansin Yangtze Basin

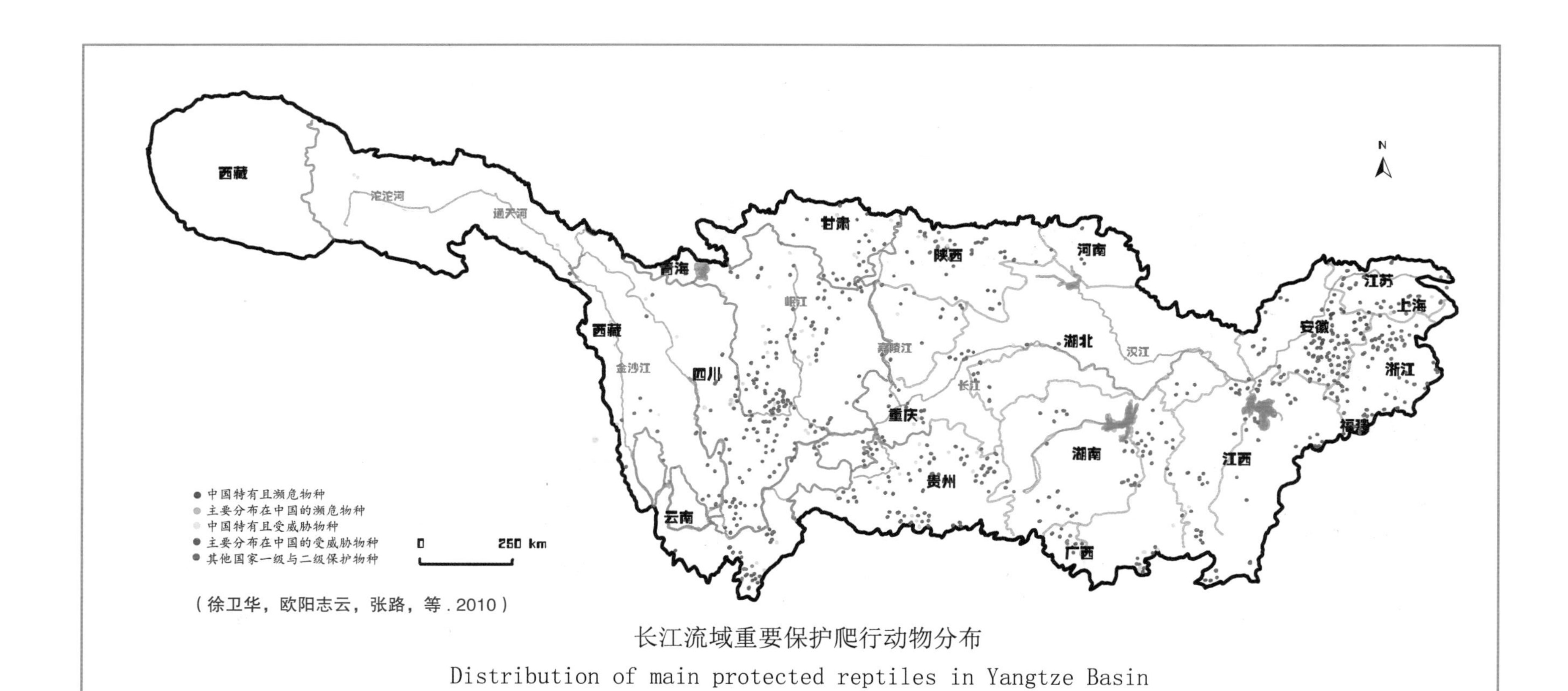

（徐卫华，欧阳志云，张路，等 . 2010）

长江流域重要保护爬行动物分布

Distribution of main protected reptiles in Yangtze Basin

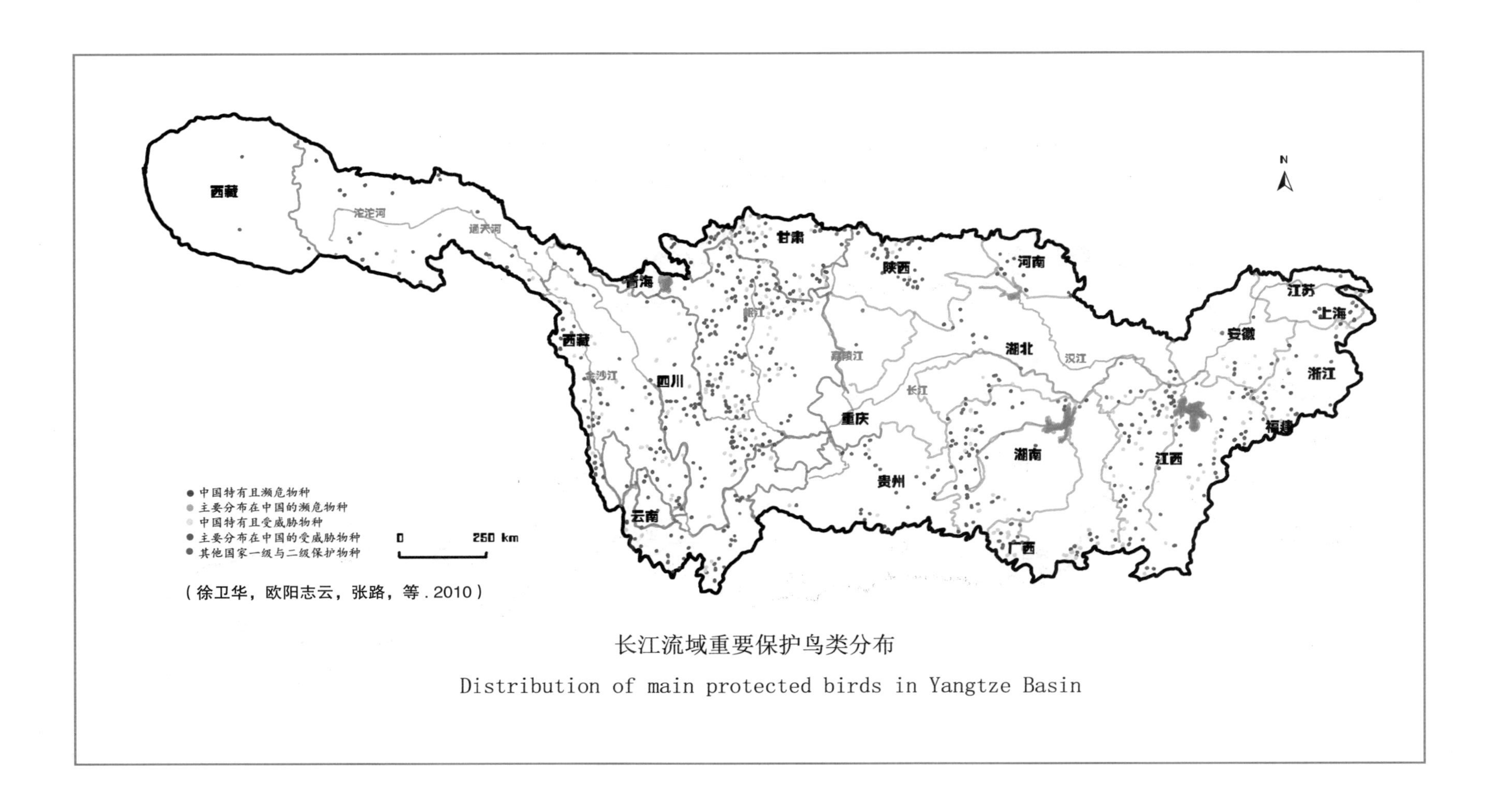

长江流域重要保护鸟类分布

Distribution of main protected birds in Yangtze Basin

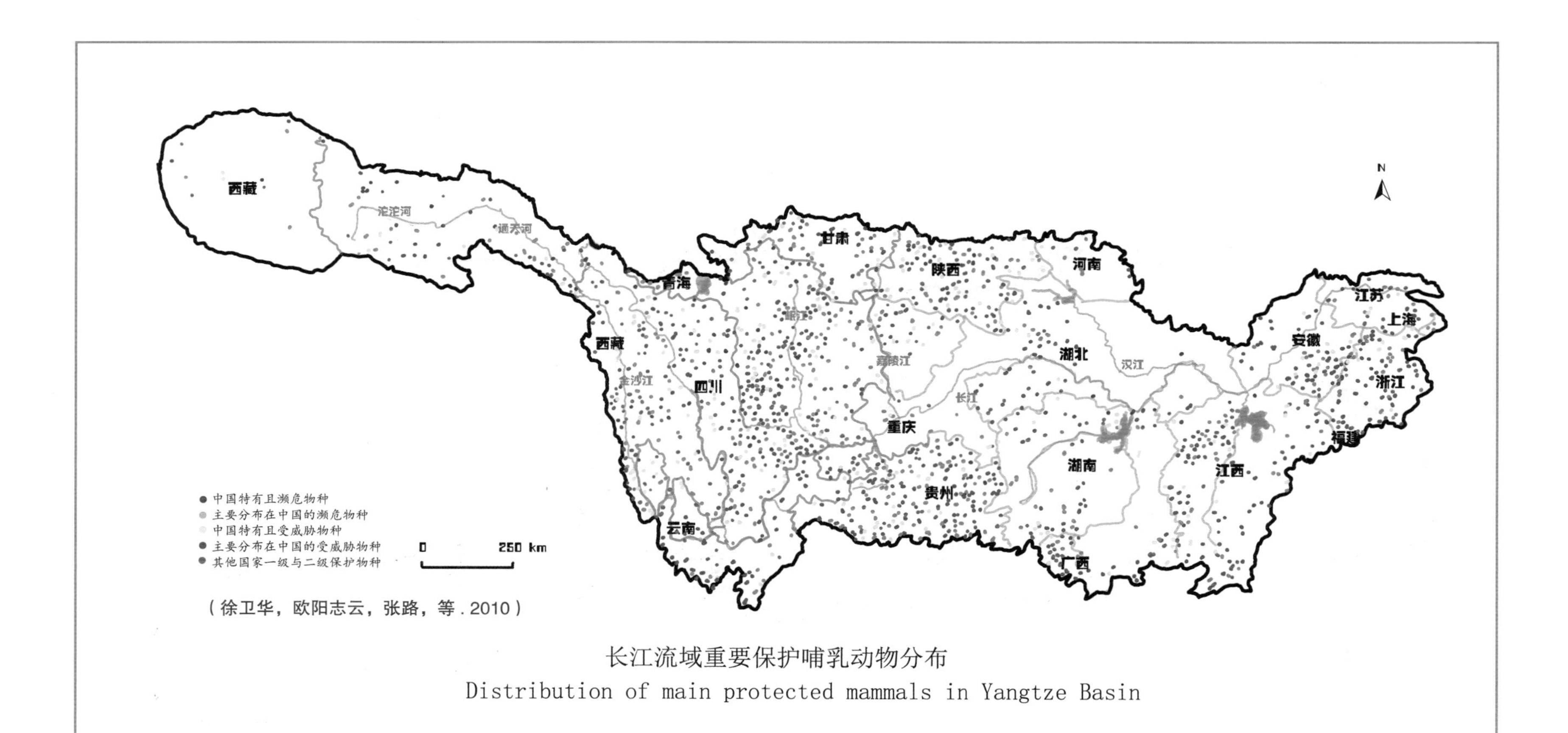

（徐卫华，欧阳志云，张路，等．2010）

长江流域重要保护哺乳动物分布

Distribution of main protected mammals in Yangtze Basin

中文名索引

拉丁学名索引

M

N

O

P

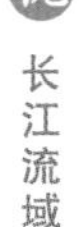

图片作者索引

中文名	页码	图片作者
四川吻虾虎鱼	88	李辰亮
暗纹东方鲀	90	王兵
安吉小鲵	94	王律凡
中国小鲵	96	李辰亮
中国大鲵	98	李辰亮
尾斑瘰螈	100	李辰亮
秉志肥螈	102	王律凡
大凉疣螈	104	史静耸
细痣疣螈	106	李辰亮
文县疣螈	108	赵海鹏
尾突角蟾	110	魏世超
桑植角蟾	112	李辰亮
峨眉髭蟾	114	李辰亮
棕点湍蛙	116	李辰亮
太行隆肛蛙	118	王律凡
虎纹蛙	120	李辰亮
凹耳臭蛙	122	王律凡
务川臭蛙	124	徐健
棘腹蛙	126	李辰亮
小棘蛙	128	王律凡
棘胸蛙	130	王律凡
宝兴树蛙	132	付超
洪佛树蛙	134	李家堂
扬子鳄	138	陈之旸
中华鳖	140	李辰亮
斑鳖	142	花蚀
平胸龟	144	周佳俊

中文名	页码	图片作者
黄缘闭壳龟	146	王律凡
黄喉拟水龟	148	肖亮
乌龟	150	李辰亮
脆蛇蜥	152	李辰亮
钩盲蛇	154	李辰亮
白头蝰	156	李辰亮
尖吻蝮	158	李辰亮
短尾蝮	160	李辰亮
山烙铁头蛇	162	李辰亮
大别山原矛头蝮	164	齐硕
中国水蛇	166	张亮
铅色水蛇	168	张亮
金环蛇	170	张亮
银环蛇	172	朱笑然
舟山眼镜蛇	174	王律凡
眼镜王蛇	176	王律凡
钝尾两头蛇	178	李辰亮
赤峰锦蛇	180	齐硕
王锦蛇	182	李辰亮
黑眉锦蛇	184	李辰亮
玉斑锦蛇	186	李辰亮
横斑锦蛇	188	周重建
乌梢蛇	190	李辰亮
灰鼠蛇	192	李辰亮
滑鼠蛇	194	张亮
赤链华游蛇	196	李辰亮
乌华游蛇	198	张亮

中文名	页码	图片作者
香格里拉温泉蛇	200	彭丽芳 / 黄松
角䴙䴘	204	张岩
东方白鹳	206	张岩
黑鹳	208	冯江
卷羽鹈鹕	210	冯江
黑头白鹮	212	常锋
朱鹮	214	张岩
白琵鹭	216	王雪峰
黑脸琵鹭	218	张岩
鸳鸯	220	张岩
鸿雁	222	王雪峰
小白额雁	224	康洛铱
青头潜鸭	226	王雪峰
小天鹅	228	张岩
大天鹅	230	王雪峰
中华秋沙鸭	232	冯江
棉凫	234	冯江
金雕	236	冯江
乌雕	238	王雪峰
大鵟	240	李辰亮
玉带海雕	242	张岩
猎隼	244	王雪峰
四川山鹧鸪	246	付义强
红腹锦鸡	248	冯江
褐马鸡	250	冯江
绿尾虹雉	252	李辰亮
白颈长尾雉	254	冯江

中文名	页码	图片作者
白冠长尾雉	256	王雪峰
黄腹角雉	258	冯江
丹顶鹤	260	张岩
白鹤	262	冯江
白头鹤	264	康洛铱
黑颈鹤	266	冯江
白枕鹤	268	张岩
紫水鸡	270	冯江
大鸨	272	冯江
红腹滨鹬	274	张岩
勺嘴鹬	276	张岩
小青脚鹬	278	张岩
遗鸥	280	张岩
楔尾绿鸠	282	康洛铱
短耳鸮	284	张岩
黄腿渔鸮	286	冯江
褐渔鸮	288	张岩
仙八色鸫	290	冯江
贺兰山红尾鸲	292	张岩
黄胸鹀	294	张岩
彩蝠	298	高尚
川金丝猴	300	生鸿飞
黑叶猴	302	冯江
中国穿山甲	304	花蚀
狼	306	冯江
豺	308	花蚀
黑熊	310	李辰亮

中文名	页码	图片作者
大熊猫	312	陈毅坚
小熊猫	314	李辰亮
猞猁	316	冯江
云豹	318	龙悦
兔狲	320	冯江
豹	322	彭宇
华南虎	324	康洛铱
雪豹	326	花蚀
藏野驴	328	冯江
林麝	330	巫嘉伟
华南梅花鹿	332	章叔岩
毛冠鹿	334	冯江
麋鹿	336	生鸿飞
黑麂	338	花蚀
小麂	340	花蚀
野牦牛	342	冯江
藏羚	344	惠营
藏原羚	346	冯江
岩羊	348	冯江
白鱀豚	350	王兵
长江江豚	352	朱笑然
岩松鼠	354	周权
德拉维圆田螺	358	余迪 / 李辰亮
胀肚圆田螺	360	余迪 / 李辰亮
方氏螺蛳	362	余迪 / 李辰亮
普通螺蛳	364	余迪 / 李辰亮
牟氏螺蛳	366	余迪 / 李辰亮
湖南湄公螺	368	余迪 / 李辰亮
扬子高山蛞蝓	370	朱笑然
谷皮巴蜗牛	372	刘正平 / 朱笑然
反向巴蜗牛	374	刘正平 / 朱笑然
放射华蜗牛	376	刘正平 / 朱笑然
薄壳粒雕螺	378	刘正平 / 朱笑然
黑亮射带蜗牛	380	刘正平 / 朱笑然
多结射带蜗牛	382	刘正平 / 朱笑然
波氏射带蜗牛	384	刘正平 / 朱笑然
狭长间齿螺	386	吴岷
茂县拟蛇蜗牛	388	刘正平 / 朱笑然
轮状拟蛇蜗牛	390	刘正平 / 李辰亮
多毛假拟锥螺	392	吴岷
内唇亮盘螺	394	吴岷
狮纳蛞蝓	396	吴岷
多瘤珍珠蚌	398	余迪 / 李辰亮
猪耳珍珠蚌	400	余迪 / 李辰亮
三巨瘤珍珠蚌	402	王晓东 / 高尚
橄榄蛏蚌	404	余迪 / 李辰亮
阳彩臂金龟	406	刘烨
戴褐臂金龟指名亚种	408	刘烨
乌桕大蚕蛾	410	刘一胜
低斑蜻	412	张浩淼

参考文献

1. Cao YL,Liu XJ,Wu RW,et al.2018.Conservation of the endangered freshwater mussel *Solenaia carinata*(Bivalvia,Unionidae) in China[J].*Nature Conservation*,26:33.

2. Wiktor A,Chen DN,Wu M.2000.Stylommatophoran slugs of China(Gastropoda:Pulmonata)-prodromus[J].*Folia Malacologica*,8(1):3–35.

3. Zhang LJ,Chen SC,Yang LT,et al.2015.Systematic revision of the freshwater snail *Margarya* Nevill,1877(Mollusca:Viviparidae)endemic to the ancient lakes of Yunnan,China,with description of new taxa[J].*Zoological Journal of the Linnean Society*,174(4):760-800.

4. 阿利·阿布塔里普, 陈虎, 叶尔保力 .2014. 甘肃阿克塞县境内黑颈鹤的种群数量与分布 [J]. 动物研究, 35（S1）: 208–210.

5. 蔡波, 李家堂, 陈跃英, 等 .2016. 中国脊椎动物红色名录 [J]. 生物多样性, 24（5）: 578–587.

6. 程长洪 .2011. 暗纹东方鲀种群遗传多样性研究 [D]. 南京: 南京农业大学 .

7. 陈春娜 .2008. 我国胭脂鱼的研究进展 [J]. 水产科技情报, 35（4）: 160–163.

8. 程飞, 柳明, 吴清江, 等 .2013. 长江屏山江段犁头鳅种群的遗传结构 [J]. 水生生物学报, 37（1）: 146–149.

9. 陈晶, 陈大庆, 严霞晖, 等 .2017. 斑鳖资源现状研究进展 [J]. 动物科学,（11）: 224–226.

10. 常剑波 .1999. 长江中华鲟繁殖群体结构特征和数量变动趋势研究 [D]. 北京: 中国科学院研究生院 .

11. 陈进红 .2017. 黄胸鹀 13 年间从“无危”变“极危” [N]. 命题热点, 33.

12. 程建丽, 张鹗 .2012. 拟鲿属鱼类分类学研究概况 [J]. 井冈山大学学报, 33（2）: 94–98.

13. 仓决卓玛, 杨乐, 李建川, 等 .2008. 西藏黑颈鹤的保护与研究现状 [J]. 四川动物, 27(3): 449–453.

14. 曹亮, 张鹗, 臧春鑫, 等 .2016. 中国脊椎动物红色名录 [J]. 生物多样性, 24（5）: 598–609.

15. 陈胜，杨志，董方勇 .2015. 金沙江一期工程对保护区圆口铜鱼早期资源补充的影响 [J]. 水生态学杂志，36（2）：6–10.
16. 曹文宣，常剑波，乔晔，等 .2007. 长江龟类早期资源 [M]. 北京：中国水利水电出版社 .
17. 陈晓虹，瞿文元.2000.我国现存有尾类及研究现状分析[J].河南师范大学学报，28（1）：66–71.
18. 陈小勇，杨君兴，崔桂华 .2006. 广西华缨鱼属鱼类一新种记述 [J]. 动物学研究，27(1)：81–85.
19. 程雅畅 .2015. 基于 GPS 遥测的江西鄱阳湖越冬白枕鹤（*Grus vipio*）活动区和栖息地选择研究 [D]. 北京：北京林业大学 .
20. 陈亚芬，陈源高，刘文正 .1999. 暗纹东方鲀的人工繁殖湖泊科学 [J]. 湖泊科学，11(2)：129–134.
21. 陈远辉 .2003. 莽山烙铁头蛇的资源调查报告 [J]. 蛇志，15（1）：62–64.
22. 陈远辉，杨道德，龚世平 .2012. 莽山烙铁头蛇的濒危现状与保护对策 [J]. 蛇志，24(4)：387–388.
23. 董超 .2013. 大天鹅保护生物学研究 [D]. 北京：中国林业科学研究院 .
24. 丁长青 .2004. 朱鹮研究 [M]. 上海：上海科技教育出版社 .
25. 丁长青，郑光美 .1996. 黄腹角雉再引入的初步研究 [J]. 动物学报，42（增刊）：69–73.
26. 邓怀庆,周江.2018.贵州野钟保护区黑叶猴种群数量分布及夜宿洞穴调查[J].兽类学报，38（4）：420–425.
27. 杜林芳 .2010. 天津市东方白鹳栖息地变化研究 [D]. 北京：北京林业大学 .
28. 段延 .2018. 秦岭羚牛的家域研究 [D]. 汉中：陕西理工大学 .
29. 段延，熊斌，颜文博，等 .2018. 大鲵的生物学研究进展 [J]. 黑龙江农业科学，(2)：144–148.
30. 代艳丽 .2011. 越冬白头鹤种群遗传多样性的初步研究 [D]. 合肥：安徽大学 .
31. 都玉蓉，马建滨，苏建平.2007.青藏高原藏羚生物学研究现状[J].安徽农业科学，35（22）：6828–6829.
32. 丁由中 .2004. 野生扬子鳄种群动态及其生存对策 [D]. 上海：华东师范大学生命科学学院 .
33. 戴宗兴，刘爱民，杜建峰，等 .2011. 湖北省两栖动物新纪录—尾突角蟾 [J]. 动物学杂志，46（2）：142–143.
34. 费梁，叶昌媛 .2001. 四川两栖类原色图鉴 [M]. 北京：中国林业出版社 .
35. 费梁，叶昌媛，杨戎生 .1984. 疣螈属一新种和一新亚种 [J]. 动物学报，30（1）：85–91.
36. 傅天佑，叶妙荣 .1983. 薄鳅属一新种——小眼薄鳅 [J]. 动物学研究，4（2）：121–123.

37. 付义强，戴波，文陇英 .2018. 四川山鹧鸪（*Arborophila rufipectus*）研究进展 [J]. 乐山师范学院学报，33（8）：37–41.
38. 国家林业局 .2006. 全国第三次大熊猫调查报告 [M]. 北京：科学出版社 .
39. 国家林业局 .2008. 中国重点陆生野生动物资源调查 [M]. 北京：中国林业出版社 .
40. 郭珊珊，彭建军，刘双，等 .2019. 中国境内野生穿山甲现状及相关非法贸易概况 [J]. 重庆师范大学学报，36（1）：48–54.
41. 管卫兵，陈辉辉，丁华腾，等 .2010. 长江口刀鲚洄游群体生殖特征和条件状况研究 [J]. 海洋渔业，32（1）：73–91. 郭玉民，闻丞，林剑声，等 .2016. 青头潜鸭（*Aythya baeri*）在中国的近期分布 [J]. 野生动物学报，37（4）：382–385.
42. 郭延蜀，郑惠珍 .2000. 中国梅花鹿地史分布、种和亚种的划分及演化历史 [J]. 兽类学报，20（3）：168–179.
43. 何芬奇，David Melville，邢小军，任永奇 .2002. 遗鸥研究概述 [J]. 动物学杂志，37(3)：65–70.
44. 何芬奇，沈尤，张铭 .2008. 对四川山鹧鸪模式产地的再认识 [J]. 动物分类学报，33(3)：642–643.
45. 韩红金，乔佳伦，蔡永华，等 .2018. 迁地保育林麝行为多样性及影响因素研究 [J]. 特产研究，（1）：1–5.
46. 黄晋彪，张雪生 .1989. 长江口刀鲚资源试析 [J]. 水产科技情报，16（6）：173–175.
47. 胡锦矗 .1990. 大熊猫的研究史略与分类地位 [J]. 生物学通报，（5）：1–4.
48. 黄欣 .2014. 大别山地区原矛头蝮属一新种的确定及原矛头蝮属线粒体基因组演化的初步研究 [D]. 合肥：安徽大学 .
49. 姜海波 .2016. 白鹤（*Scirpus planiculmis*）东部种群迁徙停歇区湿地生境保育与恢复研究 [D]. 长春：东北师范大学 .
50. 金杰锋，刘观华，金志芳，等 .2011. 鄱阳湖保护区白琵鹭越冬种群分布 [J]. 动物学杂志，46（02）：59–64.
51. 金杰锋，阙延福，朱滨，李伟涛，等 .2011. 圆口铜鱼种群生态学与种群生存力分析报告 [R]. 水利部中国科学院水工程生态研究所，38–49.
52. 江建平，谢锋，臧春鑫，等 .2016. 中国脊椎动物红色名录 [J]. 生物多样性，24（5）：588–597.
53.江建平，叶昌媛，费梁.2008.中国湖南角蟾科一新种——桑植角蟾[J].动物学研究，29（2）：219–222.
54. 蒋劲松 .2004. 中国大鸨资源现状及其保护的研究 [D]. 哈尔滨：东北林业大学 .
55. 金煜，景松岩，张长社，等 .1995. 中国猫科动物毛的结构与属间划分 [J]. 野生动物，(4)：

29–30.
56. 蒋志刚 .2016. 中国脊椎动物生存现状研究 [J]. 生物多样性，24（5）：495–499.
57. 蒋志刚，江建平，王跃招，等 .2016. 中国脊椎动物红色名录 [J]. 生物多样性，24（5）：500–551.
58. 蒋志刚，李立立，罗振华 .2016. 中国脊椎动物红色名录 [J]. 生物多样性，24（5）：552–567.
59. 蒋志刚，马勇，吴毅等 .2015. 中国哺乳动物多样性 [J]. 生物多样性，23（03）：351–364.
60. 孔有琴，李枫 .2005. 大鸨的现状和研究动态 [J]. 动物学杂志，40（3）：111–115.
61. 康祖杰，杨道德，黄建，等 .2015. 湖南鱼类新纪录——灰裂腹鱼 [J]. 四川动物，34（3）：434.
62. 刘冬平，王超，庆保平，等 . 朱鹮保护 30 年——基于社区的极小种群野生动物保护典范 [J]. 四川动物，33（4）：612–619.
63. 刘广超 .2007. 川金丝猴栖息地质量评价和保护对策研究 [D]. 北京：北京林业大学 .
64.李国富，尹伟平，李晓民.2016.中国鹮科鸟类研究现状及展望[J].野生动物学报，37（3）：234–238
65. 李宏群，廉振民，刘晓莉 .2009. 中国褐马鸡的研究现状及其保护措施 [J]. 延安大学学报，28（2）：92–96.
66. 刘军，曹文宣，常剑波 .2004. 长江上游主要河流鱼类多样性与流域特征关系 [J]. 吉首大学学报，25（1）：42–47.
67. 李娟 .2012. 青藏高原三江源地区雪豹（*Panthera uncia*）的生态学研究及保护 [D]. 北京：北京大学生命科学学院 .
68. 兰家宇 .2018. 青藏公路和青藏铁路沿线四种有蹄类动物种群数量分布和回避效应研究 [D]. 长春：吉林农业大学中药材学院 .
69. 楼利高，罗祖奎，刘家武，等 .208. 湖北黑鹳越冬地的新发现 [J]. 动物学研究，29（3）：223–224.
70. 李丽霞，张宏杰 .2006. 红腹锦鸡研究现状 [J]. 四川动物，25（4）：906–909.
71. 李明晶，马建章 .1989. 麻阳河自然保护区黑叶猴生态及数量的初步调查 [J]. 野生动物，（4）：13–15.
72. 刘梦瑶，高依敏，陈建宁，等 .2013. 绿尾虹雉保护生物学研究现状 [J]. 江西林业科技，（2）：36–39.
73. 刘鹏，刘美娟，张扬，等 .2017. 白颈长尾雉生物学研究进展及展望 [J]. 生态科学，36(3)：220–224.
74. 刘鹏，汪志如，舒惠理，黄秒根 .2015. 红腹锦鸡生物学研究进展及展望 [J]. 江西科学，

33(6): 812–817.
75. 鲁庆彬, 王小明 .2003. 藏原铃研究现状与进展 [J]. 内江师范学院学报, 19(2): 42–48.
76. 刘仁俊, 张先锋, 王丁, 等 .1996. 再论白鱀豚和江豚的保护 [J]. 长江流域资源与环境, 5(3): 220–225.
77. 李淑玲, 马逸清 .2014. 我国丹顶鹤研究进展 [J]. 黑龙江畜牧兽医, (9): 64–67.
78.李树深, 费梁.1996.宝兴泛树蛙不同地理居群的染色体多样性[J].动物学报, 42(2): 414–420.
79. 卢汰春 .1985. 四川绿尾虹雉的野外考察 [J]. 四川动物, 4(1): 15.
80. 刘武华, 余斌 .2010. 江西桃红岭国家级自然保护区梅花鹿种群动态及保护对策 [J]. 江西科学, 28(4): 458–460.
81.李伟龙, 罗莉, 李虹, 等.中国大鲵人工养殖技术研究进展[J].中国渔业质量与标准, 8(5): 18–24.
82. 刘学锋, 由玉岩, 王伟, 等 .2017. 不同来源的川金丝猴生命表和种群动态比较分析 [J]. 四川动物, 36(5): 481–488.
83.李晓鸿, 张可荣, 滕继荣.文县疣螈资源现状、威胁因素及保护对策[J].四川动物, 27(6): 1045–1048.
84. 李晓民, 刘学昌 .2005. 挠力河流域丹顶鹤、白枕鹤种群动态及其与环境关系研究 [J]. 湿地科学, (2): 127–131.
85. 刘宇, 杨志杰, 左斌, 等 .2008. 中华秋沙鸭(*Mergus squamatus*)在江西省的越冬分布及种群数量调查 [J]. 东北师大学报, 40(1): 111–115.
86. 李友邦 .2008. 广西黑叶猴分布数量和行为生态学初步研究 [D]. 杭州: 浙江大学生命科学学院 .
87. 李益得, 龚洵胜, 廖常乐 .2014. 白颈长尾雉的研究现状及保护建议 [J]. 家畜生态学报, 35(2): 79–82.
88. 李益得, 王德良, 龚洵胜 .2013. 白冠长尾雉(*Syrmaticus reevesii*)的研究现状及保护建议 [J]. 湖北农业科学, 52(14): 3238–3240.
89. 刘引兰, 吴志强, 胡茂林 .2008. 我国刀鲚研究进展 [J]. 水产科学, 27(4): 205–209.
90. 刘月英, 王耀先, 张文珍 .1991. 三峡库区的淡水贝类 [J]. 动物分类学报, 16(1): 1–14.
91. 刘月英, 张文珍, 王耀先, 等 .1979. 中国经济动物志: 淡水软体动物 [M]. 北京: 科学出版社 .
92. 刘荫增 .1981. 朱鹮在秦岭的重新发现 [J]. 动物学报, 27(3): 273.
93. 刘振河, 徐龙辉 .1981. 穿山甲的生活习性及资源保护问题 [J]. 动物学杂志, (1): 40–41.

94.李志敏，陈明曦，金志军，等.2018.叶尔羌河厚唇裂腹鱼的游泳能力[J].生态学杂志，37（6）：1897–1902.
95. 缪鸿志 .2016. 丹顶鹤繁殖地分布影响因素及其分布预测研究 [D]. 北京：北京林业大学 .
96.马燕，格日力.2017.藏羚羊的研究现状[J].中国高原医学与生物学杂志，38（3）：206–212.
97. 彭鹤博，蔡志扬，章麟，等 .2017. 勺嘴鹬在中国的分布状况和面临的主要威胁 [J]. 动物学杂志，52（1）：158–166 .
98. 彭基泰 .2009. 青藏高原东南横断山脉甘孜地区雪豹资源调查研究 [J]. 四川林业科技，（30）：57–59.
99. 彭丽芳，杨典成，黄汝怡，等 .2017. 香格里拉温泉蛇卵生繁殖初步报道 [J]. 动物学杂志，52（3）：543–544.
100. 裴文中 .1974. 大熊猫发展简史 [J]. 动物学报，20（2）：188–190.
101. 孙大东，杜军，周剑，何兴恒 .2010. 长薄鳅研究现状及保护对策 [J]. 四川环境，29(6)：99–101.
102.施德亮，危起伟，孙庆亮，等.2012.秦岭细鳞鲑早期发育观察[J].中国水产科学，19（4）：557–567.
103. 舒凤月，王海军，崔永德，等 .2014. 长江流域淡水软体动物物种多样性及其分布格局 [J]. 水生生物学，38（1）：19–25.
104. 盛和林，大泰司纪之，陆厚基 .1999. 中国野生哺乳动物 [M]. 北京：中国林业出版社 .
105. 孙立 .2014. 气候变化对我国白枕鹤繁殖地分布的影响预测研究 [D]. 南京：南京信息工程大学 .
106. 盛连喜，何春光，万忠娟 .2003. 中国水禽的保护生物学研究进展 [J]. 湿地科学，1(1)：26–32.
107. 舒美林 .2014. 甘肃盐池湾黑颈鹤繁殖生态学与迁徙研究 [D]. 兰州：兰州大学 .
108. 石睿杰，唐莉华，高广东，等 .2018. 长江流域鱼类多样性与流域特性关系分析 [J]. 清华大学学报，58（7）：650–657.
109.申志新，唐文家，李柯懋.2005.川陕哲罗鲑的生存危机与保护对策[J].淡水渔业，35（4）：25–28.
110. 田辉伍 .2013. 长江上游保护区长薄鳅和红唇薄鳅种群生态及遗传结构比较研究 [D]. 重庆：西南大学 .
111. 田思泉，田芝清，高春霞，等 .2014. 长江口刀鲚汛期特征及其资源状况的年际变化分析 [J]. 上海海洋大学学报，23（2）：245–250.

112. 唐卓, 杨建, 刘雪华, 等 .2017. 基于红外相机技术对四川卧龙国家级自然保护区雪豹（*Panthera uncia*）的研究 [J]. 生物多样性, 25（1）: 62–70.
113.王超, 刘冬平, 庆保平, 等.2014.野生朱鹮的种群数量和分布现状[J].动物学杂志, 49（5）: 666–671.
114. 王丁, 张先锋, 魏卓, 等 .2000. 白鱀豚及长江江豚种群现状和保护研究进展 [A]. 第四届全国生物多样性保护与持续利用研讨会论文集, 180–187.
115. 王丽 .2015. 近 20 年来纳帕海湿地景观格局变化及其对黑颈鹤生境质量的影响研究 [D]. 昆明: 云南大学 .
116. 吴岷 .2015. 常见蜗牛野外识别手册 [M]. 重庆: 重庆大学出版社 .
117. 吴民耀, 王念, 惠董娜, 等 .2011. 林麝保护的现状及研究进展 [J]. 重庆理工大学学报, 25（1）: 34–39.
118. 王淯, 姜海瑞, 薛文杰, 等 .2006. 林麝（*Moschus berezovskii*）研究概况和进展 [J]. 四川动物, 25（1）: 195–200.
119. 汪青雄, 杨超, 肖红, 等 .2017. 黑鹳研究概况及保护对策 [J]. 陕西林业科技, (6): 74–77.
120. 王雪, 陈飞雄, 李正友 .2017. 华缨鱼属鱼类的研究进展 [J]. 贵州农业科学, 45（12）: 98–100.
121. 吴诗宝, 马广智, 唐玫, 等 .2002. 中国穿山甲资源现状及保护对策 [J].17（2）: 174–180.
122. 王熙, 吴敏, 张勇, 等 . 中国小鲵在 116 年后再发现及描述 [J]. 四川动物, 26（1）: 57–58.
123. 吴晓民, 张洪峰 .2011. 藏羚羊种群资源及其保护 [J]. 自然杂志, 33（3） : 143–148.
124. 伍玉明, 庄琰, 徐延恭 .2004. 长江流域鸟类的初步分析 [J]. 动物学杂志, 39（4）: 81–84.
125. 吴逸群, 沈杰, 刘建文, 等 .2013. 陕西黄河湿地大鸨越冬种群受胁因素分析 [J]. 林业资源管理, (5): 91–94.
126.吴逸群, 王志平, 程铁锁, 等.2016.大鸨的保护生物学研究[J].渭南师范学院学报, 31（19）: 9–13.
127. 徐宏发, 陆厚基, 盛和林 .1998. 华南梅花鹿的分布和现状 [J]. 生物多样性, 6（2）: 87–91.
128.熊建利, 刘秀英, 皮兵, 等.中国小鲵属物种的分类学研究进展[J].湖北农业科学, 49（8）: 1990–1992.
129. 徐基良, 张晓辉, 张正旺, 等 .2005. 白冠长尾雉雄鸟的冬季活动区与栖息地利用研

究 [J]. 生物多样性，(5)：416–423.
130. 熊美华，邵科，赵修江，等 .2018. 长江中上游圆口铜鱼群体遗传结构研究 [J]. 长江流域资源与环境，27(7)：1536–1543.
131. 许木启，张知彬 .2002. 我国无脊椎动物生态学研究进展概述 [J]. 动物学报，48(5)：689–694.
132. 肖文，张先锋 .2000. 截线抽样法用于鄱阳湖江豚种群数量研究初报 [J]. 生物多样性，8(1)：107–111.
133. 徐卫华，欧阳志云，张路，等 .2010. 长江流域重要保护物种分布格局与优先区评价 [J]. 环境科学研究，23(3)：312–319.
134. 夏武平，胡锦矗 .1989. 由大熊猫的年龄结构看其种群发展趋势 [J]. 兽类学报，9(2)：87–93.
135.徐延恭，尹柞华，雷富民，等.1996.白冠长尾雉的现状及保护对策[J].动物学报，42(S1)：155.
136. 梅爱君，刘佳，鲁庆斌，等 .2018. 天目溪中华秋沙鸭越冬种群的现状调查 [J]. 野生动物学报，39(4)：958–961.
137. 叶昌媛，费梁，胡淑琴 . 中国珍稀及经济两栖动物 [M]. 成都：四川科学技术出版社 .
138.袁传宓.1988.长江中下游刀鲚资源和种群组成变动状况及其原因[J].动物学杂志，(3)：12–15.
139. 严晖，董文红，杨瑞林，等 .2008. 滇池金线鲃生物学特性研究 [J]. 水利渔业，28(4)：80–82.
140. 杨健，肖文，匡新安，等 .2000. 洞庭湖、鄱阳湖白鱀豚和长江江豚的生态学研究 [J]. 长江流域资源与环境，9(4)：444–450.
141.杨洪燕，张正旺.2006.渤海湾地区红腹滨鹬迁徙动态的初步研究[J].动物学杂志，41(3)：85–89.
142.杨焕趙.2016.陕西太白河川陕哲罗鲑人工繁育和早期发育[D].武汉：华中农业大学.
143. 颜军，王雪峰，谭军，等 .2018. 武汉市黄陂区青头潜鸭的分布初步研究 [J]. 湖北林业科技，47(5)：34–36.
144. 于江傲，鲁庆彬，刘长国，等 .2006. 清凉峰自然保护区华南梅花鹿种群数量与分布研究 [J]. 浙江林业科技，26(5)：1–4.
145. 殷梦光，曹宇，李灿 .2014. 中国大鲵资源现状及保护对策 [J]. 贵州农业科学，42(11)：197–202.
146. 杨明生，丁夏 .2010. 中华沙鳅繁殖生物学研究 [J]. 水生态学杂志，3(2)：3–41.
147. 于晓东，罗天宏，伍玉明，等 .2005. 长江流域两栖动物物种多样性的大尺度格局 [J].

动物学研究, 26(6): 565–579.
148. 于晓东,罗天宏,伍玉明,等.2006.长江流域兽类物种多样性的分布格局[J].动物学研究, 27(2): 121–143.
149. 于晓东, 罗天宏, 周红章 . 长江流域鱼类物种多样性大尺度格局研究 [J]. 生物多样性, 动物学研究, 13(6): 473–495.
150. 杨晓菁, 张菁, 汪海兵, 等 .2017. 湖北武汉涨渡湖发现全球极度濒危物种青头潜鸭群 [J]. 动物学杂志, 52(3): 430.
151. 杨亚桥 .2012. 再引入朱鹮种群栖息地鸟类群落研究 [D]. 西安: 陕西师范大学 .
152. 尹柞华, 雷富民, 丁文宁, 等 .1999. 中国首次发现黑脸琵鹭的繁殖地 [J]. 动物学杂志, 34(6): 30–31.
153. 詹会祥, 郑永华, 晏宏, 等.2017.昆明裂腹鱼繁殖生物学研究[J].水生态学杂志, 38(5): 92–96.
154. 曾治高, 钟文勤, 宋延龄, 等 .2003. 羚牛生态生物学研究现状 [J]. 兽类学报, (02): 161–167.
155. 张国钢, 楚国忠, 钱法文, 等 . 黑脸琵鹭在中国大陆的分布及栖息地的保护状况 [R]. 第八届中国动物学会鸟类学分会全国代表大会暨第六届海峡两岸鸟类学研讨会论文集, 314–322.
156. 张国钢, 董超, 陆军, 等 .2014. 我国重要分布地大天鹅越冬种群动态调查 [J]. 四川动物, 33(3): 456–459.
157. 张洁, 王宗禕 .1963. 青海的兽类区系 [J]. 动物学报, 15(1): 125–137.
158. 张军平, 郑光美 .1990. 黄腹角雉的种群数量及其结构研究 [J]. 动物学研究, 11(4): 291–297.
159. 章敬旗, 周友兵, 徐伟霞, 等.2004.几种麝分类地位的探讨[J].西华师范大学学报, 25(3): 252–255.
160. 章克家, 王小明, 吴巍, 等 .2002. 大鲵保护生物学及其研究进展 [J]. 生物多样性, (3): 291–297.
161. 张立, 李麒麟, 孙戈, 等 .2010. 穿山甲种群概况及保护 [J]. 生物学通报, 45(9): 1–5.
162. 张路, 欧阳志云, 徐卫华, 等 .2010. 基于系统保护规划理念的长江流域两栖爬行动物多样性保护优先区评价 [J]. 长江流域资源与环境, 19(9): 1020–1027.
163. 张黎黎 .2012. 长江中下游越冬白头鹤(*Grus monacha*)种群遗传多样性的初步研究 [D]. 合肥: 安徽大学 .
164. 张琼 .2014. 白鹤家庭群行为及迁徙路线研究 [D]. 北京: 中国林业科学研究院 .
165. 章叔岩, 郭瑞, 刘伟, 等 .2016. 华南梅花鹿研究现状及展望 [J]. 浙江林业科技,

36（2）: 90–94.
166. 张铁成，刘蕾，王莹 .2017. 我国东方白鹳生物学研究进展 [J]. 吉林林业科技，46（5）: 36–39.
167.张先锋，刘仁俊，赵庆中，等.1993.长江中下游江豚种群现状的评价[J].兽类学报，13（4）: 260–270.
168. 张余广.2018. 白琵鹭（*Platalea leucorodia*）不同时期栖息地生境比较研究 [D]. 哈尔滨: 东北林业大学 .
169. 张雁云 .2005. 黄腹角雉研究概述 [J]. 动物学杂志，40（1）: 104–107.
170. 张雁云，张正旺，董路，等 .2016. 中国脊椎动物红色名录 [J]. 生物多样性，24（5）: 568–577.
171. 张正旺，张国钢，宋杰 .2020. 褐马鸡的种群现状与保护对策 [R]. 第四届海峡两岸鸟类学术研讨会文集，49–55.
172. 郑涛 .2005. 云豹线粒体 DNA 全序列及中国 13 种猫科动物系统发育关系分析 [D]. 芜湖: 安徽师范大学 .
173. 赵春来，陈文静，张燕萍，等 .2007. 刀鲚的生物学特性及资源现状分析 [J]. 江西水产科技，2（110）: 21–23.
174. 赵翠芳，张健，吴志强 .2003. 山东省荣成市发现黑脸琵鹭 [J]. 野生动物，4: 43–45.
175. 赵秘，李晓民，王令刚 .2013. 中国丹顶鹤研究现状及保护进展 [J]. 野生动物，（6）: 358–360.
176. 赵尔宓，Adler K.1989. 中国小鲵 100 年 [J]. 四川动物，8（2）: 18–21.
177. 中国国家林业局 .2003. 中国藏羚羊保护现状 [J]. 森林与人类，（2）: 9–12.
178. 周世强，屈元元，黄金燕，等 .2017. 野生大熊猫种群动态的研究综述 [J]. 四川林业科技，38（2）: 17–30.
179. 周芸芸 .2015. 神农架川金丝猴的遗传多样性及保护 [D]. 北京: 中央民族大学生命与环境科学学院 .
180.朱光剑，洪体玉，陈金平.2012.彩蝠的形态和回声定位信号特征[J].动物学杂志，47（3）: 132–133
181. 邹远超，岳兴建，王永明，等 .2014. 切尾拟鲿的个体生殖力 [J]. 动物学杂志，49（4）: 570–578.